U0891855

"十四五"职业教育国家规划教材

高职交通运输与土建类专业系列教材

高等职业教育新形态一体化教材

地下工程监控量测

Monitoring and Measurement of Underground Works

第2版
2ND EDITION

毛红梅　贾　良　主　编
刘招伟　主　审

人民交通出版社股份有限公司
北　京

内 容 提 要

本书为高职交通运输与土建类专业系列教材之一，面向地下工程领域，系统介绍了地下工程监控量测的基本理论和监测技术，重点就监测方案设计、监测实施、数据处理与分析、监测报表与报告的编制等做了详细介绍。全书内容主要包括基坑工程施工监测、矿山法隧道施工监测、盾构法隧道施工监测，并就边坡工程监测、高速铁路路基变形监测和远程监测做了简要介绍。

本书是国家职业教育地下与隧道工程技术专业教学资源库在线开放课程"地下工程监控量测"的配套教材，也是地下工程类新形态一体化教材。针对重点、难点内容配有微课、动画、现场视频、教学课件等丰富的教学资源，可通过扫描书中二维码观看，也可登录智慧职教MOOC学院搜索"地下工程监控量测"进行在线学习。

本书可作为高职地下工程类专业、城市轨道交通工程类专业及其他土建类专业的教学用书，也可供从事相关专业设计、施工、监理、监测的技术人员参考使用。

图书在版编目(CIP)数据

地下工程监控量测 / 毛红梅，贾良主编. —2版
. —北京：人民交通出版社股份有限公司，2021.11(2025.7重印)
ISBN 978-7-114-16830-7

Ⅰ.①地… Ⅱ.①毛… ②贾… Ⅲ.①地下工程测量
—高等职业教育—教材 Ⅳ.①TU198

中国版本图书馆CIP数据核字(2021)第266325号

Dixia Gongcheng Jiankong Liangce

书　　名：地下工程监控量测(第2版)
著 作 者：毛红梅　贾　良
责任编辑：李　娜
责任校对：席少楠
责任印制：张　凯
出版发行：人民交通出版社股份有限公司
地　　址：(100011)北京市朝阳区安定门外外馆斜街3号
网　　址：http://www.ccpcl.com.cn
销售电话：(010)85285911
总 经 销：人民交通出版社股份有限公司发行部
经　　销：各地新华书店
印　　刷：北京印匠彩色印刷有限公司
开　　本：787×1092　1/16
印　　张：16.25
字　　数：396千
版　　次：2015年1月　第1版
2021年11月　第2版
印　　次：2025年7月　第2版　第4次印刷　总第9次印刷
书　　号：ISBN 978-7-114-16830-7
定　　价：45.00元

前　言

地下工程监控量测指在地下工程施工中，对围岩、地表、支护结构及周边环境的变形及受力状态进行的经常性观察和量测工作。通过监控量测，可以实时掌握地下工程及周边环境的变化动态，分析其变化规律，从而优化设计、指导施工，确保工程安全。当前，随着我国城市地下空间的大力开发和利用，地下工程及其周边环境的安全问题越来越突出，监控量测技术作为信息化动态设计与施工的必要手段，其对工程安全管理的重要性在地下工程界形成广泛共识。监控量测已经作为施工工序被纳入施工组织设计中。

我国要加快建设制造强国、质量强国、交通强国、数字中国，推动战略性新兴产业融合集群发展，构建新一代信息技术，加强城市基础设施建设，构建优势互补、高质量发展的区域经济布局和国土空间体系。地下工程是城市基础设施建设的重要组成部分，是构建城市地下空间体系、解决城市可持续发展的战略性新兴产业。地下工程监控量测技术是地下工程领域数字化、信息化发展的必然途径。

本书面向地下工程领域，系统介绍了地下工程监控量测的基本理论和监测技术，重点就监测方案设计、监测实施、数据处理与分析、监测报表与报告的编制、监测结果评价等问题做了详细介绍。内容主要包括基坑工程施工监测、矿山法隧道施工监测、盾构法隧道施工监测，并就边坡工程监测、高速铁路路基变形监测及远程监测技术做了简要介绍。本书在第一版（地下工程监控量测，人民交通出版社股份有限公司，2015 年）基础上，嵌入了课程思政育人目标，融入了最新的技术标准、规范及规程，吸纳了该领域的最新成果，特别介绍了近年来发展起来的新技术、新方法及新设备。

全书以项目为基本单元，按照项目引导、任务实施、能力训练等环节组织教学内容，各项目均以翔实的工程案例、大量的图表资料向读者展示一线监测场景，引导读者开展“教、学、做”一体化学习。为了便于学习，教材中以二维码链接微课、动画、教学课件等数字资源，同步在智慧职教慕课（MOOC）学院开设了在线课程。读者可以扫码学习，也可以登录智慧职教 MOOC 学院搜索“地下工程监控量测”进行在线学习。

本书由中铁第六勘察设计院集团有限公司测绘院刘永中、总工程师周志强等人提供基本素材，由陕西铁路工程职业技术学院毛红梅、贾良、郭亚宇等人负责执笔。其中绪论、项目一由毛红梅、刘永中合作完成，项目二由贾良、刘永中合作完成，项目三由毛红梅、郭亚宇、周志强合作完成，项目四、五、六由郭亚宇、周志强合作完成。全书由毛红梅统稿，由毛红梅、贾良任主编，中铁电气化局集团有限公司铁路工程公司副总工程师刘招伟任主审。

本书在编写过程中，得到了中铁隧道局集团有限公司、中铁一局集团有限公司的多位专家的指导，参考借鉴了刘招伟等多名作者的论文与著作，人民交通出版社股份有限公司也给予了真诚的帮助，在此一并表示衷心感谢！

监控量测技术是一门综合技术，它涉及了土力学、岩体力学等多个学科领域，由于编者能力局限，书中错误和不当之处在所难免，恳请专家、读者批评指正。

课程导学　　教学课件

编　者

2022 年 11 月

教材配套资源说明

本教材配套了丰富的教学资源，有效激发学生的学习兴趣和积极性，也方便教师备课和组织教学活动。具体资源类型包括动画、微课、实操视频等，列表说明如下，读者可扫描书中二维码直接在线观看学习。

序号	资 源 名 称	资源类型	正文位置
1	敞口放坡开挖基坑	动画	8
2	垂直开挖围护结构	动画	9
3	斜支撑	动画	10
4	土层锚杆支护	动画	10
5	盖挖顺作法的施工步骤	动画	11
6	盖挖逆作法的施工步骤	动画	11
7	盖挖半逆作法施工步骤	动画	11
8	冠梁和围檩产生裂缝	动画	23
9	止水帷幕渗漏	动画	23
10	整个土体滑动	动画	23
11	水平位移监测控制网	动画	26
12	视准线法监测示意	动画	27
13	小角度法观测示意	动画	27
14	测斜仪的测斜探头	动画	30
15	测斜计算及原理示意	动画	31
16	测斜管的钻孔埋设	动画	32
17	钢弦式应力计	动画	36
18	围护桩内力监测应力计埋设	动画	38
19	围护桩内力监测应变计埋设	动画	38
20	应力计焊接	动画	38
21	应变计连接	动画	39
22	钢筋混凝土应力计(应变计)的布置与安装	动画	42
23	钢支撑轴力计安装示意	动画	43
24	钢支撑体系轴力计安装	动画	43
25	钢支撑表面应变计安装	动画	43
26	垂直位移观测线路	动画	46
27	基岩水准基点标石	动画	47
28	浅埋钢管水准标石	动画	47
29	地表沉降监测点埋设示意	动画	48
30	磁环式分层沉降监测	动画	52

续上表

序号	资 源 名 称	资源类型	正文位置
31	水位孔埋设示意	动画	56
32	基坑回弹对支护结构的影响	动画	57
33	回弹监测标	动画	57
34	深层沉降标	动画	57
35	弹入法土压力盒装置示意图	动画	61
36	顶入法土压力盒安装	动画	62
37	抱箍式管线测点埋设	动画	66
38	地下管线变形测点套筒法	动画	66
39	地下管线变形测点模拟法	动画	67
40	双侧壁导坑法	动画	115
41	拱顶下沉监控量测	动画	133
42	隧道地表沉降监测	动画	134
43	某高速公路隧道施工监测	动画	162
44	拱北某隧道施工监测	动画	162
45	某公路隧道施工监控量测	动画	162
46	左线 RK63 +358 断面测点布设示意图	动画	164
47	盾构机	动画	174
48	土压平衡盾构	动画	174
49	盾构刀具	动画	175
50	壁后注浆	动画	176
51	泥水平衡盾构	动画	176
52	盾构液压系统	动画	176
53	衬砌管片制作与运输	动画	178
54	衬砌管拼装	动画	178
55	始发掘进	动画	185
56	抱箍式地下管线观测	动画	188
57	直接式与间接式地下管线观测	动画	188
58	盾构施工地表沉降监测点设置	动画	191
59	沥青路面沉降监测点埋设	动画	191
60	无路面的场地沉降监测点埋设	动画	191
61	建筑物沉降观测点埋设	动画	191
62	管片收敛变形测点位置	动画	191
63	边坡监测	动画	196
64	边坡表面位移观测网-十字交叉网	动画	199
65	边坡表面位移观测网-放射状网	动画	199
66	边坡表面位移观测网-任意观测网	动画	199
67	裂缝观测-设桩观测	动画	200
68	边坡观测-设尺观测	动画	200

续上表

序号	资源名称	资源类型	正文位置
69	边坡观测-设片观测	动画	200
70	钻孔测斜仪原理	动画	200
71	钻孔倾斜仪成果曲线	动画	200
72	边坡应力监测	动画	203
73	液压式压力盒	动画	204
74	钢弦式压力盒	动画	204
75	钢弦压力盒与传压囊装配图	动画	205
76	Yoke 应力计结构示意图-1	动画	205
77	Yoke 应力计结构示意图-2	动画	205
78	压磁式应力计结构示意图-1	动画	206
79	压磁式应力计结构示意图-2	动画	206
80	量测锚杆结构与安装示意图	动画	207
81	边坡预应力锚索	动画	207
82	锚索测力计安装示意图-未加传力柱	动画	207
83	边坡地下水监测	动画	208
84	封闭双水管型孔隙水压力计	动画	209
85	绪论	微课	2
86	工程影响分区及监测范围确定	微课	13
87	工程监测等级划分	微课	13
88	工程监测项目确定	微课	15
89	基坑巡查	微课	22
90	围护桩(墙)顶水平位移监测点(基准点)布设	微课	25
91	围护桩(墙)顶水平位移监测方法	微课	27
92	测斜仪工作原理及测点、测斜管布设	微课	31
93	围护桩(墙)深层水平位移监测方法及技术要求	微课	33
94	围护桩(墙)内力监测	微课	36
95	桩墙内力监测数据处理	微课	39
96	支撑轴力监测	微课	41
97	支撑轴力监测数据处理	微课	43
98	土层锚杆轴力监测	微课	45
99	地表沉降监测	微课	46
100	地表沉降数据处理	微课	49
101	土体分层沉降监测 1	微课	51
102	土体分层沉降监测 2	微课	52
103	地下水位监测	微课	54
104	基坑回弹监测	微课	57
105	土压力监测 1	微课	60
106	土压力监测 2	微课	60

续上表

序号	资 源 名 称	资源类型	正文位置
107	孔隙水压力监测	微课	63
108	地下管线变形监测	微课	65
109	建筑物沉降监测	微课	69
110	建筑物水平位移监测	微课	70
111	建筑物倾斜监测	微课	73
112	建筑物裂缝监测	微课	74
113	基坑工程监测方案	微课	86
114	监测报表及监测报告编制	微课	94
115	监控量测概述	微课	110
116	洞内外状态观察	微课	122
117	隧道周边位移量测	微课	127
118	收敛计法量测隧道周边位移	微课	128
119	拱顶下沉量测	微课	133
120	地表下沉量测	微课	134
121	围岩内部位移	微课	136
122	混凝土应力监测	微课	142
123	围岩压力及两层支护间压力监测	微课	144
124	远程监测 1	微课	146
125	远程监测 2	微课	146
126	监测数据处理	微课	153
127	监测数据应用	微课	160
128	盾构施工监测案例	微课	189
129	盾构施工地表沉降监测案例	微课	191
130	管片变形监测	微课	192
131	基坑巡视检查	实操视频	22
132	桩(墙)顶水平位移测点布设	实操视频	25
133	围护桩(墙)深层水平位移监测	实操视频	33
134	地表沉降监测	实操视频	46
135	地下水位监测	实操视频	55
136	建筑物沉降监测	实操视频	69
137	净空收敛监测	实操视频	128
138	收敛计	实操视频	129
139	收敛计-数据处理	实操视频	129
140	拱顶下沉监测	实操视频	133

目　　录

绪论

一 地下工程及其施工方法

微课:绪论

地下工程是指深入地面以下,为开发地下空间,利用地下资源所建造的地下土木工程。它包括地下铁道、交通隧道、输气管道、水电隧洞、矿山井巷、地下共同沟、地下过街通道、地下商场、地下油库及人防工程等。21 世纪以来,随着我国城镇化进程推进的加快,城市地下空间开发与利用得到了蓬勃发展,如城市地铁、地下商场、地下停车场、地下过街通道、地下综合管廊等。与此同时,我国正处于完善路网规划、加强基础设施建设的重要时期,铁路隧道、公路隧道、水工隧道、输气管道的建设亦方兴未艾。当前,地下工程已经深入工业民用、商业娱乐、交通运输、水利水电、市政工程、地下仓储、人防军事、采矿巷道等各个领域。

地下工程的大规模建设,推动了地下工程施工技术的创新与发展,施工方法越来越丰富。归结起来,地下工程的施工方法主要有明挖法、暗挖法及沉管法等。

(一)明挖法

明挖法指在露天的地面上,从地表向下分层开挖基坑,分层施作初期支护,待开挖至基底高程后,自下而上施作钢筋混凝土结构,同时铺设外贴式防水层,然后再回填土石。根据地质水文条件及周边环境条件的需要,基坑开挖前可预先施作钻孔灌注桩或地下连续墙围护结构。明挖法施工具有工序简单、便于大型施工机具使用、施工速度快的特点,但是明挖法占地面积大,占地时间长,适用于地铁车站、建筑基坑、人防工程、山岭隧道洞口地段等埋深浅、地表空旷的地段。

(二)暗挖法

暗挖法是相对于明挖法而言的,指非从地表向下开挖,而是从两端或旁侧进洞施工的方法。主要有矿山法、盾构法与掘进机法等。

1. 矿山法

矿山法是隧道施工的传统方法,其基本作业循环可分为开挖、出渣和支护三个环节。根据隧道工程地质条件与结构条件的不同,可以灵活地选择开挖方法、爆破技术、支护形式、支护施作的时机和辅助工法等。矿山法具有工程造价低、施工技术成熟、广泛适应于各级围岩各种类型的隧道等特点,是目前国内隧道设计、施工的主流方法。

针对城市地铁覆盖层浅、地层软弱、含水丰富的特点,我国学者在传统矿山法的基础上提出了以超前加固、处理软弱地层为前提,采用足够刚性的复合式衬砌(由初期支护、二次衬砌及中间防水层所组成)为基本支护结构的一种软弱地层近地表隧道的暗挖施工方法,即浅埋暗挖法。该法具有适用浅埋软弱地层、开挖断面灵活、可有效控制地表沉降及经济的特点。浅埋暗挖法施工应遵循“管超前、严注浆、短开挖、强支护、快封闭、勤量测”的原则。

2. 盾构法与掘进机法

盾构与掘进机是开挖隧道的专用设备,它集土(岩)体开挖、渣土排运、整机推进及管片安装等功能于一体,实现了隧道一次开挖成形。盾构与掘进机施工具有安全、快速、噪声小、地表沉降小等特点，广泛应用于地铁、铁路、公路、市政、水电隧道等工程。其中盾构具有一个筒状的金属外壳，可以在金属外壳的掩护下作业，确保了施工安全，故盾构主要用于软弱地层隧道施工，而掘进机主要用于岩石隧道施工。

（三）沉管法

沉管法指先在隧址以外的临时干坞或船台上预制隧道管段（每节长60～140m，多数为100m左右，最长达268m），管段两端用临时封墙密封，浮运到指定位置上，在预先挖好的基槽上沉放下去，通过水力压接法进行水下连接，再覆土回填，完成隧道工程施工。沉管法是修建水底隧道的主要方法之一。

地下工程施工中，由于地质条件的不确定性、地层压力的不确定性及结构受力状态等诸多因素的不确定性，使得地下工程施工风险难以避免；尤其是在城市地下工程建设中，由于人群、道路、地下建筑、建（构）筑物及地下管线的影响使城市地下工程施工环境更为复杂；而同时城市地下工程对地层变形和地表沉降等施工标准提出了更高的要求，进一步增加了城市地下工程的施工难度，施工风险问题更为突出。这些问题已经成为各种施工方法必须共同面对的难题。

二、地下工程监控量测的必要性

地下工程监控量测指在地下工程施工中，对围岩、地表、支护结构及周边环境的变形及受力状态进行的经常性观察和量测工作。通过监控量测，可以实时掌握地下工程及周边环境的变化动态、分析其变化规律，从而优化设计、指导施工，确保工程安全。

1. 实施监控量测是及时揭示地层力学性状、修正设计的需要

地下工程处于岩土介质之中，其在变形特性、物理组构、初始应力场分布、温度和水侵蚀效应等众多方面具有明显的非均质性、非连续性和非线性特点，致使地下工程表现出相当独特和复杂的力学特征，其变形规律和受力特点很难以纯理论的方法予以描述并获得令人满意的解答和设计结果。因此，对于地下工程变形破坏预测和以此为基础进行的工程设计来说，可行的方法是以理论分析、工程类比及专家经验为基础进行初步设计，然后以监控量测手段逐步对之进行修正，以便贴近更合理、更真实的实际情况，达到优化设计的目的。显然，在地下工程设计中，监控量测是一个必不可少的环节。通过监控量测获取地层实际力学参数，揭示地层力学性状，及时修正设计，是实施信息化动态设计、提高结构地层适应性和可靠性的重要手段。

2. 实施监控量测是及时掌握地层变化动态、指导施工的需要

随着土（岩）体的开挖卸载及人群、交通、荷载的变化，施工过程中地层的地质力学状态也随之变化，地层的物理力学性质也是多变的，因此施工过程是动态的。在施工过程中，通过监控量测掌握地层变化规律，逐渐认识和了解其地质力学状态，并通过各种手段与措施予以调整，是实现信息化动态施工，确保施工安全的必要手段。

3. 实施监控量测是及时预报险情、确保施工安全的需要

地下工程施工中，由于设计与施工参数不当、工序衔接不紧凑、支护不及时等原因，往往会存在一定的安全隐患，轻微的会在一定程度上引起地表沉降、地面开裂、建筑物倾斜，严重时会产生支撑失稳、边坡坍塌、周边建筑物倒塌等安全事故，有时甚至危及生命安全。如2009年杭州地铁萧山路站地铁基坑倒塌事故，造成21人遇难。通过及时且精确的监控量测，实时掌握地下工程及周边环境的受力与变形状况，及时发现险情，采取措施予以处理，可以有效地预防安全事故的发生。

4. 实施监控量测是总结经验、为地下工程理论研究提供依据的需要

我国地下工程发展起步较晚，地下工程理论研究尚不完善，理论研究需要通过监控量测提供第一手的资料与经验。因此，地下工程监控量测对地下工程的理论研究具有重要意义。

毋庸讳言，在工程建设的大潮中，也有相当数量的地下工程因忽视或放松了监控量测，导致大小事故相继发生，造成国家财产的重大损失，其教训是十分深刻的。实践证明，监控量测是实现地下工程动态设计与信息化施工的必要手段，它直接影响到工程的安全以及经济效益与社会效益。我国地下工程理论水平的提高，必然要依赖于地下工程监控量测，同时也可以预见，监控量测技术的不断提高，必将带动我国地下工程理论研究的发展，为地下工程科学技术进步做出应有的贡献，因此地下工程监控量测的作用不容忽视，意义重大。

三 地下工程监控量测的内容

根据监测目的与对象的不同，地下工程监控量测主要分为变形与位移监测、内力及相互作用力的监测及状态观察三类。其中，状态观察是所有地下工程的必测项目。

1. 变形与位移监测

变形与位移监测主要包括：

(1)结构体的变形与位移。主要有：隧道拱顶下沉、净空收敛，基坑围护结构位移、结构板沉降、侧墙与立柱位移等。

(2)岩体的变形与位移。主要有：围岩内部位移、土体分层沉降等。

(3)周边环境的变形与位移。主要有：地表沉降、地下水位、地下管线位移、周边建筑变形与位移等。

2. 内力及相互作用力的监测

内力及相互作用力的监测主要包括：

(1)结构体的内力。主要有：混凝土内力、钢拱架内力、围护结构内力、水平支撑轴力、锚杆轴力等。

(2)地层与结构的相互作用力。主要有：土压力、孔隙水压力等。

3. 状态观察

状态观察主要包括：

(1)结构体状态观察。主要有：支护结构的变形与受力、支撑与立柱的变形与受力、止水帷幕有无开裂与渗漏等。

(2)岩体状态观察。主要有：隧道岩体层理与产状、地下水状况、有无脱落掉块、地质状况核查，基坑有无涌土涌砂等。

(3)周边环境状态观察。主要有：土体有无裂缝与沉陷、地下管线有无破损或泄漏、周边建筑有无新增裂缝、道路有无裂缝与沉陷、邻近建筑与基坑施工变化情况。

(4)施工工况检查。主要有：地表水与地下水的排放是否正常、基坑周边有无超载。

(5)监测设施状态观察。主要有：基准点与监测点状态是否完好、监测元件状态是否完

好、有无影响观测的障碍物等。

四 地下工程监控量测技术的发展

20 世纪 60 年代，奥地利学者拉布西维兹在其创立的新奥法中，第一次提出了运用监控量测手段密切监视围岩的变形和应力，从而及时优化支护参数，更大限度地发挥围岩自承能力的理论。同时指出新奥法应遵循“勤量测”原则，可见在新奥法中监控量测的重要性。

随着新奥法引入我国，监控量测技术也逐渐应用于地下工程乃至其他土木工程中。监控量测技术作为信息化动态施工的必要手段，其对施工安全管理的不可替代性越来越受到工程界的认可和重视。目前，监控量测已经作为施工工序被纳入施工组织设计中。地下工程监控量测的管理和实施正朝着专业化、规范化的方向发展，相关规范不断更新，如《建筑变形测量规范》（JGJ 8—2016）、《建筑基坑工程监测技术规范》（GB 50497—2019）、《城市轨道交通工程监测技术规范》（GB 50911—2013）、《铁路隧道监控量测技术规程》（Q/CR 9218—2015）等。

与此同时，监控量测技术也得到了迅速发展，监测设备及传感器不断发展与完善，监测精度不断提高，监测数据分析理论不断完善。近年来，随着物联网、大数据及第五代移动通信技术（5G）等信息技术的快速发展，监测技术正向着系统化、远程化、自动化方向发展，从而实现了远程实时数据采集、实时分析及实时信息反馈。如中铁科研院西南院研发的“隧道及地下工程施工监测信息系统”，利用移动互联、大数据、可视化等先进技术手段，实现了现场数据采集、实时传输分析、及时预警反馈等远程监控功能。

项目一

基坑工程施工监测

【能力目标】

通过学习，具备基坑工程围护桩（墙）顶水平位移监测、围护桩（墙）深层水平位移监测、围护桩（墙）内力监测、支撑轴力监测、土层锚杆试验和监测、地表沉降监测、土体分层沉降监测、地下水位监测、基坑回弹监测、土压力与孔隙水压力监测、地下管线变形监测及建筑物变形监测等作业能力，同时具备依据基坑工程地质条件、结构条件、支护条件及周围环境等进行基坑监测方案设计、组织实施、数据处理与分析、监测报表与报告的编制及信息反馈等能力。

【知识目标】

1. 了解基坑工程监测基本知识及基本理论；

2. 熟知各监测项目的监测目的、监测内容、监测仪器、监测频率及监测控制基准；

3. 掌握各项目的测点布置、监测实施及数据分析要点。

【素质目标】

通过学习，培养学生的安全意识、规则意识，养成规范作业、标准作业的习惯。

【项目描述】

某地铁车站工程，基坑总长163.3m，基坑两端为盾构工作井，井宽36.7m，井深16.8m，基坑中部标准段宽18.9m，深16.5m。车站处于流塑、软塑的黏性土及砂质粉土层中，地下水埋深1.25m，车站主体采用地下连续墙＋钢支撑围护体系。基坑两侧建筑密布，其中有一栋30层的住宅楼。基坑安全等级为一级。拟对车站基坑施工过程进行监测，请完成基坑监测方案设计，并组织实施，及时完成相应报表填报、数据分析及信息反馈工作。

任务实施

任务一　基坑施工监测基本知识准备

在深基坑开挖施工过程中，基坑内外的土体将由原来的静止土压力状态向被动或主动土压力状态转变，应力状态的改变使围护结构承受荷载并导致围护结构和土体的变形，围护结构的内力（围护桩和墙的内力、支撑轴力或土锚拉力等）和变形（深基坑坑内土体的隆起、基坑支护结构及其周围土体的沉降和侧向位移等）中的任一量值超过容许的范围，将造成基坑的失稳破坏或对周围环境造成不利影响。深基坑开挖工程往往在建筑密集的市中心，施工场地四周有建筑物和地下管线，基坑开挖所引起的土体变形将在一定程度上改变这些建筑物和地下管线的正常状态，当土体变形过大时，会造成邻近结构和设施的失效或破坏。同时，基坑相邻的建筑物又相当于较重的集中荷载，基坑周围的管线常引起地表水的渗漏，这些因素是导致土体变形加剧的原因。

基坑工程设置于力学性质相当复杂的地层中，在基坑围护结构设计和变形预估时，一方面，基坑围护体系所承受的土压力等存在着较大的不确定性；另一方面，对地层和围护结构一般都做了较多的简化和假定，与工程实际有一定的差异；加之，基坑开挖与围护结构施工过程中，存在着时间和空间上的延迟过程，以及降雨、地面堆载和挖机撞击等偶然因素的作用，使得现阶段在基坑工程设计时，对结构内力计算以及结构和土体变形的预估与工程实际情况有较大的差异，并在相当程度上仍依靠经验。因此，在深基坑施工过程中，只有对基坑支护结构、基坑周围的土体和相邻的构筑物进行全面、系统的监测，才能对基坑工程的安全性和对周围环境的影响程度有全面地了解，以确保工程顺利进行；在出现异常情况时及时反馈，并采取必要的工程应急措施，甚至调整施工工艺或修改设计参数。

现场监控量测作为信息化施工的组成部分，不仅能够及时了解地层、支护体系的受力和变形规律及周围环境变化信息，而且能够掌握地层、支护结构及周围环境的相互作用、时空效应、安全和稳定状况，有针对性地制订施工方案和应急措施，对施工过程进行有效控制和管理，防止灾害事故的发生。通过监测数据还可以判断设计方案、参数及施工方法、工艺、措施是否合理，及时优化和调整设计参数和施工方法，实现动态设计和信息化施工。此外，通过监测资料积累数据，可为类似工程提供经验和参考。

一　认识基坑结构

基坑是指为进行建（构）筑物基础与地下室的施工所开挖的地面以下空间。根据基坑开挖过程中边坡形式的不同，基坑分为敞口放坡开挖基坑与垂直开挖基坑两种类型。

（一）敞口放坡开挖基坑

动画：敞口放坡开挖基坑

当基坑深度较浅、地质稳定、施工场地空旷、周围建筑物和地下管线及其他市政设施距离基坑较远时，一般采用敞口放坡开挖法。敞口放坡开挖具有施工简单、施工速度快、工程造价低的优点，并且能为地下结构施工创造最大限度的工作面，因此，在场地允许的条件下，宜优先采用，如图1-1所示。

(二)垂直开挖基坑

当基坑深度较大、基坑周围建筑物及地下管线密集、场地狭小不具备敞口放坡开挖条件时,只能采用垂直开挖法。垂直开挖基坑时通常需要设置围护结构与支撑体系。

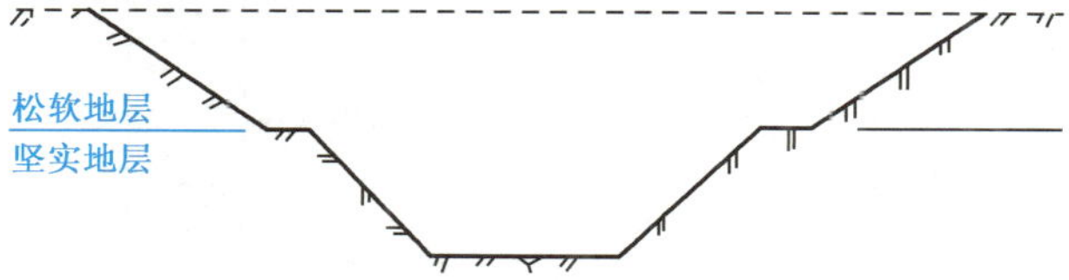

图 1-1　敞口放坡开挖基坑示意图

1. 围护结构

动画:垂直开挖围护结构

为了保证垂直开挖时基坑的稳定,通常需要在基坑开挖前事先设置围护结构,称为具有围护结构的基坑,其形式如图 1-2 所示。基坑围护结构的主要形式有排桩围护结构(钢板桩、工字钢桩、钢筋混凝土灌注桩、钣管桩、深层搅拌桩、劲性水泥土搅拌桩等)、地下连续墙围护结构及土钉墙围护结构等。围护结构的类型应依据基坑深度、基坑土质与含水情况、基坑周围建筑物性质等因素综合选择。

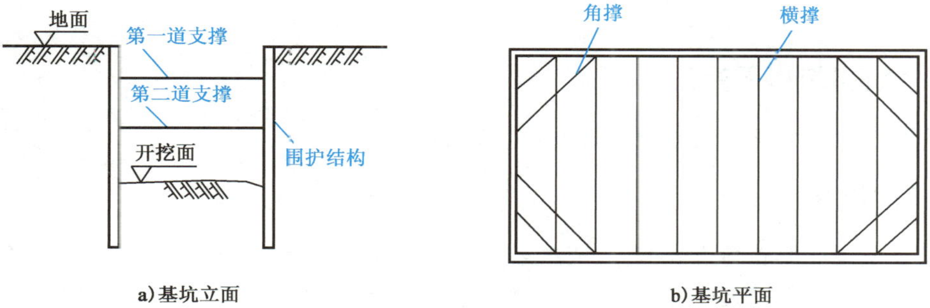

图 1-2　基坑围护结构及水平支撑示意图

2. 支撑体系

当基坑开挖深度较大或边坡土质软弱时,为了确保围护结构的稳定,也可在围护结构内设置支撑以抵抗侧压力。支撑的形式主要有水平支撑、斜支撑及土层锚杆等,图 1-2、图 1-3 分别表示了三种支撑体系的基本形式。

水平支撑因其能够提供较大的支撑阻力,围护结构位移小,支撑安全可靠且不受基坑深度的限制,经常成为支撑体系的首选。水平支撑常用的材料有型钢(钢管、H 型钢、工字钢等)、现浇钢筋混凝土或二者的组合等,主要依据支撑阻力的大小确定。

3. 立柱

当基坑跨度较大时,需要在支撑杆件的中部设置立柱,以缩短支撑的自由长度,防止支撑失稳。立柱可以是钢筋混凝土的钻(挖)孔灌注桩,也可以采用预制的打入桩(钢桩或钢筋混凝土桩)等,如图 1-4 所示。

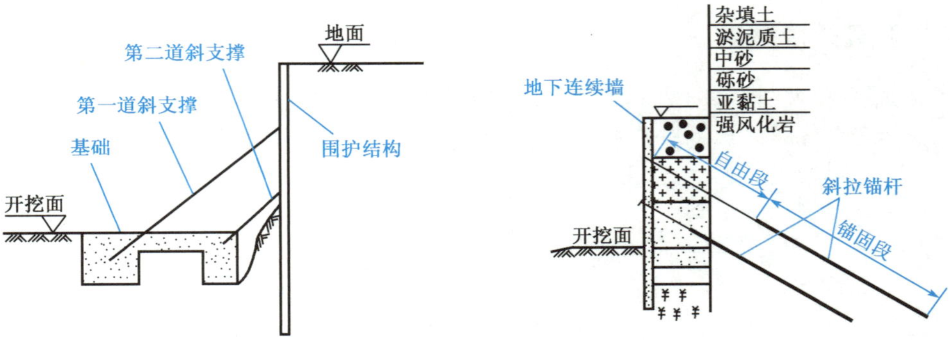

a）斜支撑　　b）土层锚杆

图 1-3　斜支撑及土层锚杆示意图

动画：斜支撑

动画：土层锚杆支护

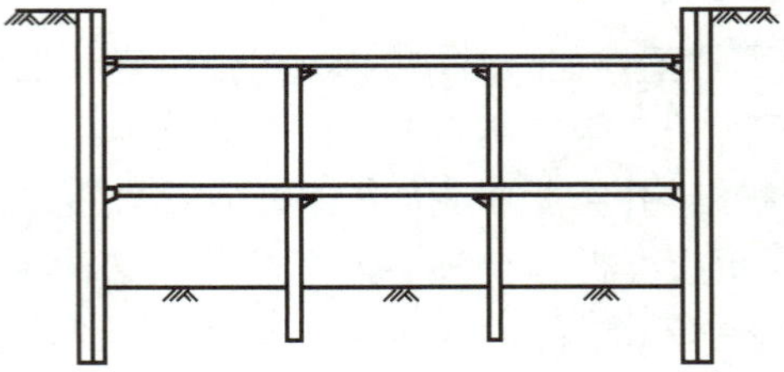

图 1-4　立柱示意图

二、了解基坑施工方法

基坑施工方法主要分为明挖法与盖挖法两大类。

（一）明挖法

明挖法是指从地表向下开挖，形成露天的基坑。其施工顺序为先施作围护结构，然后开挖基坑。基坑应分层开挖，分层施作水平支撑，每开挖一层，立即施作一道水平支撑，如此交错施工直至基坑底部。上层水平支撑未施作，不允许开挖下层土体。若地层含水量较多时，应事先进行降水处理。明挖法具有施工技术简单、作业面多、速度快、工程造价相对较低的特点。而且，由于技术成熟，明挖法施工可以很好地保证工程质量，因此，在地面交通和环境要求允许的条件下，应尽可能采用明挖法施工。明挖法的施工步骤如图 1-5 所示。

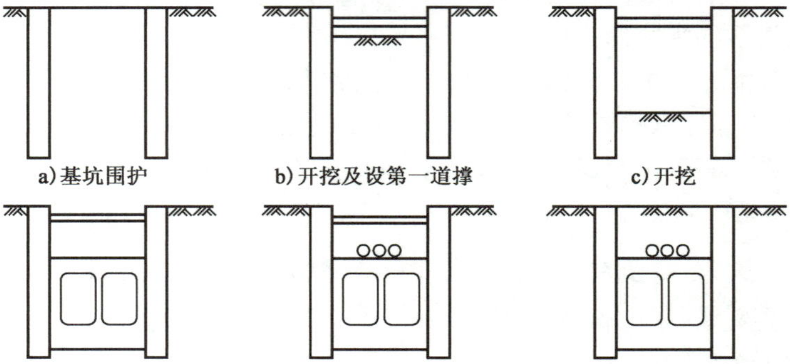

a）基坑围护　　b）开挖及设第一道撑　　c）开挖

d）结构施工　　e）埋设物放置　　f）回填与路面恢复

图 1-5　明挖法施工步骤

(二)盖挖法

盖挖法指先盖后挖,即先以临时路面或结构顶板维持地面畅通后再向下施工。在城市交通繁忙地带开挖基坑时,往往需要占用道路,而地面交通不能中断,且需确保一定交通流量时,可选用盖挖法。按照主体结构施工顺序的不同,盖挖法又分为盖挖顺作法、盖挖逆作法和盖挖半逆作法。其特点都是在完成围护结构之后,需构筑一个覆盖结构承载行车与人流荷载,并在其保护下完成基坑土方开挖和主体结构的施工。

1. 盖挖顺作法

盖挖顺作法是在完成围护结构后,以定型的预制标准覆盖结构(包括纵梁、横梁和路面板)置于围护结构上维持交通,往下分层开挖和加设横撑,直至设计高程。然后依序由下而上施工主体结构和防水措施,回填土并恢复管线路。最后,视需要拆除围护结构的外露部分并恢复道路。其施工工序如图 1-6 所示。

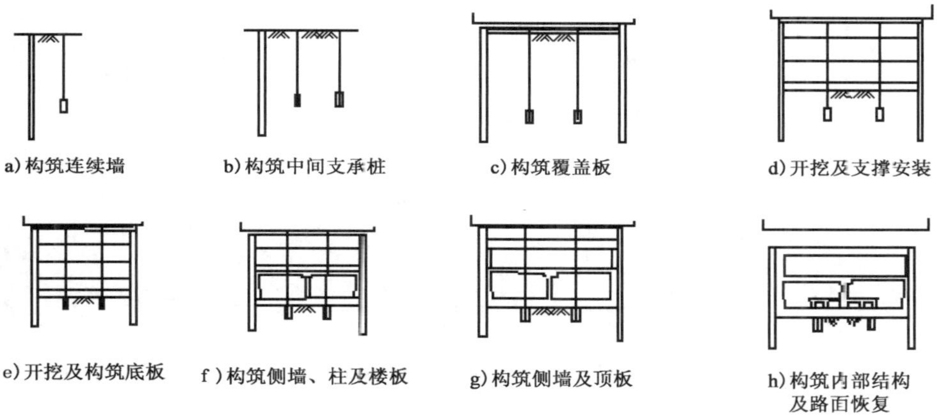

图 1-6 盖挖顺作法的一般步骤

动画:盖挖顺作法的施工步骤

2. 盖挖逆作法

盖挖逆作法的施工顺序是:先在地表施工基坑的围护结构和中间桩柱,然后开挖表层土至主体结构顶板底面高程,利用未开挖的土体作为土模浇筑顶板。顶板可以作为一道强有力的横撑,以防止围护结构向基坑内变形,待回填土后将道路复原,恢复交通。以后的工作都是在顶板覆盖下进行,即自上而下逐层开挖并建造主体结构直至底板,主体结构的现浇梁板也是以土模浇筑的。盖挖逆作法的施工步骤如图 1-7 所示。

动画:盖挖逆作法的施工步骤

3. 盖挖半逆作法

盖挖半逆作法指先浇筑永久性顶板,恢复道路交通,然后从上向下挖土并逐层施作临时支撑,开挖至底部高程后,施作底板,再从下向上依次逐层浇筑各层结构板,同时拆除临时支撑。盖挖半逆作法的施工步骤如图 1-8 所示。盖挖半逆作法与逆作法的区别在于顶板完成及恢复路面后,向下挖土至设计高程后先浇筑底板,再依次序向上逐层浇筑侧墙、楼板,在半逆作法施工中,一般都必须设置横撑并施加预应力。盖挖半逆作法与盖挖顺作法的施工工序类似,区别在于盖挖半逆作法先浇筑的是永久性顶板,对道路的干扰时间短。

动画:盖挖半逆作法的施工步骤

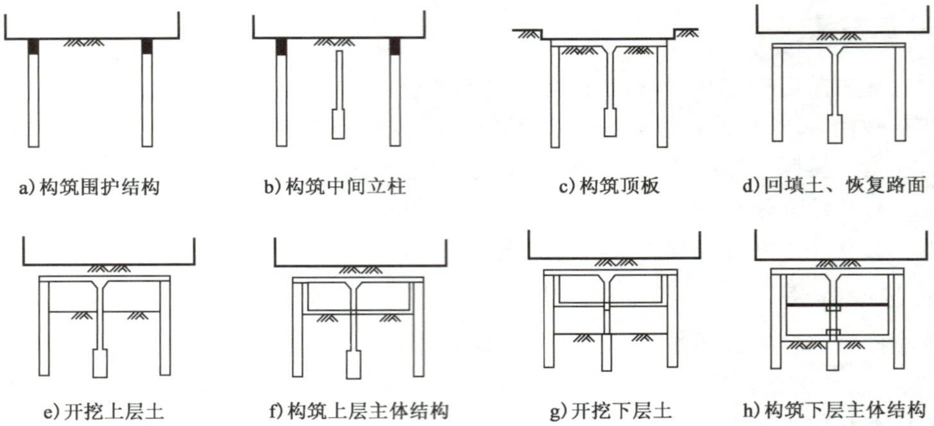

图 1-7　盖挖逆作法的一般步骤

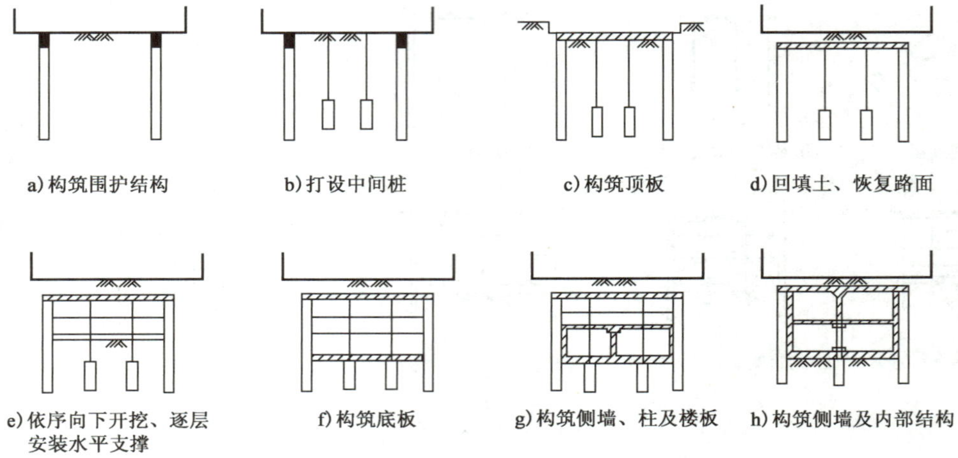

图 1-8　盖挖半逆作法的施工步骤

三　基坑施工监测基本知识准备

(一)基坑施工监测目的

对于深大基坑,施工过程中建立全面、严密、完整的监测体系是十分必要的,通过监测成果反馈指导施工,不仅可保证施工和结构的安全,还可对周围环境影响进行有效控制,减少施工对周边建(构)筑物、路面及地下管线等的不利影响,确保环境安全。基坑工程监测的主要目的如下:

(1)监控施工过程中周围地层的变化情况,掌握施工中地层的变位和破坏规律,选择合理的施工方法和工艺,采取有效的措施进行控制,确保施工质量和安全。

(2)掌握支护体系的受力和变形规律,并对其合理性、安全性、稳定性和经济性进行评价,以便优化设计方案和参数。

(3)根据地质条件和施工方法,对基坑附近的建(构)筑物、地下管线及其他重要设施的影响做出定量评价，并根据其受力和变形特点，提出加固和保护方案，确保环境的安全。

（4）通过现场监测成果反馈和信息化施工，及时调整施工组织，优化资源配置，选择较佳的施工时机，达到安全、优质、高效施工的目的，并为今后类似工程提供借鉴。

（5）通过监测信息反馈，进行安全和经济评价。在确保质量和安全的前提下，降低工程成本和造价，使工程投资得到有效的控制。

（二）基坑工程影响分区及监测范围

微课：工程影响分区及监测范围确定

基坑施工监测范围应为基坑施工的影响范围，应根据基坑的重要程度、开挖深度、地质条件和环境条件等来确定。根据朗肯土压力理论，基坑开挖所产生的第一破裂面的破裂角为 $45° - \varphi/2$（φ 为土体的内摩擦角），可得：

$$B = H \cdot \tan\left(45° - \frac{\varphi}{2}\right) + K \qquad (1\text{-}1)$$

式中：B——监测范围（即基坑开挖影响范围）；

H——基坑开挖深度；

φ——土体或岩体内摩擦角；

K——安全距离。

为了安全起见可不考虑 φ 的作用，则以 $B = H + K$ 作为基坑开挖的影响范围。

《城市轨道交通工程监测技术规范》（GB 50911—2013）规定，工程影响分区应根据工程施工对周围岩土体的扰动和周边环境影响的程度及范围划分，可分为主要、次要和可能三个工程影响分区。基坑工程影响分区宜按表 1-1 的规定进行划分。

基坑工程影响分区 表 1-1

基坑工程影响区	范　围
主要影响区（Ⅰ）	基坑周边 $0.7H$ 或 $H \cdot \tan(45° - \varphi/2)$ 范围内
次要影响区（Ⅱ）	基坑周边 $0.7H \sim (2.0 \sim 3.0)H$ 或 $H \cdot \tan(45° - \varphi/2) \sim (2.0 \sim 3.0)H$ 范围内
可能影响区（Ⅲ）	基坑周边 $(2.0 \sim 3.0)H$ 范围外

注：1. H-基坑设计深度（m），φ-岩土体内摩擦角（°）。

2. 基坑开挖范围内存在基岩时，H 可为覆盖土层和基岩强风化层厚度之和。

3. 工程影响分区的划分界线取表中 $0.7H$ 或 $H \cdot \tan(45° - \varphi/2)$ 的较大值。

（三）工程监测等级

微课：工程监测等级划分

工程监测等级宜根据基坑工程自身风险等级、周边环境风险等级和地质条件复杂程度进行划分。

1. 工程自身风险等级

基坑、隧道工程的自身风险等级宜根据支护结构发生变形或破坏、岩土体失稳等的可能性和后果的严重程度，采用工程风险评估的方法确定，也可根据基坑设计深度、隧道埋深和断面尺寸等按表 1-2 划分。

基坑、隧道工程的自身风险等级 表 1-2

工程自身风险等级		等级划分标准
基坑工程	一级	设计深度大于或等于 20m 的基坑
	二级	设计深度大于或等于 10m 且小于 20m 的基坑
	三级	设计深度小于 10m 的基坑
隧道工程	一级	超浅埋隧道,超大断面隧道
	二级	浅埋隧道,近距离并行或交叠的隧道,盾构始发与接收区段,大断面隧道
	三级	深埋隧道,一般断面隧道

注:1. 超大断面隧道是指断面尺寸大于 $100m^2$ 的隧道;大断面隧道是指断面尺寸在 $50 \sim 100m^2$ 之间的隧道;一般断面隧道是指断面尺寸在 $10 \sim 50m^2$ 之间的隧道。

2. 近距离隧道是指两隧道间距在一倍开挖宽度(或直径)范围以内。

3. 隧道深埋、浅埋和超浅埋的划分根据施工工法、围岩等级、隧道覆土厚度与开挖宽度(或直径),结合当地工程经验综合确定。

2. 周边环境风险等级

周边环境风险等级宜根据周边环境发生变形或破坏的可能性和后果的严重程度,采用工程风险评估的方法确定,也可根据周边环境的类型、重要性、与工程的空间位置关系和对工程的危害性按表 1-3 划分。

周边环境风险等级 表 1-3

周边环境风险等级	等级划分标准
一级	主要影响区内存在既有轨道交通设施、重要建(构)筑物、重要桥梁与隧道、河流或湖泊
二级	主要影响区内存在一般建(构)筑物、一般桥梁与隧道、高速公路或重要地下管线。 次要影响区内存在既有轨道交通设施、重要建(构)筑物、重要桥梁与隧道、河流或湖泊。 隧道工程上穿既有轨道交通设施
三级	主要影响区内存在城市重要道路、一般地下管线或一般市政设施。 次要影响区内存在一般建(构)筑物、一般桥梁与隧道、高速公路或重要地下管线
四级	次要影响区内存在城市重要道路、一般地下管线或一般市政设施

3. 地质条件复杂程度

地质条件复杂程度可根据场地地形地貌、工程地质条件和水文地质条件按表 1-4 划分。

地质条件复杂程度 表 1-4

地质条件复杂程度	等级划分标准
复杂	地形地貌复杂;不良地质作用强烈发育;特殊性岩土需要专门处理;地基、围岩和边坡的岩土性质较差;地下水对工程的影响较大需要进行专门研究和治理
中等	地形地貌较复杂;不良地质作用一般发育;特殊性岩土不需要专门处理;地基、围岩和边坡的岩土性质一般;地下水对工程的影响较小
简单	地形地貌简单;不良地质作用不发育;地基、围岩和边坡的岩土性质较好;地下水对工程无影响

注:符合等级划分标准中条件之一即为对应的地质条件复杂程度,从复杂开始,向中等、简单推定,以最先满足的为准。

4. 工程监测等级

工程监测等级可按表 1-5 划分,并应根据当地经验结合地质条件复杂程度进行调整。

工程监测等级 表1-5

工程自身风险等级	周边环境风险等级			
	一级	二级	三级	四级
一级	一级	一级	一级	一级
二级	一级	二级	二级	二级
三级	一级	二级	三级	三级

(四)主要监测项目

1. 基坑工程施工监测

微课:工程监测项目确定

基坑工程施工监测的内容主要包括三大部分,即围护结构监测、相邻环境监测及主体结构监测。围护结构监测包括对围护桩(墙)、支撑、围檩和圈梁、立柱、坑内土层五部分的监测;相邻环境监测包括对相邻地层、地下管线、房屋、桥梁、轨道交通等构筑物的监测;主体结构监测主要包括对结构板、侧墙等的监测,见表1-6。具体监测项目应根据基坑的重要性、地质条件、基坑形状和规模以及周边环境等条件来确定。

明挖法和盖挖法基坑支护结构和周围岩土体监测项目 表1-6

序号	监测项目	工程监测等级		
		一级	二级	三级
1	支护桩(墙)、边坡顶部水平位移	√	√	√
2	支护桩(墙)、边坡顶部竖向位移	√	√	√
3	支护桩(墙)体水平位移	√	√	○
4	支护桩(墙)结构应力	○	○	○
5	立柱结构竖向位移	√	√	○
6	立柱结构水平位移	√	○	○
7	立柱结构应力	○	○	○
8	支撑轴力	√	√	√
9	顶板应力	○	○	○
10	锚杆拉力	√	√	√
11	土钉拉力	○	○	○
12	地表沉降	√	√	√
13	竖井井壁支护结构净空收敛	√	√	√
14	土体深层水平位移	○	○	○
15	土体分层竖向位移	○	○	○
16	坑底隆起(回弹)	○	○	○
17	支护桩(墙)侧向土压力	○	○	○
18	地下水位	√	√	√
19	孔隙水压力	○	○	○

注:√-应测项目,○-选测项目。

从理论上讲，凡是能够反映围岩与围护结构力学形态变化的物理量，都可以作为被测量。但是，要求被测的物理量既能反映土体与围护结构力学形态变化，同时在技术、经济上又容易实现。变形乃是土体和围护结构力学形态变化最直观的表现，基坑坍塌和围护结构系统的破坏都是变形发展到一定程度的必然结果。同时，变形监测具有量测结果直观、测试数据可靠及测试费用低的特点。因此，在选用测试项目时多以位移监测为首选项目。

2. 工程周围岩土体监测

当遇到下列情况时，应对工程周围岩土体进行监测：

(1) 基坑深度较大、基底土质软弱或基底下存在承压水且对工程影响较大时，应进行坑底隆起（回弹）监测。

(2) 基坑侧壁、隧道围岩的地质条件复杂，岩土体易产生较大变形、空洞、坍塌的部位或区域，应进行土体分层竖向位移或深层水平位移监测。

(3) 在软土地区，基坑或隧道邻近对沉降敏感的建（构）筑物等环境时，应进行孔隙水压力、土体分层竖向位移或深层水平位移监测。

(4) 工程邻近或穿越岩溶、断裂带等不良地质条件，或施工扰动引起周围岩土体物理力学性质发生较大变化，并对支护结构、周边环境或施工可能造成危害时，应结合工程实际选择岩土体监测项目。

3. 环境监测

周边环境监测项目应根据表 1-7 选择。当主要影响区存在高层、高耸建（构）筑物时，应进行倾斜监测。既有城市轨道交通高架线和地面线的监测项目可按照桥梁和既有铁路的监测项目选择。

周边环境监测项目 表 1-7

监测对象	监测项目	工程影响分区	
		主要影响区	次要影响区
建（构）筑物	竖向位移	√	√
	水平位移	○	○
	倾斜	○	○
	裂缝	√	○
地下管线	竖向位移	√	○
	水平位移	○	○
	差异沉降	√	○
高速公路与城市道路	路面路基竖向位移	√	○
	挡墙竖向位移	√	○
	挡墙倾斜	√	○
桥梁	墩台竖向位移	√	√
	墩台差异沉降	√	√

续上表

监测对象	监测项目	工程影响分区	
		主要影响区	次要影响区
桥梁	墩柱倾斜	√	√
	梁板应力	○	○
	裂缝	√	○
既有城市轨道交通	隧道结构竖向位移	√	√
	隧道结构水平位移	√	○
	隧道结构净空收敛	○	○
	隧道结构变形缝差异沉降	√	√
	轨道结构(道床)竖向位移	√	√
	轨道静态几何形位(轨距、轨向、高低、水平)	√	√
	隧道、轨道结构裂缝	√	○
既有铁路(包括城市轨道交通地面线)	路基竖向位移	√	√
	轨道静态几何形位(轨距、轨向、高低、水平)	√	√

注:√-应测项目,○-选测项目。

(五)监测的基本要求

(1)监测工作必须是有计划的,应根据设计提出的监测要求和建设单位下达的监测任务书预先制订详细的基坑监测方案。计划性是监测数据完整性的保证,但计划性也必须与灵活性相结合,因为基坑工程在施工过程中会发生意想不到的情况,应该根据变化的情况来修正原先的监测方案,但基本原则不能变。

(2)监测数据必须是可靠真实的,数据的可靠性由测试元件安装或埋设的可靠性、监测仪器的精度与可靠性以及监测人员操作的规范性来保证。监测数据必须以原始记录为依据,原始记录任何人不得更改、删除。

(3)监测数据必须是及时的,监测数据需在现场及时计算处理,计算有问题可及时复测,尽量做到当天报表当天出。因为基坑开挖是一个动态的施工过程,只有保证及时监测,才能有利于及时发现隐患,及时采取措施。

(4)埋设于结构中的监测元件应尽量减少对结构正常受力的影响,埋设水土压力监测元件、测斜管和分层沉降管的回填土应注意与岩土介质的匹配,同时应做好测点的保护工作。

(5)监测中应将多种监测项目结合应用。在开挖和支撑施工过程中,基坑的力学效应是从多方面同时展现出来的,各监测项目之间存在着内在的必然联系,通过对多个项目的连续监测,可以对监测结果综合分析、互相印证,从而正确全面地把握监测结果。

(6)对重要的监测项目,应按照工程具体情况预先设定预警值和报警制度,预警值应包括变形或内力的量值及其变化速率。

(7)基坑监测应整理完整的监测记录表、数据报表、形象的图表和曲线,监测结束后整理出监测报告。

(六)监测期限与频率

基坑工程施工的宗旨在于确保工程快速、安全、顺利地施筑完成。为了完成这一任务,施工监测工作基本上伴随基坑开挖和地下结构施工的全过程,即从基坑开挖第一批土直至地下结构施工到 ±0.00 高程。现场施工监测工作一般需连续开展 6 ~ 8 个月,基坑越大,监测期限则越长。

监测频率应根据基坑的规模、重要程度、环境条件、施工阶段等因素确定,并根据监测结果进行调整,当出现异常情况时,应适当加密。根据《城市轨道交通工程监测技术规范》(GB 50911—2013)的有关规定进行监测,明挖法和盖挖法基坑施工监测频率见表 1-8。

明挖法和盖挖法基坑工程监测频率　　表 1-8

施工工况		基坑设计深度(m)				
		≤5	5 ~ 10	10 ~ 15	15 ~ 20	>20
基坑开挖深度(m)	≤5	1 次/1d	1 次/2d	1 次/3d	1 次/3d	1 次/3d
	5 ~ 10	—	1 次/1d	1 次/2d	1 次/2d	1 次/2d
	10 ~ 15	—	—	1 次/1d	1 次 1d	1 次/2d
	15 ~ 20	—	—	—	(1 次 ~ 2 次)/1d	(1 次 ~ 2 次)/1d
	>20	—	—	—	—	2 次/1d

注:1. 基坑工程开挖前的监测频率应根据工程实际需要确定。
2. 底板浇筑后可根据监测数据变化情况调整监测频率。
3. 支撑结构拆除过程中及拆除完成后 3d 内监测频率应适当增加。

(七)监测控制标准

监测控制指标一般以总变化量和变化速率两个量控制,累计变化量的控制指标一般不宜超过设计限值。对于不同地区、不同类型的工程及工程的不同部位,其地质条件、设计方案、施工方法、环境条件等可能不同,因此很难建立统一的监测控制标准,一般应根据各个工程的具体情况,单独制定控制标准。《城市轨道交通工程监测技术规范》(GB 50911—2013)规定,明挖法和盖挖法基坑支护结构和周围岩土体的监测项目控制值应根据工程地质条件、基坑设计参数、工程监测等级及当地工程经验等确定,当无地方经验时,可按表 1-9 和表 1-10 确定。

明挖法和盖挖法基坑支护结构和周围岩土体监测项目控制值　　表 1-9

监测项目	支护结构类型、岩土类型	工程监测等级一级			工程监测等级二级			工程监测等级三级		
		累计值(mm)		变化速率(mm/d)	累计值(mm)		变化速率(mm/d)	累计值(mm)		变化速率(mm/d)
		绝对值	相对基坑深度(*H*)值		绝对值	相对基坑深度(*H*)值		绝对值	相对基坑深度(*H*)值	
支护桩(墙)顶竖向位移	土钉墙、型钢水泥土墙							30 ~ 40	0.5% ~ 0.6%	4 ~ 5
	灌注桩、地下连续墙	10 ~ 25	0.1% ~ 0.15%	2 ~ 3	20 ~ 30	0.15% ~ 0.3%	3 ~ 4	20 ~ 30	0.15% ~ 0.3%	3 ~ 4
支护桩(墙)顶水平位移	土钉墙、型钢水泥土墙		—					30 ~ 60	0.6% ~ 0.8%	5 ~ 6
	灌注桩、地下连续墙	15 ~ 25	0.1% ~ 0.15%	2 ~ 3	20 ~ 30	0.15% ~ 0.3%	3 ~ 4	20 ~ 40	0.2% ~ 0.4%	3 ~ 4

续上表

监测项目	支护结构类型、岩土类型		工程监测等级一级			工程监测等级二级			工程监测等级三级		
			累计值(mm)		变化速率(mm/d)	累计值(mm)		变化速率(mm/d)	累计值(mm)		变化速率(mm/d)
			绝对值	相对基坑深度(*H*)值		绝对值	相对基坑深度(*H*)值		绝对值	相对基坑深度(*H*)值	
支护桩(墙)体水平位移	型钢水泥土墙	坚硬～中硬土							40～50	0.4%	6
		中软～软弱土							50～70	0.7%	
	灌注桩、地下连续墙	坚硬～中硬土	20～30	0.15%～0.2%	2～3	30～40	0.2%～0.4%	3～4	30～40	0.2%～0.4%	4～5
		中软～软弱土	30～50	0.2%～0.3%	2～4	40～60	0.3%～0.5%	3～5	50～70	0.5%～0.7%	4～6
地表沉降	坚硬～中硬土		20～30	0.15%～0.2%	2～4	25～35	0.2%～0.3%	24	30～40	0.3%～0.4%	2～4
	中软～软弱土		20～40	0.2%～0.3%	2～4	30～50	0.3%～0.5%	3～5	40～60	0.4%～0.6%	4～6
立柱结构竖向位移			10～20	—	2～3	10～20		2～3	10～20	—	2～3
支护墙结构应力			(60%～70%)f			(70%～80%)f			(70%～80%)f		
立柱结构应力											
支撑轴力			最大值:(60%～70%)f 最小值:(80%～100%)f_y			最大值:(70%～80%)f 最小值:(80%～100%)f_y			最大值:(70%～80%)f 最小值:(80%～100%)f_y		
锚杆拉力											

注:1. H-基坑设计深度,f-构件的承载能力设计值,f_y-支撑、锚杆的预应力设计值。
2. 累计值应按表中绝对值和相对基坑深度(H)值两者中的小值取用。
3. 支护桩(墙)顶隆起控制值宜为20mm。
4. 嵌岩的灌注桩或地下连续墙控制值可按表中数值的50%取用。

竖井井壁支护结构净空收敛监测项目控制值 表1-10

监 测 项 目	累计值(mm)	变化速率(mm/d)
竖井井壁支护结构净空收敛	30	2

(八)数据整理与信息反馈

监测的目的在于通过监测判定基坑及邻近建筑物的稳定性并据以指导施工,因此对于监测结果应及时整理分析并反馈给施工单位。

1. 监测资料整理

每次观测后应立即对原始观测资料进行校核和整理,主要包括原始观测值的检验、物理量的计算、填表制图、异常值的剔除、初步分析和整编等,并将检验过的数据输入计算机的数据库管理系统之中。

2. 监测资料分析

采用比较法、作图法或数值计算法,进行快速分析和处理,绘制相应图表、曲线,分析监测值变化规律，对工程和环境的安全状况做出评价，对措施的实施效果进行预测，形成监测日报、周报、月报和预警快报，及时报送给施工、设计、监理及建设等相关单位。

监测资料分析方法很多，其中回归分析是一种最直接、最简单、最有效的方法，也是一种常用的方法，常用的回归函数如下：

(1) 对数函数

$$U = A\lg(1+t) + B \tag{1-2}$$

$$U = A\ln\left(\frac{B+t}{B+t_0}\right) \tag{1-3}$$

(2) 指数函数

$$U = Ae^{-B/t} \tag{1-4}$$

$$U = A(e^{-Bt} - e^{-Bt_0}) \tag{1-5}$$

$$U = \frac{t}{A+Bt} \tag{1-6}$$

(3) 双曲函数

$$U = A\left[\left(\frac{1}{1+Bt_0}\right)^2 - \left(\frac{1}{1+Bt}\right)^2\right] \tag{1-7}$$

以上式中：U——监测值；

A、B——回归系数；

t_0——测点初读数距基坑开挖时的时间；

t——测点的观测时间。

3. 监测信息反馈

通过对监测资料的整理分析，判定地层、结构、环境的稳定性和安全状况，判断设计方案、参数和施工方法、工艺的合理性，提出优化参数、施工工艺和必要的加固措施，及时反馈。

当实测值小于允许值，且实测值—时间散点图趋于收敛时（如图 1-9 中的正常曲线）应正常施工；当变化速率无明显下降趋势，而此时实测值已接近允许值时，应采取加强措施，并调整设计参数和施工方法，提高基坑稳定性。

当实测值—时间曲线出现反弯点或实测值变化速率持续增大，即实测值加速增大，出现反常的急剧增长现象时（如图 1-9 中的反常曲线），说明地层、支护体系或环境已处于不稳定状态，应提高监测频率，查明原因，并采取措施进行处理，必要时停止施工，进行抢险。

当实测值—时间曲线趋于收敛，空间分布也比较稳定，且变化速率趋于零时，可推断地层、结构、环境已处于稳定状态，可以适当减少监测次数。

在监测工作中，巡视检查能更及时、快速、直观地反映基坑稳定性问题及存在的不安全因素，所以，监测信息反馈时应结合巡视检查的结果做出综合分析。监测信息反馈流程如图 1-10 所示。

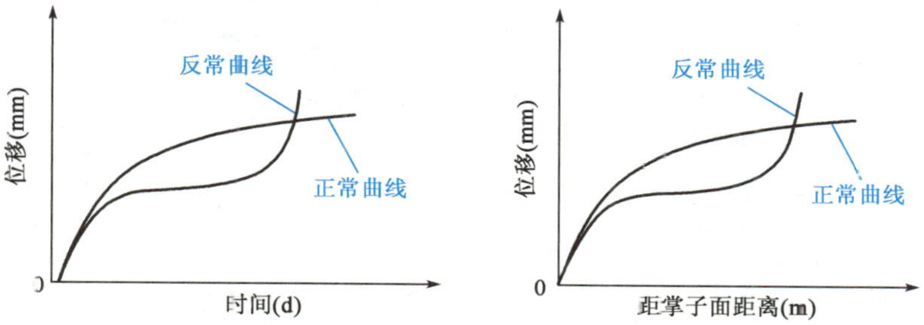

图 1-9 时间—位移曲线与距离—位移曲线的正常与反常趋势图

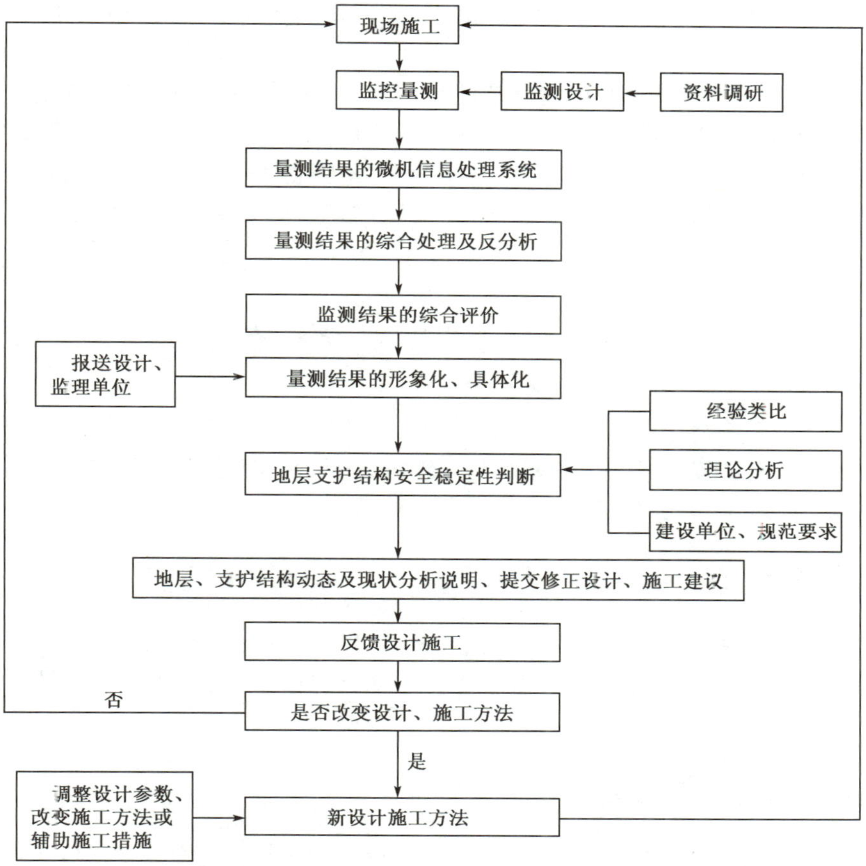

图 1-10 监测信息反馈流程图

(九)监测管理基准和预警

为了有效地利用监测数据进行施工控制和管理,应针对不同地区和不同类型的工程及工程不同部位,结合地质条件、工程特点、环境状况等建立不同的监测管理基准,可按黄色、橙色和红色三级预警进行反馈和控制。三级预警状态的判定见表 1-11。

三级预警状态判定 表1-11

预警级别	预警状态描述
黄色预警	实测位移(或沉降)的绝对值和速率值双控指标均达到极限值的70% ~85%时;或双控指标之一达到极限值的85% ~100%而另一指标未达到该值时
橙色预警	实测位移(或沉降)的绝对值和速率值双控指标均达到极限值的85% ~100%时;或双控指标之一达到极限值而另一指标未达到时;或双控指标均达到极限值而整体工程尚未出现不稳定迹象时
红色预警	实测位移(或沉降)的绝对值和速率值双控指标均达到极限值,与此同时,还出现下列情况之一时:实测的位移(或沉降)速率出现急剧增长;隧道或基坑支护混凝土表面已出现裂缝,同时裂缝处已开始渗流水

注:对于桥梁监测,表中双控指标应为横向差异沉降值和纵向差异沉降值。

当发出红色预警时,应提高监测频率,加强对地面和建筑物沉降动态的观察,尤其应加强对预警点附近的雨污水管和有压管线的检查和处理;发出橙色预警时,除应继续加强上述监测、观察、检查和处理外,还应根据预警状态的特点进一步完善针对该状态的预警方案,同时应对施工方案、开挖进度、支护参数、工艺方法等进行检查和完善,在获得设计和建设单位同意后执行;发出红色预警时,除应立即向上述单位报警外,还应立即采取补强措施,并经设计、施工、监理和建设单位分析和认定后,改变施工程序或设计参数,必要时应立即停止开挖,进行施工处理。

任务二　巡视检查

基坑工程施工环境复杂,涉及城市建筑、交通、管线等多种构筑物,基坑工程的施工安全直接影响到周围构筑物的安全,因此,在基坑施工期内,应派专人专门负责基坑安全巡视,随时监测基坑动态,以便及时发现异常和隐患,及时予以处理。

一　巡视检查工具

巡视检查由有一定工程经验的监测人员负责,以目测为主,用肉眼凭经验观察获得对判断基坑稳定和环境安全性有用的信息,检查中也可辅以锤、钎、量尺、放大镜等工具及摄像、摄影等设备。

二　巡视检查内容与方法

巡视检查主要包括围护结构与支撑体系的变形状况检查、基坑施工工况检查、周边环境状况检查、监测设施状况检查四个方面。

微课:基坑巡查　　实操视频:基坑巡视检查

1.围护结构与支撑体系的变形状况检查

(1)围护结构的成型质量。

(2)冠梁、围檩、支撑有无裂缝出现。

(3)支撑、立柱有无较大变形。

(4)止水帷幕有无渗漏。

(5)墙后土体有无裂缝、沉陷及滑移。

(6)基坑有无涌土、流沙、管涌。

动画:冠梁和围檩产生裂缝　　动画:止水帷幕渗漏　　动画:整个土体滑动

2. 基坑施工工况检查

(1)开挖后暴露的土质与岩土勘察报告有无差异。

(2)基坑开挖分段长度、分层厚度及支锚设置是否与设计要求一致。

(3)场地地表水、地下水排放状况是否正常,基坑降水、回灌设施是否运转正常。

(4)基坑周边地面有无超载。

3. 周边环境状况检查

(1)周边管道有无破损、泄漏。

(2)周边建筑有无新增裂缝。

(3)周边道路有无裂缝、沉陷。

(4)邻近基坑及建筑的施工变化情况。

4. 监测设施状况检查

(1)基准点、监测点及监测元件的完好状况。

(2)有无影响观测工作的障碍物等。

基坑施工前应对地表、地下管线及周围建(构)筑物等进行初次巡视,对地表裂缝、管线裂缝与渗漏、建(构)筑物裂缝与剥落等做好标识,记录其位置、形态,用游标卡尺或裂缝读数显微镜测量并记录裂缝的宽度,用照相机或摄像机拍摄存档。

在施工日常巡视检查中,应重点对初次巡视中发现的地表裂缝、管线裂缝与渗漏、建(构)筑物裂缝与剥落等部位进行检查,发现异常及时通报,并拍照存档。

三 巡视检查报表

巡视检查应做好记录,填写日常巡视检查记录表(表1-12),并与仪器监测数据进行综合分析。检查内容应详细地记录在监测日记中,重要的信息则需写在监测报表的备注栏内。

基坑施工日常巡视检查记录表　　表1-12

第　次　　巡视时间:　年　月　日

分　类	巡视检查内容	巡视检查结果	备　注
自然条件	天气		
	雨量		
	风级		

续上表

分　类	巡视检查内容	巡视检查结果	备　注
支护结构	冠梁、支撑、围檩裂缝		
	支护结构成型质量		
	止水帷幕开裂、渗漏		
	墙后土体沉陷、开裂及滑移		
	基坑涌土、流沙及管涌		
	其他		
周边环境	基坑周边堆载情况		
	管道破损、泄漏		
	周边建筑物裂缝		
	地表水、地下水情况		
	周边道路(地面)裂缝沉陷		
	基坑开挖分段长度及分层厚度		
	其他		
监测设施	基准点、测点完好状况		
	监测元件完好情况		
	观测工作条件		
	其他		

任务三　围护桩(墙)顶水平位移监测

一、监测目的

桩(墙)顶水平位移与沉降监测是基坑工程中最直接、最重要的监测项目。通过监测可以随时获得桩(墙)顶的水平位移和沉降变形量,从而判定基坑的稳定程度,必要时调整基坑开挖的顺序和速度,确保基坑施工安全。

围护桩(墙)顶沉降监测主要采用精密水准测量,在一个测区内,应设3个以上基准点,基准点要设置在距基坑开挖深度5倍距离以外的稳定位置,其监测方法参照地表沉降监测。本任务主要完成围护桩(墙)顶水平位移监测。

二、监测仪器

经纬仪或全站仪等。

三、测点布设

水平位移监测点分为基准点、工作基点、变形监测点3种,其中基准点和工作基点均为变形监测的控制点。各种监测点均应予以编号,其布设要求如下。

微课：围护桩（墙）顶水平位移监测点（基准点）布设

实操视频：桩（墙）顶水平位移测点布设

（一）监测控制点

1. 布设要求

（1）基准点不应少于3个，工作基点可根据需要设置。

（2）基准点应设置在变形区域以外、位置稳定、易长期保存的地方，并应定期复测。当监测点变形监测成果出现异常，或当测区受到地震、洪水、爆破等外界因素影响时，应及时进行复测。基准点、工作基点应便于检查校验。

（3）当使用GPS测量方法进行平面或三维控制测量时，基准点位置还应满足下列要求：

①应便于安置接收设备和操作。

②视场内障碍物的高度角不宜超过15°。

③距电视台、电台、微波站等大功率无线电发射源不应少于200m；距高压输电线和微波无线电信号传输通道不应小于50m；附近不应有强烈反射卫星信号的大面积水域、大型建筑以及热源等。

④通视条件好，应方便后续采用常规测量手段进行联测。

2. 埋设要求

（1）平面基准点应建造具有强制对中装置的观测墩或埋设专门观测标石，强制对中装置的对中误差不应超过0.1mm。

（2）照准标志应具有明显的几何中心或轴线，并应符合图像反差大、图案对称、相位差小和本身不变形等要求。根据点位不同情况，可选用重力平衡球式照准标志、旋入式杆状标志等形式。图1-11为重力平衡球式照准标志。

（3）对用作平面基准点和深埋式标志、兼作高程基准的标石和标志以及特殊土地区或有特殊要求的标石、标志及其埋设应另行设计。

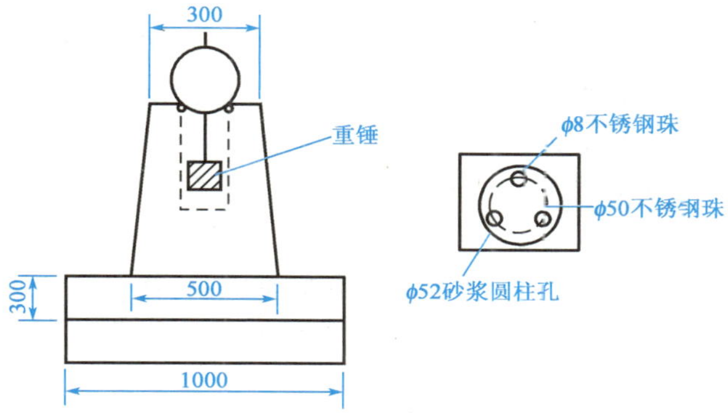

图1-11　重力平衡球式照准标志（尺寸单位：mm）

(二)变形监测点

沿基坑周边布置,与基坑构成一个整体。变形监测点间距 15 ~ 20m,在基坑周边的中部、阳角、围护结构受力较大处均应布置,每边不少于 3 个。对于水平位移变化剧烈的区域,宜适当加密,有水平支撑时,测点宜布置在两道水平支撑的跨中部位,埋设观测标志于基坑围护桩顶,如图 1-12 所示。

四 监测方法

(一)水平位移监测控制网的建立

动画:水平位移监测控制网

水平位移监测控制网按两级布设,由基准点与工作基点组成首级网,用来测量工作基点相对于基准点的变形量;由变形监测点与工作基点组成次级网,用来测量监测点相对于工作基点的变形量。对于单个目标的位移监测,可将控制点与变形监测点按一级网布设。水平位移监测控制网如图 1-13 所示。

图 1-12　围护桩(墙)顶水平位移监测点

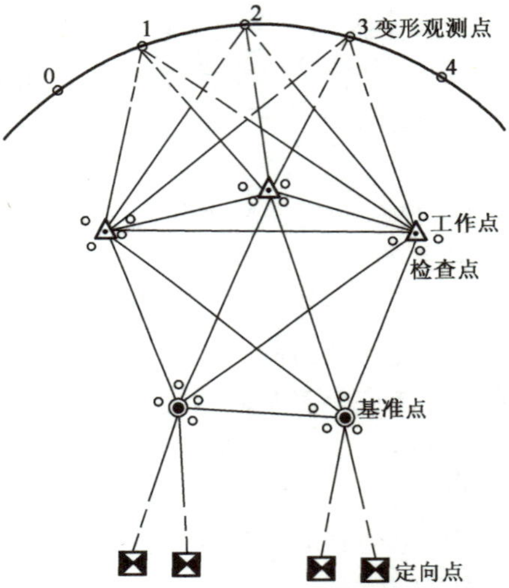

图 1-13　水平位移监测控制网示意图

水平位移监测控制网的网形应与基坑的形状相适应,可采用三边网或边角网。同时为了提高精度,可在网中加测一些对角线方向,以增加网的强度,有利于精度的改善。

在变形监测中,要尽可能减少测站和目标的对中误差。测站点应设置具有强制对中器的观测墩,用以安置测角仪器和测距仪。机械对中装置要求对中精度高、安置方便且稳定性能好。

埋设的监测点稳定后,应在基坑开挖前进行初始值观测,初始值一般应独立观测两次,两次观测时间间隔尽可能短,校差应满足有关限差值要求,取平均值作为初始值,水平位移监测则以初始值作为观测比较的基准。

(二)观测方法

水平位移监测应视基坑开挖进展及时开始实施,其观测方法很多,常用的有:直接丈量法、视准线法、小角度法、控制网法等,可以根据现场情况和工程要求灵活应用。

微课:围护桩(墙)顶水平位移监测方法

1. 直接丈量法

直接丈量法适用于边长不大于 50m 的小型基坑。基坑开挖前,在监测部位埋设测点,用钢卷尺丈量出位移方向上相关测点的距离作为初始值,测量时钢尺要用测力计控制拉力,一般为钢尺鉴定时的拉力(49N),并记录测量时的现场气温,对距离进行温度修正。基坑开挖后,再对这些测点之间的距离进行测量,将测量结果与初始值相比较,其差值即为测点间的相对位移。

用此方法测量虽然直接得到的是相对位移值,但使用器具单一,操作简便、直观。每次测量时,对每一测线重复测量两次,若两次测量的误差值不大于 1/20000,则可取其平均值作为测量结果,精度可满足工程要求。

2. 视准线法

动画:视准线法监测示意

视准线法适用于基坑为直线边的水平位移的监测,如图 1-14 所示。沿基坑边线或其延长线上的两端设置工作基点 A、B,A、B 两点形成的直线即为视准线,在视准线上沿基坑边线按照需要设置若干测点。监测时置镜于 A 点,瞄准 B 点即确定视准线方向,测量各监测点到视准线的偏移量即为水平位移值。

一般用经纬仪正倒镜 4 次读数,取中数作为一次观测。初始值要测两遍,以保证无误。以后每次监测结果与初始值比较,求得测点的水平位移量。

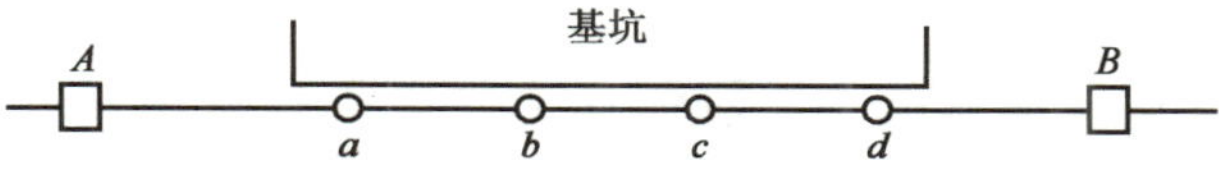

图 1-14　视准线法监测示意图

A、B-基坑两端的工作基点;a、b、c、d-位移监测点

3. 小角度法

小角度法适用于观测点零乱、不在同一直线上的情况。在离基坑两倍开挖深度距离的地方,选设测站 A,如图 1-15 所示。若测站至观测点 T 的距离为 S,则在不小于 $2S$ 的范围之外,选设后方向点 A'。用经纬仪或全站仪观测 β 角,一般测 2 ~ 4 测回,并测量测站 A 到观测点 T 的距离,如图 1-15 所示。

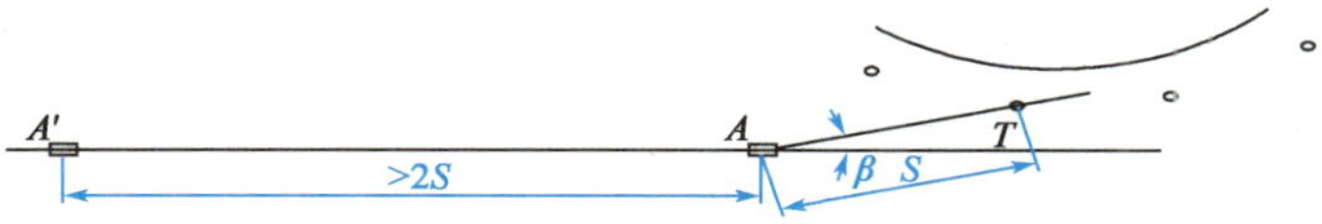

图 1-15　小角度法观测示意图

动画:小角度法观测示意

为保证 β 角初始值的正确性,要测定两次。以后每次测定 β 角的变化量,按下式计算观测点的位移量:

$$\Delta T = \frac{\Delta\beta}{\rho} \times S \tag{1-8}$$

式中:ΔT——观测点的位移量,mm;

$\Delta\beta$——β 角的变化量,″;

ρ——换算常数,$\rho = 3600 \times 180/\pi = 206265$;

S——测站至观测点的距离,mm。

如按 β 角测定中误差为 ±2″,S 为 100m,则位移中误差约为 ±1mm。

4. 控制网法

控制网法适用于要求测出基坑整体绝对位移量的情况。控制网的建立可根据施工现场的通视条件、工程的精度要求,采用角边交会法、基坑线法或复合导线法等。各种布网均应考虑图形强度,长短边不宜悬殊。先采用平行控制网求出基坑各交点的位移值,再叠加用前述方法求得的各监测点的相对位移值,即是基坑的整体绝对位移值。采用此方法对仪器的精度要求高,监测工作量大,但可求得前述三种方法不容易求出的测点绝对位移量,工程中可视需要选用。

五 监测精度

水平位移监测控制网的技术要求应符合《城市轨道交通工程测量规范》(GB/T 50308—2017)的有关规定,见表 1-13。水平位移监测点的技术要求和监测方法应符合表 1-14 的规定。

水平位移监测控制网主要技术要求 表 1-13

等级	相邻基准点的点位中误差(mm)	平均边长(m)	测量中误差(″)	最弱边相对中误差	全站仪标称精度	水平角观测测回数	距离观测测回数	
							往测	返测
Ⅰ	±1.5	150	±1.0	≤1/120000	±1″, ±(1mm + 1 × 10^6 × D)	9	4	4
Ⅱ	±3.0	150	±1.8	≤1/70000	±2″, ±(2mm + 2 × 10^6 × D)	9	3	3
Ⅲ	±6.0	150	±2.5	≤1/40000	±2″, ±(2mm + 2 × 10^6 × D)	6	2	2

注:D 为测距边长,单位 km。

水平位移监测点的技术要求和监测方法 表 1-14

等级	变形监测点的点位中误差(mm)	坐标较差或两次测量较差(mm)	监测方法
Ⅰ	±1.5	2	极坐标法、交会法、基准线法、投点法以及位移计法等
Ⅱ	±3.0	4	
Ⅲ	±6.0	8	

《城市轨道交通工程监测技术规范》(GB 50911—2013)规定,监测仪器和监测方法应满足水平位移监测点坐标中误差和水平位移控制值的要求,且水平位移监测精度应符合表 1-15 的规定。

水平位移监测精度 表 1-15

工程监测等级		一级	二级	三级
水平位移控制值	累计变化量 D'(mm)	$D' < 30$	$30 \leq D' < 40$	$D' \geq 40$
	变化速率 v_d(mm/d)	$v_d < 3$	$3 \leq v_d < 4$	$v_d \geq 4$
监测点坐标中误差(mm)		≤0.6	≤0.8	≤1.2

注:1. 监测点坐标中误差是指监测点相对测站点(如工作基点等)的坐标中误差,为点位中误差的 $1/\sqrt{2}$。
2. 当根据累计变化量和变化速率选择的精度要求不一致时,优先按变化速率的要求确定。

六 资料整理

按照以上方法测得各点在不同时期的水平位移值，填入水平位移和竖向位移监测日报表（表 1-16）中，并以时间（d）为横轴，位移（mm）为纵轴，绘制桩（墙）顶水平位移时程曲线，据以分析桩（墙）顶水平位移发展规律，判定其稳定性。如图 1-16 所示为某桩顶水平位移时程曲线，其在第一道支撑架设前，桩顶位移变化较快；在结构底板浇筑完成之后，位移趋于稳定。

水平位移和竖向位移监测日报表 表 1-16

第　次　　　　　　　　　　第　页　共　页

工程名称：　　　　报表编号：　　　　天气：

观测者：　　　　计算者：　　　　校核者：　　　　测试时间：　年　月　日　时

点号	水平位移				竖向位移				备注
	本次测试值（mm）	单次变化（mm）	累计变化量（mm）	变化速率（mm/d）	本次测试值（mm）	单次变化（mm）	累计变化量（mm）	变化速率（mm/d）	
工况					当日监测的简要分析及判断性结论：				

工程负责人：　　　　监测单位：

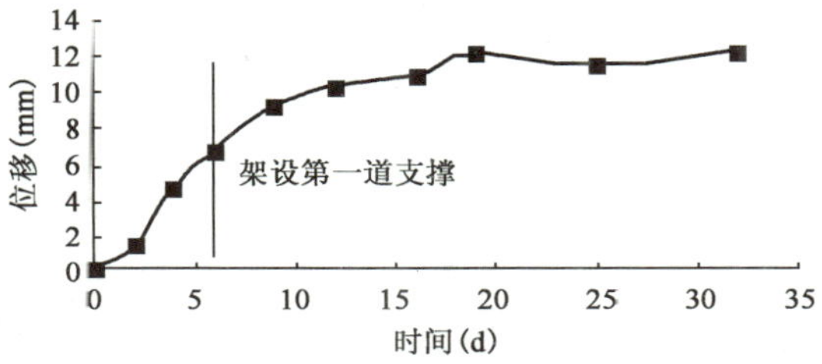

图 1-16　桩顶水平位移曲线

任务四　围护桩(墙)(土体)深层水平位移监测

一、监测目的

测量围护桩(墙)和土体在不同深度上的点的水平位移,据以绘制出水平位移随深度的变化曲线[即围护桩(墙)水平位移曲线],获知桩(墙)水平位移随基坑开挖深度的变化规律及桩(墙)身最大水平位移,从而判定基坑的稳定程度,及时调整基坑支护与开挖参数,确保基坑施工安全。

二、监测仪器

1. 监测仪器组成

深层水平位移监测通常采用测斜仪,测斜仪是一种能有效且精确地测量土体内部水平位移或变形的工程监测仪器。应用其工作原理同样可以监测临时或永久性地下结构的水平位移。测斜仪可分为固定式和活动式两种。固定式是将探头固定埋设在结构物内部的固定点上;活动式即先埋设带导槽的测斜管,间隔一定时间将探头放入管内沿导槽滑动,测定斜度变化,计算水平位移。

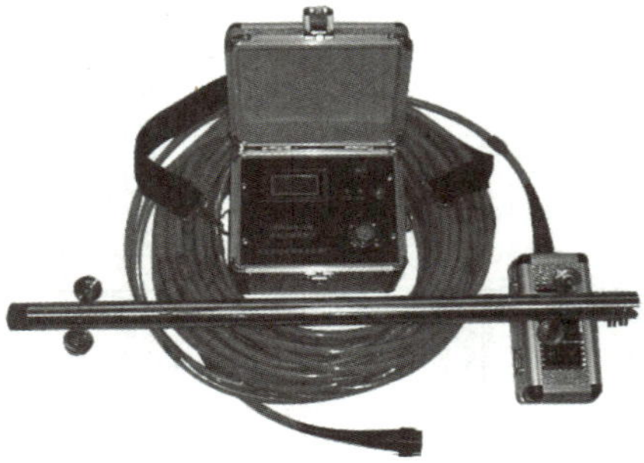

图 1-17　测斜仪

测斜仪由测斜探头、数字式测读仪、电缆及测斜管四部分组成,如图 1-17 所示。测斜管在基坑开挖前埋设于围护桩(墙)和土体内,测斜管内设有导槽,测量时,将测斜探头沿管内导槽插入测斜管内,并由电缆线将测斜管的倾斜角或其正弦值显示在测读仪上,通过计算即可获得桩(墙)轴线的水平位移。

(1)测斜探头。它是倾角传感元件,为细长金属鱼雷状,上下两端有两对导轮,上端有与测读仪连接的绝缘量测电缆,如图 1-18 所示。

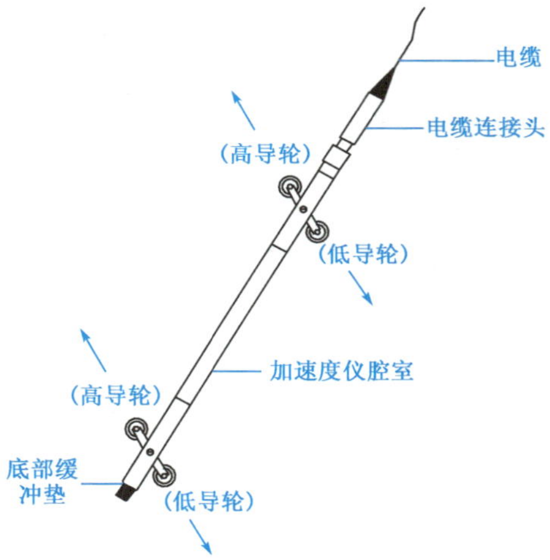

图 1-18　测斜探头

动画:测斜仪的测斜探头

（2）数字式测读仪。与测斜探头配套的读数仪，数字显示为测斜探头倾斜角对应的电压信号值。

（3）电缆。作用：①向探头供电；②给读数仪传递量测信息；③作为量测探头所在位置距孔口的深度尺；④作为提升和下放探头的绳索。要求电缆具有很高的防水性能和一定的不可伸缩性。

（4）测斜管。由塑料（PVC）或铝合金材料制成，管长分为 2m 和 4m 两种，管段间用外包接头管连接，管内设有四条相互垂直的凹形导槽，管径有 60mm、70mm、90mm 等多种规格。铝合金管具有相当的韧性和柔度，较 PVC 管更适合于现场监测，但成本较大。测斜管如图 1-19 所示。

2. 监测原理

测斜仪及其导轮可沿测斜管的导槽沉降或提升。测斜探头内设有加速度计传感器，可以感应导管在每一深度处的倾斜角度，传感器针对这一倾斜角度输出一个电压信号，在读数仪的面板上显示出来。该电压信号是以测斜管导槽为方向基准的，通过输出的电压信号获得某深度处测斜探头的倾斜角，计算其正弦函数，即可得到该深度处的水平位移，假设孔底水平位移为零，自下而上累计计算，即可得到该深度处水平位移变化总值，如图 1-20 所示。

动画：测斜计算及原理示意

图 1-19 测斜管

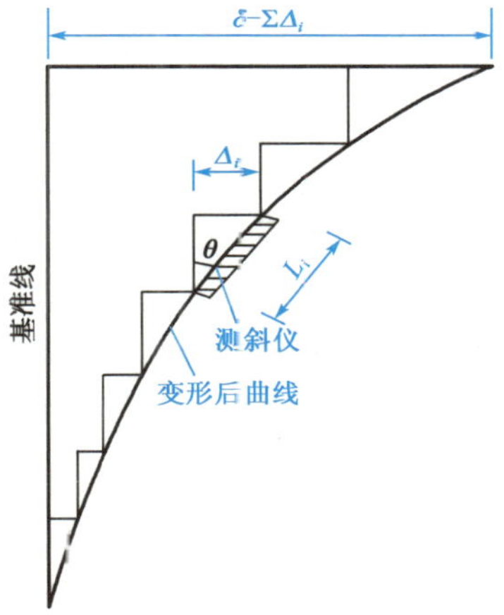

图 1-20 测斜计算及原理示意图

三 测斜孔布设及测斜管埋设

（一）测斜孔的布设原则

（1）按照 20～50m 间距沿基坑周边设置，通常与桩（墙）顶水平位移监测点共点使用。在基坑平面上挠曲计算最大的位置，如悬臂式结构的长边中心、两道水平支撑之间等位置必须布设。

（2）基坑周围有重点监护对象时，离其最近的围护桩（墙）应布设。

（3）基坑局部挖深加大或基坑开挖时围护结构暴露最早、其监测结果可指导后续施工的区段应布设。

微课：测斜仪工作原理及测点、测斜管布设

(二)测斜管的埋设

测斜管有钻孔埋设和绑扎埋设两种方式,如图 1-21 所示。

1. 钻孔埋设

动画:测斜管的钻孔埋设

主要用于土体深层水平位移测试。首先在土层中钻孔,孔径略大于所选测斜管的外径,一般为 90 ~ 110mm,孔深不宜小于基坑开挖深度的 1.5 倍,并应大于围护桩(墙)的深度,当以测斜管底作为固定起算点时,管底应嵌入稳定的土体中,管顶高出地面 10 ~ 50mm。然后将测斜管封好底盖,同时在管内注满清水,逐节组装逐节放入钻孔内,直到放入预定的高程。随后在测斜管与钻孔之间的空隙内回填细砂或水泥和黏土拌和料,以固定测斜管。

埋设过程中应注意:

(1)钻孔前应先挖探孔,准确探明管线和构筑物之后,再开始钻孔。

(2)测斜管的上下管间应对接良好,无缝隙,接头处牢固固定、密封。在管节连接处应使上、下管节的滑槽严格对准,以免滑槽不畅通。

(3)检查测斜管的导槽,其指向应与欲测位移方向一致(即垂直于基坑边缘)。

(4)测斜管固定完毕后,用清水将测斜管冲洗干净。

(5)测斜管应在工程开挖前 15 ~ 30d 埋设完毕,埋好后,需测量导槽方位、管口坐标及高程,并及时做好保护,立告示牌。

2. 绑扎埋设

主要用于桩(墙)体深层水平位移测试,此时,测斜管的长度不宜小于围护桩(墙)的深度。埋设时将测斜管在现场组装后绑扎固定在桩(墙)钢筋笼上,绑扎间距不宜大于 1.5m,原则是管子不移动、不松动。测斜管的上下管间应对接良好,无缝隙,接头处牢固固定、密封。将测斜管随钢筋笼一起下到孔槽内,并将其浇筑在混凝土中,浇筑之前应封好管底底盖,并在测斜管内注满清水,防止测斜管在浇筑混凝土时浮起,并防止水泥浆渗入管内。

a)钻孔埋设　　b)绑扎埋设　　c)地表保护

图 1-21　测斜管埋设示意图

四 监测方法与步骤

1. 测量准备

(1)电缆连接。将测斜探头从包装箱中取出,拧下防水盖,套上橡胶 O 形圈。把电缆插座凹凸槽仔细对准后插入探头的插头内，用扳手将压紧螺帽拧紧，但用力不宜过大。电缆另一端插头仔细对准后插入读数仪插座内。

微课：围护桩（墙）深层水平位移监测方法及技术要求

（2）测斜仪稳定性检查。将读数仪电源打开，读数仪显示屏显示待机状态界面，这时将测斜探头竖起沿导轮平面正反两个方向倾斜，仪器的数字显示值应有正负变化，往高导轮对应方向倾斜为正数变化，往低导轮对应方向倾斜为负变化（数值在 +4900.0 ~ −4900.0mV 之间）。然后，再将探头直立，靠在一个固定不动的物体上稳定 1min 后，观察仪器最后一位显示数据是否稳定，当数据在 ±5 之间跳动时，说明仪器稳定性正常。

（3）仪器重复性检查。将探头放入测斜管内 3m 处，稳定后读一个数，然后将探头取出后再用同样的方法严格放入原来测斜管内 3m 处，深度误差为 0.5mm。此时，读数如果与第一次一样，或相差小于 0.5mm，说明仪器重复性正常。

2. 正测

先将读数仪调到当前孔号，然后，将探头的高导轮组朝向预测变形方向，把探头导轮卡置在测斜管的导槽内，轻轻地放入管内，再将探头慢慢放至最深处，以孔底为基准点（注：不能让探头接触到测孔的底部），这时电缆上的深度标志数应和读数仪显示的孔深相同，此时为测读起点，等读数仪显示数值稳定后按下仪器面板上的“确认”键保存测量读数。此时读数仪已进入测量状态并保存了这一深度的测量数据（即为正测）。这时仪器显示的深度自动减去一个测量步长（0.5m 或 1m），提示探头下一个位置深度，利用电缆标志从下往上每隔 0.5m 或 1m 测一个点，待探头提升至管口处即完成一遍测量。

3. 反测

将探头旋转 180°插入同一对导槽，按上述方法重复测量，两次测量的各测点在同一位置上的两个读数应数字接近、符号相反。正反读数绝对值的平均值即为监测值。采用正反测量的目的是抵消敏感元件因零位偏差造成的误差，以提高量测精度。

4. 另一水平方向位移测定

对于基坑阳角等部位，需要测试两个方向的水平位移，此时，可用同样的方法沿另一对导槽进行测试。

5. 操作注意事项

为了确保测斜仪性能的稳定与测量结果的可靠性，监测中应注意以下事项：

实操视频：围护桩（墙）深层水平位移监测

（1）务必保持 O 形圈清洁，无裂痕、划痕及变形；保证插头与插座的绝对洁净与干燥，不能有点滴污垢和潮气。

（2）探头通电后应预热 2min 再读数。

（3）测斜仪稳定性检查时，仪器周围不能有振动物体干扰和汽车、火车、电机等振动产生。

（4）将探头沿滑轮倾斜时，数据增大的方向作为正方向，正方向对准基坑方向，在探头正方向一边做一个记号，每次测试时都应按照同一个方向先测正方向，再转 180°测反方向。

（5）测试前，应在测斜管管口用锯子做一个记号，每次电缆深度都应以该记号为标准起点。

（6）每次测量时，应将探头稳定在某一位置上再开始读数，以确保读数的可靠性。

（7）初次测量时，应先用探头模型沿导槽上下滑行一遍，确认上下畅通时，方可用测斜探头进行测试。在开挖前的 3 ~ 5d 内重复监测 2 ~ 3 次，待判明测斜管已处于稳定状态后，将其作为初始值。

五 资料整理

1. 计算深层水平位移

将测斜管分成 n 个测段，如图 1-20 所示，每个测段的长度为 L_i（500 ~ 1000mm），在某一深度位置上所测得的是两对导轮之间的倾角 θ_i，通过计算可得到每一区段的变形 Δ_i（注意：有些型号的测斜仪已经将结果计算完成，其读数输出结果直接为 Δ_i），计算公式为：

$$\Delta_i = L_i \sin\theta_i \tag{1-9}$$

自下而上累计，即可得到某深度处的水平位移值 δ_i，即

$$\delta_i = \sum_1^i \Delta_i = \sum_1^i L_i \sin\theta_i \tag{1-10}$$

式中：i——各区段编号，自桩底起从下而上依次编号，其中桩底编号为 0。

2. 填写记录表

将计算结果填入深层水平位移监测日报表中，见表 1-17。

深层水平位移监测日报表

表 1-17

第　页　共　页

工程名称：　　报表编号：　　天气：

观测者：　　计算者：　　校核者：　　测试时间：　年　月　日　时

孔号	深度（m）	本次位移增量（mm）	累计位移（mm）	变化速率（mm/d）	位移量（mm） 深度（m）
工况：					
当日监测的简要分析及判断性结论：					

工程负责人：　　监测单位：

3. 绘制测斜曲线

以位移为横轴(单位通常为 mm),深度为纵轴(单位通常为 m),建立平面坐标系,在坐标系中点绘出各测点的水平位移,连接即成为水平位移曲线。如图 1-22 所示为某基坑 1 号测孔深度—位移曲线示例。

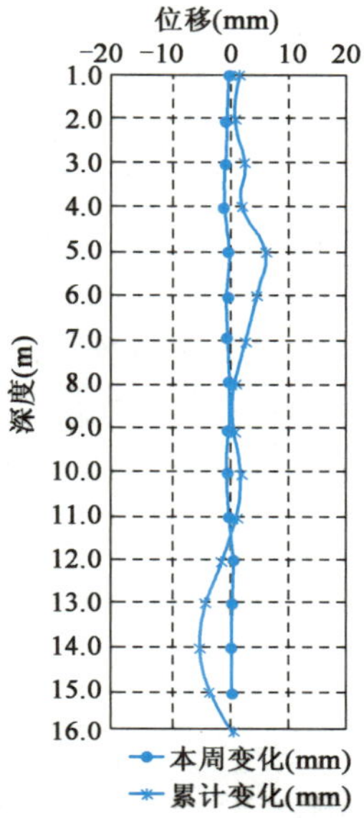

图 1-22 某基坑 1 号测孔深度—位移曲线示例

这一曲线反映了监测时刻围护结构在基坑中的实际状态。若是开挖前测得的曲线就是初始变形曲线,一般情况下,它反映了测斜管在桩体中或钻孔沉放时的挠曲状态,通常不是理想垂线。以后每监测一次,就可增加一根曲线。

根据两次不同监测的变形差值,可绘制位移挠曲线,它将初始变形状态视为位移为零的坐标纵轴,以后根据每次监测后计算得出的位移值就可绘出一条挠曲线。挠曲线能直观地反映出围护结构由于基坑施工而产生的变形,其沿深度方向各点的水平位移值及挠曲线的形状一目了然。

任务五 围护桩(墙)内力监测

一 监测目的

在施工过程中,围护桩(墙)由于受到来自基坑边坡土体的压力与内支撑反力的共同作用而产生内力,当其内力超过极限承载力时,将会产生变形破坏,导致基坑失稳坍塌。通过监测可及时掌握围护桩(墙)的内力,判定其是否超过设计值,以便及时采取措施,确保围护结构及基坑的安全稳定。

二 监测仪器及原理

内力如弯矩、轴力等皆属于非电量,为使非电量能用电测方法来测定和记录,应设法将它们转换为电量,这种将被测物理量转换为容易监测、传输或处理的电信号的元件称为传感器,也称换能器、变换器及探头。

结构内力监测主要采用应力计或应变计,分别通过监测结构的应力或应变来推求结构内力。应力计又有钢弦式、差动电阻式等,应变计有电阻应变式、钢弦式等。

微课:围护桩(墙)内力监测

1. 钢弦式应力计

动画:钢弦式应力计

钢弦式应力计,又称钢筋计,其基本原理是利用钢弦的振动频率与其所受张拉应力的对应关系,通过测定钢弦振动频率来反求张拉应力,从而获知结构内力。其构造与外形如图1-23所示,主要由钢弦、带线圈的铁芯、引出线及钢管外壳组成。当向线圈内通入脉冲电流时钢弦开始振动,钢弦的振动又在电磁线圈内产生交变电动势,将引出线与频率接收仪相接,即可测得此交变电动势,从而测得钢弦的振动频率。当钢弦所受张拉应力发生变化时,其振动频率即随之变化,根据预先标定的频率—应力曲线换算出所需测定的压力值。由于频率信号不因传感器与接收仪器之间信号电缆的长度而变化,因而钢弦式应力计十分适用于长距离遥测。钢弦式应力计还具有稳定性与耐久性好的特点,能适应相对较差的监测环境,在目前工程实践中得到了广泛应用。

图1-23　钢弦式应力计

2. 电阻应变计

电阻应变计,是将采取了专门防潮措施的电阻应变片粘贴在杆件的受拉与受压面上,使应变片与杆件一起变形并将其感受的变形转换成电压信号输出,二次仪器(电阻应变仪)接收到的电压与其感受的变形成正比。通过预先标定的电压—变形曲线及应变—应力曲线,就可换算出所测定的应力值。应变计是用于监测结构因所受荷载、温度变化而产生变形的监测传感器,与应力计所不同的是,应变计中传感器的刚度要远远小于监测对象的刚度。

电阻应变计常见的形式为表面应变计,主要用于钢结构表面,也可用于混凝土表面,如图1-24所示。表面应变计由两块安装钢块、微振线圈和电缆组件及应变杆组成。其微振线圈可从应变杆卸下,这样就增加了一个可变度,使得传感器的安装、维护更为方便,并且可以调节测量范围(标距)。安装使用一个定位托架,用电弧焊将两端的钢块焊在待测结构的表面。表面应变计的特点在于安装快捷,可在测试开始前再行安装,避免前期施工造成的损坏。

3. 钢弦式应变计

其原理类似于钢弦式应力计,图1-25为埋入式钢弦应变计,可在混凝土结构浇筑时,直接埋入混凝土中,用于地下工程的长期应变监测。埋入式应变计的两端有两个不锈钢圆盘,圆盘之间用柔性的铝合金波纹管连接,中间放置一根张拉好的钢弦,将应变计埋入混凝土内,混凝土的变形(即应变)使两端圆盘相对移动,这样就改变了张力,用电缆线圈激振钢弦,通过监测钢弦的频率求混凝土的变形。埋入式钢弦应变计因完全埋在混凝土中，不受外界施工的影响，稳定性和耐久性好，使用寿命长。

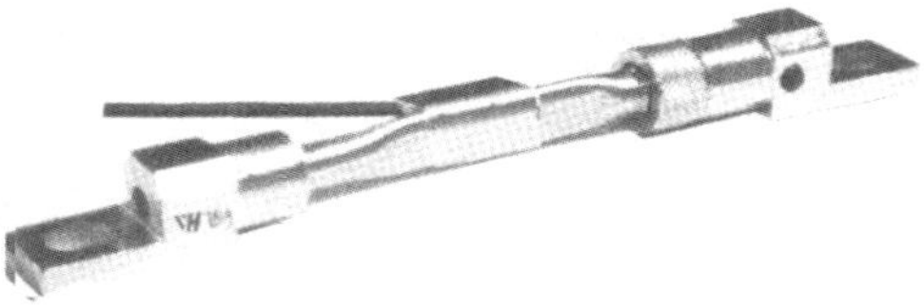

图 1-24　表面应变计

图 1-25　埋入式钢弦应变计

4. 频率接收仪

钢弦频率接收仪是用来测读钢弦式传感器钢弦振动频率值的二次接收仪表，如图 1-26 所示。早期仪器采用全晶体管数字式，以适当的逻辑电路，使一套电子计数器在待视时间间隔内，累计采用石英振荡器作为标准时间信号的个数来进行周期测量。用测定钢弦式传感器中钢弦振动周期的方法提高测量精度，实现晶体数字化。该仪器采用了可控硅元接触点开关激发器，具有防外界干扰的特点。近期更是采用单片计算机技术，数字的测量精度达 ±0.008Hz，仪器的记忆存储功能可使 320 个点的测量数据掉电保存 50 年不消失。采用专用电缆微机通信，由软件进行数据分析。

频率接收仪有两种记忆存储方式。一种是 1 ~ 16 点循回记忆存储方式，即在显示器依次显示 16 个点的测量数据，结束后，必须更换设置新的组号；否则，重新测量 1 ~ 16 点时，前一次测量结果将被新的测量数据所覆盖。另一种方式是 320 点循回记忆存储，采用该方式测量时，组号不需要设置，仪器会自动顺序转换下一组测量，保存前一次 1 ~ 16 点的测量数。

5. 电阻应变仪

电阻应变仪是用来测读由电阻应变片构成的传感器应变值的二次接收仪表，如图 1-27 所示。在工程监测中，它有着广泛的用途，配合相应的监测传感器，可以测读应变值，计算出应力、应变、温度等多种非电量的变化。应变仪一般配有多路平衡箱，平衡箱还可多只连接使用，以便多点测量时的测点切换。

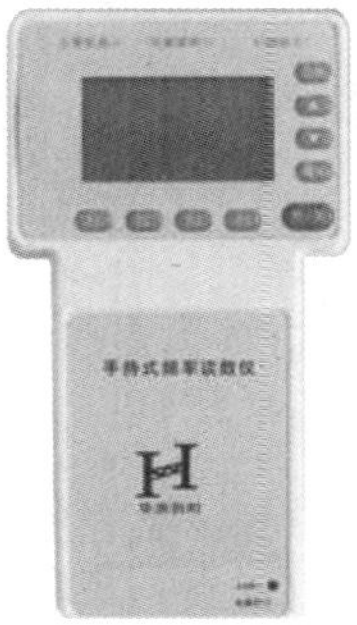

图 1-26　频率接收仪

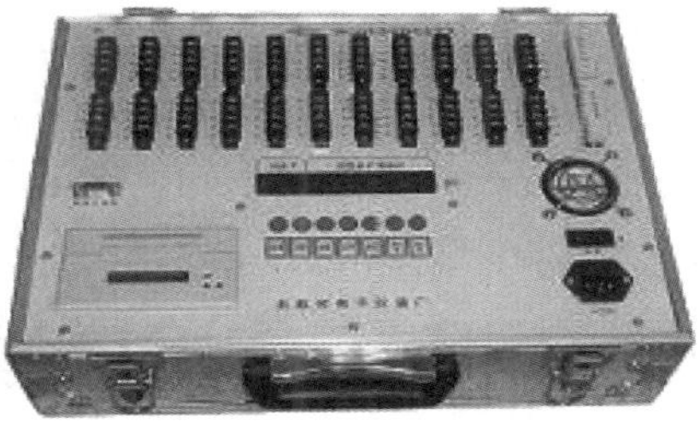

图 1-27　电阻应变仪

利用应力计或应变计测定构件中受力钢筋的应力或应变，然后根据钢筋与混凝土共同工作、变形协调条件计算求得结构内力。通过埋设在钢筋混凝土结构中的应力计或应变计，可以量测：

(1) 围护柱(墙)沿深度方向的弯矩。

(2) 钢筋混凝土支撑的轴力和弯矩。

(3) 圈梁或围檩的平面弯矩。

(4) 结构板所受的弯矩。

三 埋设应力计及应变计

1. 确定埋设位置

监测断面应选在围护结构中容易出现弯矩极值的部位。在平面上，可选择围护结构位于两支撑的跨中部位、开挖深度较大以及水土压力或地表超载较大的地方。在立面上，可选择支撑处、两层支撑的中间、土层的分界面、结构变截面等处，若能取得围护结构弯矩设计值，则可参考最不利工况下的最不利截面位置进行布设。

2. 埋设应力计

应力计应沿结构周边上下或左右对称布置，或布置于矩形断面的4个角上，与主筋串联焊接。在围护结构桩（墙）钢筋笼制作前，在应力计预埋位置将钢筋切断，焊接应力计拉杆，连接应力计，并将导线编号后绑扎在钢筋笼上导出地表，如图1-28所示。如钢筋笼主筋采取螺纹套管连接时，则在应力计预定埋设位置断开钢筋后，将两端钢筋接头车丝，直接将应力计拉杆拧在钢筋接头上，然后绑扎钢筋笼。应力计在钢筋竖向主筋上的间距一般为5～10m。

动画：围护桩内力监测应力计埋设

电焊连接时，容易产生电焊高温，会对传感器产生不利影响以及带来偏心问题。所以，在实际操作时应保证应力计两端的连杆有足够长度，并采用有效保护措施。有条件时应先将连杆与受力钢筋碰焊对接，再旋上应力计。为了方便现场的施工作业，还可采用定位杆—连接螺母装置，首先将连接螺母与受力钢筋碰焊对接，然后旋入定位杆，并将该钢筋按其位置绑扎在钢筋笼上，最后，在下钢筋笼或浇捣混凝土前，用应力计换下定位计杆，可以有效地保证应力计的安装质量。

钢筋笼在焊接过程中，应注意保护应力计及导线，避免他们被烧坏、烫坏。所有导线均应编号标记，并外加保护管或保护箱。为防止破除桩头混凝土的过程中损坏导线，应在导线端头1.0～2.0m位置上用不同颜色防水胶带缠绕，并记录编号与颜色的对应关系，以备导线破坏后再次编号。

动画：围护桩内力监测应变计埋设

3. 埋设应变计

应变计一般与主筋并联，绑扎或点焊，将测试导线沿结构钢筋引出，并绑扎好，如图1-29所示。传感器两边的钢筋长度应不小于$35d$（d为钢筋直径），以备有足够的锚固长度来传递黏结应力。

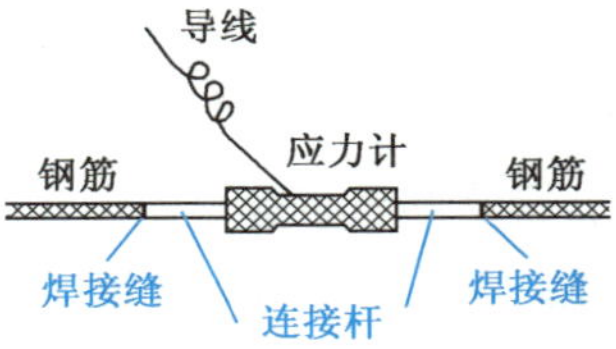

图1-28　应力计焊接

动画：应力计焊接

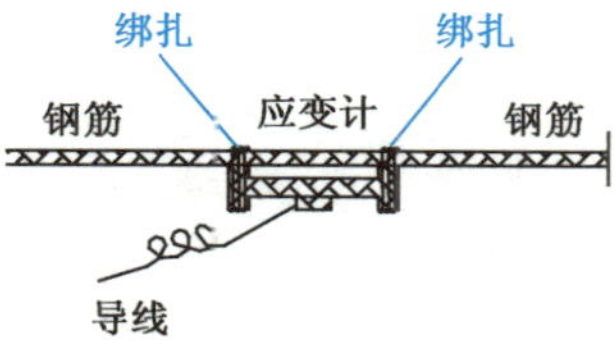

图 1-29　应变计连接

动画:应变计连接

四　钢筋应力计算

微课:桩墙内力监测数据处理

1. 监测应力

应力计算公式如下:

(1)钢弦式应力计

$$\sigma_i = K_{1i}\sqrt{f^2 - f_0^2} \tag{1-11}$$

(2)电阻应变计

$$\sigma_i = K_{2i}(\varepsilon - \varepsilon_0) \tag{1-12}$$

上述式中:σ_i——第 i 个监测点的监测应力;

K_{1i}——钢弦式应力计的常数;

f——应力计的监测自振频率;

f_0——应力计埋设后的初始自振频率;

K_{2i}——电阻应变计系数;

ε——应变计的监测应变值;

ε_0——应变计埋设后的初始应变值。

2. 弯矩计算

根据监测应力按式(1-13)近似计算结构件的弯矩。

$$M_c = \frac{E_c}{E_s}\left(\frac{\sigma_1 - \sigma_2}{d}\right)I_c \tag{1-13}$$

式中:M_c——围护结构监测断面处计算弯矩,连续墙或暗挖隧道衬砌以每延米计,灌注桩以单桩计;

E_c、E_s——分别为混凝土和应力计的弹性模量;

σ_1、σ_2——分别为每对传感器的应力计算值,以拉为正、压为负;

d——每对传感器之间的中心距离;

I_c——监测断面的惯性矩。

3. 轴力计算

一般按式(1-14)计算轴力。

$$N_c = \sigma_s\left(\frac{E_c}{E_s}A_c + A_s\right) \tag{1-14}$$

式中:N_c——围护结构监测断面处计算轴力,连续墙或暗挖隧道衬砌以每延米计,灌注桩以单桩计;

σ_s——每对传感器的平均应力值；

E_c、E_s——分别为混凝土和钢筋的弹性模量；

A_c、A_s——分别为结构混凝土面积和钢筋的截面面积。

4. 安全判别条件

（1）弯矩安全判别条件

弯矩安全判别公式为：

$$\sigma_i \leqslant f_y (f'_y) \tag{1-15}$$

$$M_c \leqslant [M] \tag{1-16}$$

式中：f_y、f'_y——分别为钢筋的抗拉、抗压强度设计值；

$[M]$——结构的弯矩设计值。

（2）轴力安全判别条件

轴力安全判别公式为：

$$\sigma_i \leqslant f_y (f'_y) \tag{1-17}$$

$$N_c \leqslant [N] \tag{1-18}$$

式中：f_y、f'_y——分别为钢筋的抗拉、抗压强度设计值；

$[N]$——结构的轴力设计值。

5. 监测注意事项

（1）监测传感器在埋设前应进行严格标定，并观察其埋设后至开挖前的稳定性，一般以开挖前的监测值作为初始值。

（2）连接监测传感器的电缆线需为金属屏蔽线，以减少外界因素对信号的干扰。

（3）由于地下工程的特殊性，选择监测传感器的量程时应比最大设计值大50%～100%。

（4）直接根据监测数据计算出来的轴力值和弯矩值，有时不能完全反映实际支护结构的受力状态，应对计算公式中未能考虑的结构温度变化、混凝土的收缩和徐变等因素进行综合分析。

6. 监测记录

围护桩（墙）内力、立柱内力及土压力、孔隙水压力监测日报表见表1-18。

围护桩（墙）内力、立柱内力及土压力、孔隙水压力监测日报表　　表1-18

第　次　　　　第　页　共　页

工程名称：　　报表编号：　　天气：

观测者：　　计算者：　　校核者：　　测试时间：　年　月　日　时

组号	点号	深度（m）	本次应力（kPa）	上次应力（kPa）	本次变化（kPa）	累计变化（kPa）	备注
工况	当日监测的简要分析及判断性结论：						

工程负责人：　　监测单位：

任务六　支撑轴力监测

一 监测目的

在基坑支护体系中，围护结构承受着来自地层的压力，并将该压力传递给支撑，依靠支撑反力来平衡，因此，内支撑体系的稳定性直接决定着围护结构的稳定，从而决定着基坑的稳定。支撑轴力监测的目的在于及时掌握支撑受力状况，以便及时采取加强措施，避免支撑因轴力过大，超过材料极限强度而破坏，进而导致支护体系失稳及边坡坍塌。

微课：支撑轴力监测

二 监测仪器

根据支撑杆件材料不同，监测仪器和方法也有所不同。对于钢筋混凝土支撑，主要采用应力计监测钢筋的应力或采用应变计监测混凝土应变，然后通过钢筋与混凝土共同工作、变形协调条件反算支撑的轴力；对于钢支撑，普遍采用钢支撑轴力计直接监测支撑轴力，也可用表面应变计间接测量。

在地下工程中，轴力计主要用于测量钢支撑的轴力、基础对上部结构的反力及静压桩试验时的加载控制。轴力计的外壳是一个经过热处理的高强度钢筒，如图 1-30 所示。在筒的周边设有 3 ~ 6 个应变计，用来测读作用在钢筒上的荷载。这种轴力计可精确测出偏心荷载。将各应变计的读数相加后取平均值，即可得到轴力值。轴力计一般采用 6 芯（三个传感器）屏蔽电缆。根据测量原理不同，轴力计可分为钢弦式与电阻应变式等，分别采用频率接收仪和电阻应变仪进行测读。

实操视频：支撑内力监测

图 1-30　钢支撑轴力计

三、传感器布置

(一)钢筋混凝土支撑体系

动画:钢筋混凝土应力计(应变计)的布置与安装

对于钢筋混凝土支撑体系,轴力监测传感器的埋设断面一般选在轴力比较大的杆件上,或在整个支撑系统中起关键作用的杆件上。如果支撑形式是对称的,则可布置在开挖较早、支撑受力较早的一半,以减少传感器的数量,降低监测费用。除此之外,选择监测断面也要兼顾埋设和监测的方便、与基坑施工的交叉影响等。当监测断面选定后,监测传感器布置在该断面的4个角上或4条边上,上下左右对称布置,如图1-31所示,以便计算轴力的偏心矩,且在求取平均值时更可靠。传感器埋设方法同围护桩(墙)内力监测。

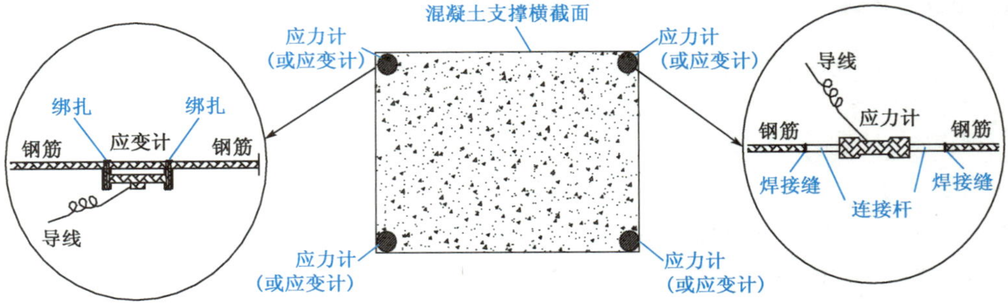

图1-31　钢筋混凝土支撑应力计(应变计)的布置与安装示意图

(二)钢支撑体系

对于钢支撑体系,沿基坑长边设置3~4个主测断面,主测断面宜设在每一道支撑中轴力最大或跨度较大处,该断面处的每道支撑均设测点,此外,在受力较大的斜撑和基坑深度变化处宜增设测点。测点一般布置在支撑端部或中部,当支撑长度较大时也可安设在1/4点处。监测轴力的重要支撑,宜同时监测其两端和中部的沉降与位移。测点布设随钢支撑安设同时进行,并保护好引线。

1. 轴力计安装

安装轴力计一般借助安装配件进行。安装配件是一个直径略大于轴力计外径的圆形钢筒,钢筒外侧焊接4片呈十字形布置、与钢筒长度相当的钢板制成安装支架,如图1-32所示。

图1-32　钢支撑安装支架

安装时先在围护墙表面焊接一块250mm×250mm×250mm的加强钢垫板,以防止钢支撑受力后轴力计陷入围护墙体内,影响测试结果。然后将安装支架的一端与钢支撑的牛腿钢板焊接,另一端顶在围护墙体的钢垫板上。待焊接温度冷却后,将轴力计推入安装架并用螺钉固定好。安装过程中应保持轴力计与钢支撑轴线处于同一条直线上,各接触面平整,确保钢支撑受力状态通过轴力计正常传递到围护结构上。安装示意图如图1-33所示。

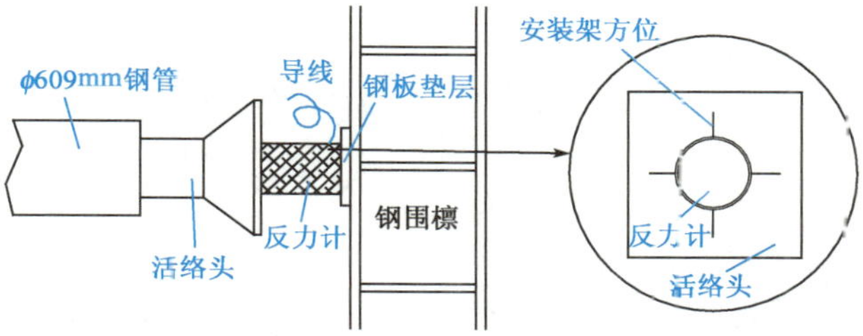

图 1-33　钢支撑轴力计安装示意图

动画：钢支撑轴力计安装示意　　动画：钢支撑体系轴力计安装

2. 表面应变计安装

由于轴力计使钢支撑与钢围檩的接触面积减少，在钢支撑受力较大时钢围檩可能会产生局部屈服、失稳，影响围护结构的稳定性，故也可在钢支撑表面安装表面应变计进行测试。采用表面应变计时，每组测点由 2 个表面应变计组成，对称安装在钢管支撑两侧，安装示意图如图 1-34 所示。

动画：钢支撑表面应变计安装

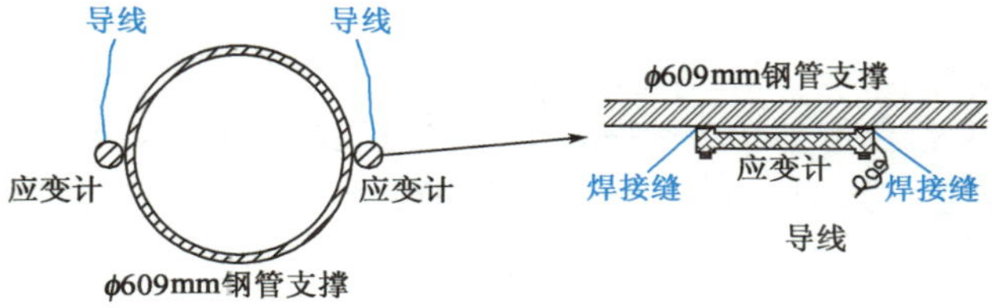

图 1-34　钢支撑表面应变计安装示意图

四　监测与数据整理

1. 支撑轴力计算

监测时将轴力计引线与频率接收仪相连接，频率接收仪即显示出支撑杆件在当前轴力下的自振频率，设轴力计埋设后的初始自振频率为 f_0，当前监测自振频率为 f，则支撑轴力可通过式(1-19)计算求得，或参考监测元件说明书。

微课：支撑轴力监测数据处理

$$N_C = k_i\sqrt{f^2 - f_0^2} \qquad (1\text{-}19)$$

式中：N_C——支撑杆件轴力；

k_i——钢弦式轴力计的常数；

f——轴力计的监测自振频率；

f_0——轴力计埋设后的初始自振频率。

钢筋混凝土支撑轴力计算及表面应变计测试钢支撑轴力计算参见围护桩(墙)内力监测。

2. 监测记录

将计算结果填入记录表,见表1-19。

支撑轴力、锚杆及土钉拉力监测日报表 表1-19

第 次 第 页 共 页

工程名称: 报表编号: 天气:

观测者: 计算者: 校核者: 测试时间: 年 月 日 时

点　　号	本次内力(kN)	单次变化(kN)	累计变化(kN)	备　　注
工况		当日监测的简要分析及判断性结论:		

工程负责人: 监测单位:

3. 支撑轴力历时曲线绘制

以日期(月或日)为横轴,轴力值(kN)为纵轴,绘制轴力历时曲线,据以分析支撑轴力随时间的发展规律,判定支撑体系的稳定性。如图1-35所示为某围护结构支撑轴力实测曲线,由支撑轴力历时曲线可知:

(1)第一道支撑轴力随着基坑开挖增加较快,随后趋于稳定,并小于设计值的80%。第二道支撑架设后,第一道支撑轴力稍有减小,并逐渐稳定。

(2)支撑轴力在施加预应力后,由于加力方式及支撑自重的影响,轴力有逐渐衰减的过程,以及因施工及温度影响而产生的波动现象。

(3)在基坑开挖过程中,由于其周边特殊的结构形式,导致支撑预加轴力小于设计轴力值,造成部分桩体的偏移值过大。

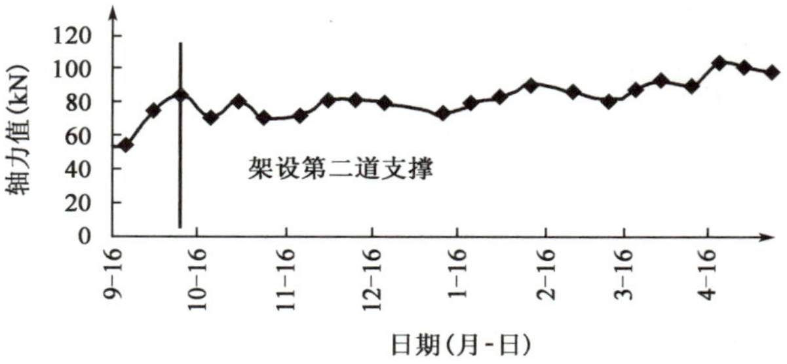

图1-35　支撑轴力历时曲线

任务七　土层锚杆轴力监测

当基坑采用土层锚杆作为支护结构时，围护结构所受地层压力由土层锚杆承受并传递，因此，锚杆要在受力状态下工作数月，为了检查锚杆在整个施工期间是否按设计预定的方式起作用，应在特殊地质地段、周边存在高大建(构)筑物和基坑深度较大处，按设计要求进行锚杆受力监测。监测数量为每 100 根选取 1～3 根。

锚杆轴力监测采用专用的锚杆轴力计，其外形类似于钢支撑轴力计，锚杆轴力计安装在承压板与锚头之间，如图 1-36 所示。钢筋锚杆也可采用钢筋应力计或应变计，其埋设方法同前所述，但当锚杆由钢筋束组合而成时，必须在每根钢筋上都安装传感器，它们的拉力总和才是锚杆总拉力，而不能只测其中几根钢筋的拉力求其平均值，再乘以钢筋总数来计算锚杆总拉力，因为锚杆由几根钢筋组合时，几根锚杆的初始拉紧程度是不同的，所受的拉力与初始拉紧程度的关系很大。传感器安装好并在锚杆施工完成后，进行锚杆预应力张拉，这时要记录传感器上的初始荷载，同时也可根据张拉千斤顶的读数对监测结果进行校核。

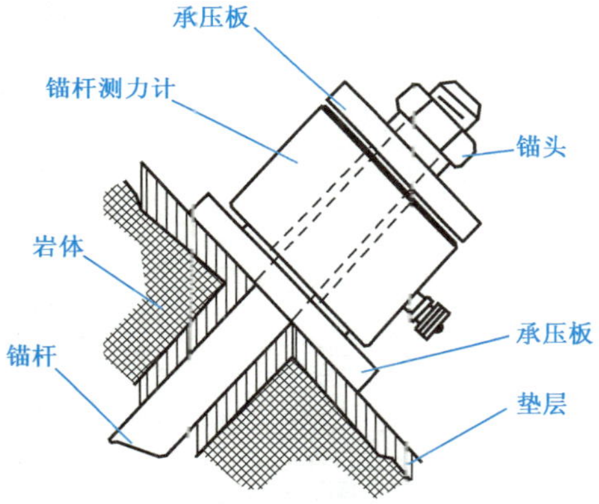

图 1-36　锚杆轴力计安装示意图

微课：土层锚杆轴力监测

在整个基坑开挖过程中，每天宜测读一次，监测次数宜根据开挖进度和监测结果及其变化情况适当增减。当基坑开挖到设计高程时，锚杆上的荷载应相对稳定。如果每周荷载的变化量大于 5% 锚杆所受的荷载，应查明原因，采取适当措施。

任务八　地表沉降监测

在浅埋的地下工程中，施工引起的地层位移会波及地表，产生地表沉降，对周边建(构)筑物或地下管线带来不同程度的影响，严重时还会造成建(构)筑物的破坏，因此，地表沉降监测是地下工程监测中最主要的监测项目之一，在地基加固、基坑、浅埋暗挖法隧道、盾构法隧道等工程的施工过程中都要进行地表沉降监测。

沉降监测是采用重复精密水准测量的方法进行的，为此应建立高精度的水准测量控制网。其具体做法是：在基坑的外围布设一条闭合水准环形路线，再由水准环中的固定点支测各测点的高程，这样每隔一定周期进行一次精密水准测量，将测量的外业成果用严密平差的方法，求出各沉降监测点的高程。某一沉降监测点的沉降量即为首次监测求得的高程与该次复测后求得的高程之差。

一 监测目的

通过监测实时掌握基坑周围地表沉降变形状况,分析沉降变形随基坑开挖、时间等因素的变化规律,从而适时调整开挖与支护参数,确保基坑安全施工。

微课:地表沉降监测

二 监测仪器

精密水准仪、水准尺或全站仪等。

三 测点埋设

沉降监测点分为基准点、工作基点、沉降监测点3种,其中基准点和工作基点均为沉降监测的控制点。沉降监测点与基准点、工作基点共同组成沉降监测网,采用闭(附)合水准路线,按照二、三级变形测量的等级及精度要求进行观测,如图1-37所示。

实操视频:地表沉降监测

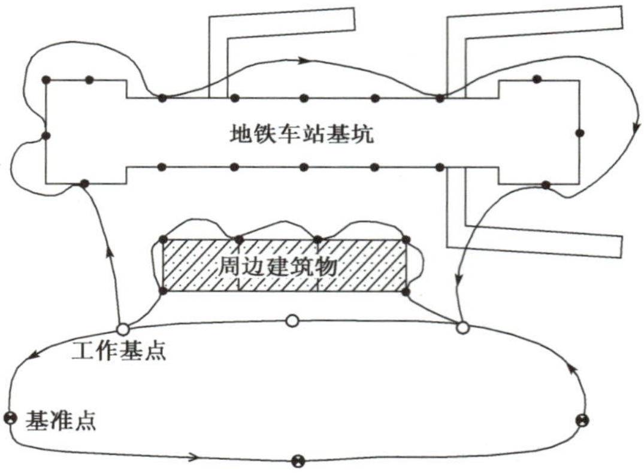

图1-37 垂直位移观测线路示意图

动画:垂直位移观测线路

1. 沉降控制点的埋设

(1)基准点和工作基点应避开交通干道主路、地下管线、仓库堆栈、水源地、河岸、松软填土、滑坡地段、机器振动区以及其他可能使标石、标志易遭腐蚀和破坏的地方。

(2)基准点数不应少于3个,可以利用已有的水准点,也可根据现场的具体条件和沉降监测的时间要求埋设专用基准点。基准点应选设在变形影响范围以外且稳定、易于长期保存的地方。在建筑区内,其点位与邻近建筑的距离应大于建筑基础最大宽度的5倍,其标石埋深应大于邻近建筑基础的深度。基准点也可选择在基础深且稳定的建筑上。

(3)基准点、工作基点之间宜便于进行水准测量。当使用电磁波测距三角高程测量方法进行观测时,宜使各点周围的地形条件一致。当不能满足这一要求时,应设置上下高程不同但位置垂直对应的辅助点传递高程。

(4)基准点的标石应埋设在基岩层或原状土层中,可根据点位所在处的不同地质条件,选埋基岩水准基点标石、深埋双金属管水准基点标石、深埋钢管水准基点标石和混凝土基本水准标石。在基岩壁或稳固的建筑上也可埋设墙上水准标志。

(5)工作基点的标石可按点位的不同要求,选用浅埋钢管水准标石、混凝土普通水准标石或墙上水准标志等。

基岩水准基点标石、浅埋钢管水准标石如图 1-38、图 1-39 所示。其余标石、标志形式可参见《建筑变形测量规范》(JGJ 8—2016)。

动画:基岩水准基点标石

动画:浅埋钢管水准标石

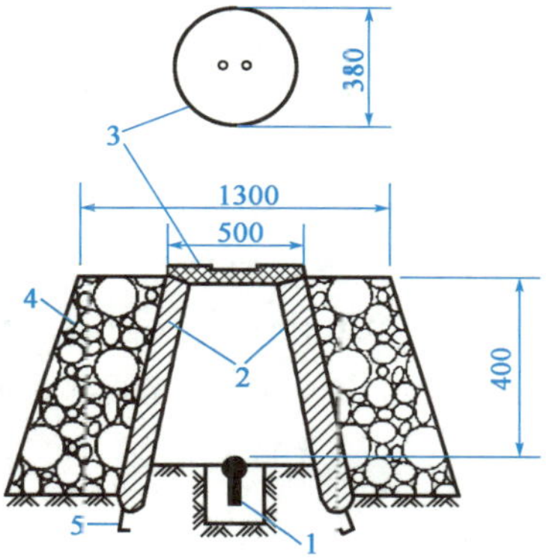

图 1-38　基岩水准基点标石(尺寸单位:mm)
1-抗蚀的金属标志;2-钢筋混凝土井圈;3-井盖;
4-砌石土丘;5-井圈保护层

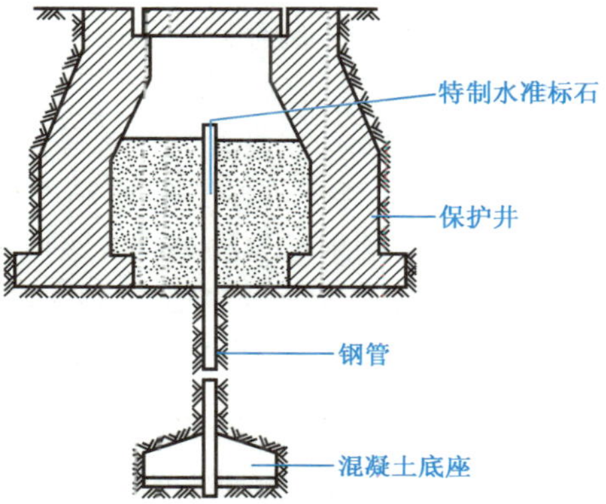

图 1-39　浅埋钢管水准标石

2. 沉降监测点的埋设

沉降监测点布置在基坑四周距基坑边缘 10m 范围内,沿基坑周边设 2 排,排距 3~8m,点距 5~10m。当基坑邻近处有建(构)筑物或地下管线时,应按有关规定增加监测点。在工法变化部位、车站与区间结合部位、车站与风道结合部位以及风道、马头门等部位均应增设测点。

地面沉降监测点的埋设方法是:首先在地面钻挖 ϕ100mm 的孔,打入顶部磨成椭圆形的直径为 12~22mm 的螺纹钢筋(如果是混凝土路面,钢筋底部至少应进入路面下的路床上 30cm,并与路面分离),土中空隙用水泥砂浆回填密实,路面范围内空隙用黏土或细砂回填夯实,保证钢筋与下部土体固结而与上部路面分离,以防止路面沉降量值计入测点沉降中影响监测成果,必要时还应在监测点上部加上铁盖进行保护,如图 1-40 所示。

四 监测实施

1. 监测精度

测量精度对沉降监测资料的质量起着重要的作用,同时也关系到测量效率、工作量以及监测费用。应根据给定的监测对象的性质、允许沉降值、沉降速率、仪表设备等因素进行综合分析后确定。一般可分为高精度和中等精度两类。

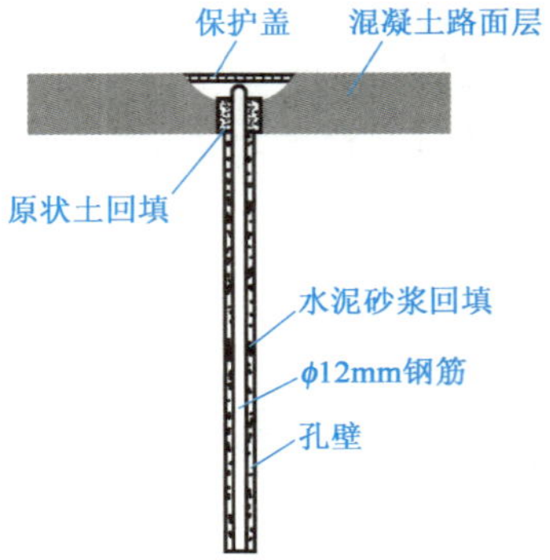

图1-40　地表沉降监测点埋设示意图　　　动画：地表沉降监测点埋设示意

（1）高精度。用于要求严格控制不均匀沉降等建筑物、地下管线以及城市中的深大基坑。使用的精密水准仪通常带有光学测微器，放大倍率不小于40倍，如苏光DS6、WILD N3和leica NA3000等仪器。使用时，i角控制在±15″，视线长度不大于50m，闭合差应小于±0.5mm，测量数据保留至0.1mm。水准尺均需要采用线条式铟钢尺。

（2）中等精度。用于要求一般控制不均匀沉降的建筑物、地下管线以及周边条件良好的一般基坑。所使用的水准仪的精度等级应不低于国产S3水平，最好带有倾斜螺旋和符合水准器，放大率在30倍左右，如国产的NS3-1型、DZ2型带测微器、WILD N2和Leica NA3000等。仪器使用时，i角控制在±20″，视线长度不大于75m，闭合差应小于±1.0mm，测量数据保留至1.0mm，水准尺必须用红、黑双面木尺（带圆水准器）。

2. 监测基本要求

（1）观测前对所用的水准仪和水准尺按有关规定进行校验，并做好记录，在使用过程中不得随意更换。

（2）首次观测，应适当增加观测回数，一般取2～3次的数据作为初始值。

（3）固定观测人员、观测线路和观测方式。

（4）定期进行基准点校核、测点检查和仪器的校验，确保监测数据的准确性和连续性。

（5）记录好每次测量时的气象情况、施工进度和现场工况，以供监测数据分析时参考。

《城市轨道交通工程测量规范》（GB/T 50308—2017）规定，垂直位移监测主线应构成附合、闭合路线或结点网，监测点的技术要求和监测方法应符合表1-20的要求。当监测对象上布设的监测点密集时，在观测路线中宜采用间视法进行观测，但应在不同的测站各观测一次。采用水准测量方法时，垂直位移监测控制网主要技术要求见表1-21和表1-22。

垂直位移监测点技术要求和监测方法　　表1-20

等级	变形监测点的高差中误差（mm）	相邻点高差中误差（mm）	往返较差、附合或环线闭合差（mm）	主要监测方法
Ⅰ	±0.3	±0.1	$0.15\sqrt{n}$	一等水准测量
Ⅱ	±0.5	±0.3	$0.30\sqrt{n}$	二等水准测量
Ⅲ	±1.0	±0.5	$0.60\sqrt{n}$	三等水准测量

注：n为测站数。

垂直位移监测网主要技术要求 表 1-21

等级	相邻基准点的高差中误差(mm)	测站高差中误差(mm)	往返较差、附合或环线闭合差(mm)	检测已测高差之较差
Ⅰ	±0.3	±0.07	$\pm 0.15\sqrt{n}$	$0.2\sqrt{n}$
Ⅱ	±0.5	±0.15	$\pm 0.30\sqrt{n}$	$0.4\sqrt{n}$
Ⅲ	±1.0	±0.3	$\pm 0.60\sqrt{n}$	$0.8\sqrt{n}$

注:n 为测站数。

水准观测主要技术要求 表 1-22

等级	仪器型号	水准尺	视线长度(m)	前后视距差(m)	前后视距累计差(m)	视线离地面最低高度(mm)	基、辅分划读数较差(mm)	基、辅分划读数所测高差较差(mm)
Ⅰ	DS05	铟瓦	≤15	≤0.3	≤1.0	0.5	≤0.3	≤0.4
Ⅱ	DS05	铟瓦	≤30	≤0.5	≤1.5	0.3	≤0.3	≤0.4
Ⅲ	DS1	铟瓦	≤50	≤1.0	≤3.0	0.3	≤0.5	≤0.7

注:电子水准仪同一标尺两次读数差不设限差,两次度数所测高差的差执行基、辅分划所测高差的限差。

根据《城市轨道交通工程监测技术规范》(GB 50911—2013),沉降监测的精度应符合表 1-23 的规定。

沉降监测精度 表 1-23

工程监测等级		一级	二级	三级
竖向位移控制值	累计变化量 S(mm)	$S<25$	$25\le S<40$	$S\ge 40$
	变化速率 v_s(mm/d)	$v_s<3$	$3\le v_s<4$	$v_s\ge 4$
监测点测站高差中误差(mm)		≤0.6	≤1.2	≤1.5

注:监测点测站高差中误差是指相应精度与视距的几何水准测量单程一测站的高差中误差。

五 数据整理

沉降监测应提供以下资料:

(1)沉降监测方案(含水准控制网和测点的平面布置图)。

(2)仪器设备一览表及校验资料。

(3)监测记录及报表。

(4)各种沉降曲线、图表。

(5)监测结果的计算分析资料。

(6)沉降监测报告书。

微课:地表沉降数据处理

六 监测实例:某地铁车站施工地表沉降监测

1. 工程概况

该车站属换乘站,为地下三层三跨岛式车站,车站主体长为 247.4m,标准段挖深约 23.6m,端头井挖深约 25.5m,采用地下连续墙 + 钢筋混凝土支撑(第 1、4 道) + 钢支撑(第 2、3、5、6、7 道)围护体系。车站主体北侧为新建的中学、变电所、住宅小区,中学和变电所之间为公交车站;东侧为住宅区,西北侧目前为工业区用房,多为一、二层砌体房屋,规划为该车站主变电站;西南侧为规划中的医院,现状为拆迁空地。

2. 监测目的

通过监测实施掌握基坑周围地表沉降变化状况,据以调整开挖与支护参数,确保基坑周边建筑物的安全稳定。

3. 监测仪器

选用 NA2 + GPM3 精密水准仪配套铟钢尺测量,仪器精度为 ±0.4mm/km 。

4. 测点布置

测点包括监测控制点(基准点、工作基点)及监测点,布设方法如下:

(1)基准点及沉降监测高程系统的确定

以本工程控制水准点作为监测基准点,根据建设单位提供的水准点及相关资料,通过联测及复核,将本项目沉降监测高程纳入本工程高程系统内,水准监测及数据均采用统一的高程系统进行。

(2)工作基点的埋设

根据地层土质状况,采用混凝土普通水准标石,标石埋设在地表以下 1.5 ~2.0m 的深度。本工程拟布设 4 ~6 座工作基点,基点位置以便于观测目标且处于稳定或相对稳定位置为宜,距基坑距离应大于 5 倍基坑深度(或 5 倍隧道埋深)。或者在周边选取处于稳定的桥桩基等构筑物处打入钢筋或螺栓作为测标。

(3)地表沉降监测点

地面监测点的埋设,首先在地面开 ϕ100mm 的孔,打入顶部磨成椭圆形的 ϕ22mm 螺纹钢筋(如果是混凝土路面,钢筋底部至少应进入路面下的路床上 10cm,并与路面分离),然后在标志钢筋周围填入细砂夯实,保证钢筋与下部土体固结而与上部路面分离,以防止路面沉降量值计入测点沉降中影响监测成果,必要时还应在监测点上部加上铁盖进行保护。

在基坑周围的 170 个部位各布置一个测点,编号 H1 ~H170,共计 170 个点。

5. 监测实施

观测前对所用的水准仪和水准尺按照有关规定进行检定,在使用过程中不得随意更换。

使用掌上电脑自动记录程序进行观测记录,各项限差都按规范规定的指标进行控制。内业数据经传输及格式转换后输入平差软件中进行处理,计算各点的高程。根据各期高程值,计算沉降量、累计沉降量。某断面地表沉降曲线如图 1-41 所示。

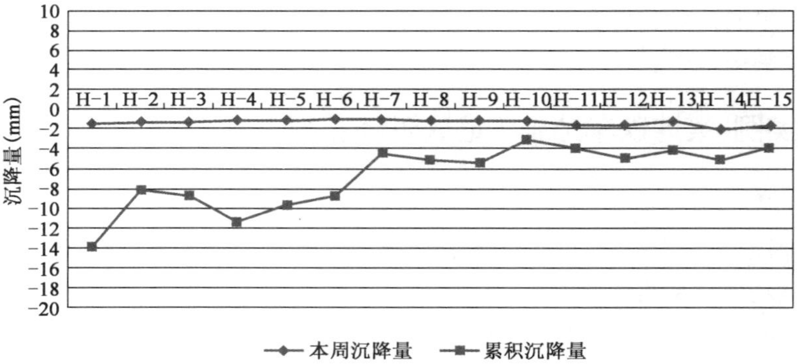

图 1-41 地表沉降曲线

任务九　土体分层沉降监测

一、监测目的

微课：土体分层沉降监测 1

地下工程施工引起的地表沉降很多是由于深层土体位移造成的，而引起深层土体位移的因素很多，诸如打（压）桩与压密注浆加固地基、基坑开挖时挡土墙底部位移、围护结构质量问题造成的水土流失以及盾构推进过程中留下的空隙等，这些都是引起深层土体位移的重要原因。深层土体位移反映到地表有一个滞后的过程，需要一定的时间。因此，如能及时掌握深层土体的运动状况，在必要时采取适当的施工保护措施，将对地下工程和周围环境安全非常有利，这就是深层土体位移监测的目的所在。

深层土体位移可分为水平位移和垂直位移。深层土体水平位移的监测可通过在土体中钻孔埋设测斜管，使用测斜仪进行监测，详见围护桩（墙）深层水平位移监测。本任务重点学习深层土体垂直位移监测，亦称土体分层沉降监测。

二、监测仪器

土体分层沉降监测可通过在土体中埋设分层沉降标进行监测。分层沉降标主要有磁锤式和磁环式。前者埋设时为一孔一标，后者一孔可埋设多标，磁环数量可视地层分布而定，也可等间距设置。

磁锤式沉降标是具有一定磁性的沉降标志，类似于回弹标，预先埋入待监测位置作为沉降监测的标志。

磁环式分层沉降仪由对磁性材料敏感的探头、埋设于土层中的分层沉降管和磁环、带刻度标尺的导线以及接收系统组成，如图 1-42 所示。分层沉降管多由 PVC 管制成，管外每隔一定距离安放一个磁环，地层沉降时带动磁环同步下沉。当探头从钻孔中缓慢下放遇到预埋在钻孔中的磁环时，接收系统上的蜂鸣器就发出叫声，这时根据测量导线上标尺在孔口的刻度，以及孔口的高程，就可计算磁环所在位置的高程，测量精度可达 1mm。在基坑开挖前预埋分层沉降管和磁环，并测读各磁环的起始高程，与其在基坑施工过程中测得的高程的差值即为各土层在施工过程中的沉降或隆起。分层沉降仪可用来监测由开挖、打桩等地下施工引起的周围深层土体的垂直位移。

三、分层沉降标的布设

1. 测点布置

在特殊地质地段和周围存在重要建（构）筑物时，应按设计要求进行土体分层沉降监测，或沿基坑长边每 30 ~ 40m 设置一个监测断面。沉降标的间距为 1 ~ 2m，在竖向位置上主要布置在各土层的分界面，当土层厚度较大时，在地层中部增加测点。沉降标钻孔深度应大于基坑底部高程。沉降标埋设稳定期不应少于 30d。土体分层沉降初始值应在沉降标埋设稳定后测定，一般不少于 7d。

图 1-42　分层沉降仪

动画：磁环式分层沉降监测

2. 沉降标埋设

（1）磁锤式

磁锤式沉降标的埋设方法是用钻机在预定位置钻孔至欲测土层的高程后，将护筒放入孔内，以防孔壁坍塌，再将标头放入孔底，压入土层内即可。

（2）磁环式

磁环式标志的埋设方法有两种：

一是用钻机在预定孔位上钻孔，孔径以能恰好放入磁环为佳。然后放入沉降管，沉降管连接时要用内接头或套接式螺纹，使外壳光滑，不影响磁环的上下移动。在沉降管和孔壁间用膨润土球充填并捣实，至底部第一个磁环的高程，再用专用工具将磁环套在沉降管外送至填充的黏性面上，施加一定压力，使磁环上的三个铁爪插入土中，再用膨润土球充填并捣实至第二个磁环高程，按上述方法安装第二个磁环，直至完成整个钻孔中的磁环埋设。测管口加盖，再用 ϕ150mm 的钢套管保护，套管外用混凝土堆砌并标明孔号及孔口高程。

二是在沉降管下孔前，用纸绳将磁环按设计距离捆套在管壁外侧，成孔后将带磁环的沉降管插入孔内。纸绳受水浸泡断开后，磁环的三角爪自动张开，将磁环牢固地嵌入土层中，然后用细砂填充沉降管与孔壁之间的空隙，直至管口。

四　监测实施

（一）磁锤式

微课：土体分层沉降监测 2

磁锤式沉降标监测可以采用测杆辅助监测，也可采用钢尺重锤辅助监测。

测杆式监测采用测杆与水准仪联合进行。在沉降标埋设完成后，放入测杆，使其底面与沉降标顶部紧密接触，用三个定位螺钉将测杆固定在护筒中，如图 1-43 所示。监测时，在测杆顶竖立水准尺，用水准仪监测测杆顶部高程，减去测杆高度即为沉降标处高程，两次测量差值即为沉降标埋设处深层土体沉降值。监测时测杆应保持垂直，水准气泡要求居中。

钢尺重锤式监测也是通过与水准仪联合进行测量的，如图 1-44 所示。钢尺两端分别悬吊一重锤，孔内重锤靠底部磁铁的吸力与标头紧密接触，孔外重锤利用自重通过滑轮将钢尺拉直，用水准仪监测基准点与分层标之间的高差，计算出深层土体的沉降值，所用钢尺在监测前应进行尺长检定，同时要考虑拉力、尺长、温度变化的影响。

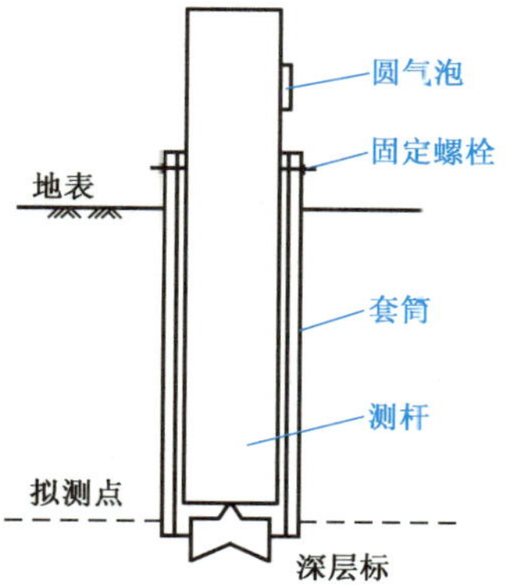

图 1-43　测杆埋设示意图

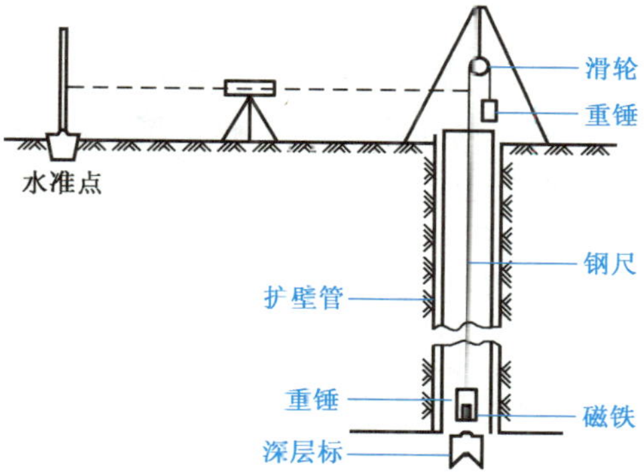

图 1-44　钢尺重锤监测示意图

（二）磁环式

1. 监测方法

采用磁环式分层沉降仪监测（图 1-45）时，先用水准仪测出沉降管的管口高程，然后将分层沉降仪的探头缓缓放入沉降管中，当接收仪发生蜂鸣或指针偏转最大时，就是磁环的位置，自上而下依次逐点测出孔内各磁环至管口的距离，换算出各点的高程。

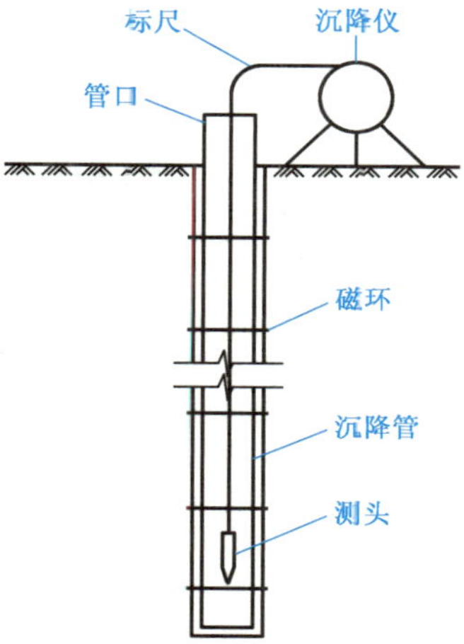

图 1-45　磁环式分层沉降监测示意图

2. 监测步骤

（1）拧松绕线盘后面的螺钉，让绕线盘转动自由，按下电源按钮，手持测量电缆，将探头放入沉降管中，缓慢地向下移动。

（2）当探头穿过土层中磁环时，接收系统的蜂鸣器便会发出连续不断的蜂鸣声，此时读出测量电缆在管口处的深度尺寸，这样由上向下测量到孔底，称为进程测读。

（3）从下向上收回测量电缆，当探头再次通过磁环时，蜂鸣器再次发出蜂鸣声，此时第二次读出监测电缆在管口处的深度尺寸，如此测量至孔口，称为回程测读。

磁环在土层中的实际深度 S_i 可用式（1-20）计算。

$$S_i = \frac{J_i + H_i}{2} \tag{1-20}$$

式中：S_i——i 测点距孔口的实际深度；

i——孔中测读的点数，即土层中磁环的序号；

J_i——i 测点在进程测读时距孔口的深度；

H_i——i 测点在回程测读时距孔口的深度。

（4）用水准仪测量孔口高程，则各测点高程为：

$$\text{各测点实测高程} = \text{孔口高程} - \text{测点距孔口的深度} \tag{1-21}$$

3. 监测注意事项

（1）若在噪声较大的环境中测量，听不清蜂鸣声时，可以用峰值指示。只要把仪器面板上的选择开关拨至电压挡即可，测量方法同蜂鸣声指示。

（2）深层土体垂直位移的初始值应在分层标埋设稳定后测定，一般不少于一周。每次监测应重复进行两次，两次误差值不大于 ±1.0mm。对于同一个工期，应固定监测仪器和人员，以保证监测精度。

五 监测数据整理与分析

1. 各测点沉降量计算

本次沉降量 = 本次该测点实测高程 − 上次该测点实测高程。

累计沉降值 = Σ 各次沉降量 = 本次该测点实测高程 − 初始值。

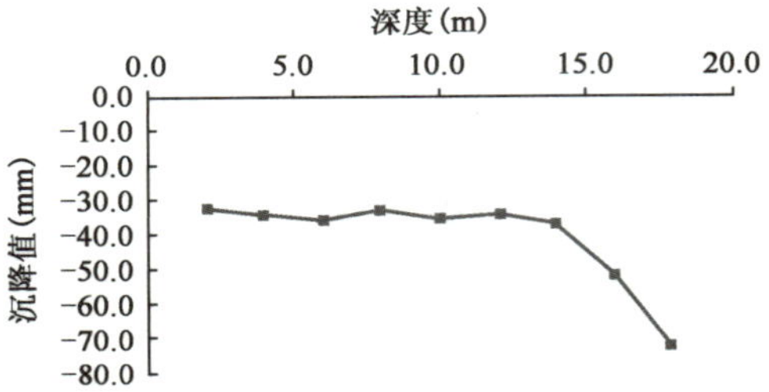

图 1-46　土体分层沉降曲线

2. 应提交的资料

（1）分层沉降标埋设平面图、剖面图。

（2）分层沉降监测成果表。

（3）沉降—深度（S-Z）关系曲线、沉降—时间（S-t）关系曲线。如图 1-46 所示为某盾构区间土体分层沉降孔深—沉降关系曲线。

任务十　地下水位监测

一 监测目的

在饱和含水地层中开挖基坑，通常要采取降水法来降低土层的含水率，以便于土体开挖和运输，同时有利于提高地基土的抗剪强度，防止基底隆起。而过量的降水或方法不当又会引起地层不均匀沉降、地表下沉、建筑物倾斜。

通过地下水位监测可以实时监控基坑周围地下水的变化状况，分析施工降水对周围地下水位的影响范围和程度，预测土体变形和基坑稳定情况，用以指导基坑开挖与降水作业，从而防止地表过量下沉及基坑失稳。

二 监测仪器

水位计是观测地下水位变化的仪器。它可以用来监测由降水、开挖以及其他地下工程施工作业所引起的地下水位的变化。水位计由探头、钢尺和水位管组成，如图 1-47 所示。

微课：地下水位监测

1. 探头

外壳由有色金属车制而成，内部安装了水阻接触点，当接触点接触水面时，接收系统自动发出信号。水位计的工作原理就是在已埋设好的水管中放入水位计探头，当探头接触到水位时，自动启动讯响器，此时，读取钢尺读数(即探头与管顶的距离)，根据管顶高程即可计算地下水位的高程。

图 1-47 水位计

2. 钢尺

钢尺的作用类似于测斜仪的电缆，既可读取探头所在位置与管顶的距离，又可向探头供电，还可作为提升和下放探头的绳索。要求其具有很高的防水性能和一定的不可伸缩性。

3. 水位管

水位管由直径为 50mm 左右的钢管或硬质塑料管制成，包括主管、连接管及封盖。主管上钻有 6～8 列直径为 6mm 左右的滤水孔，纵向孔距 50～100mm。连接管套于两节主管的接头处，起着连接与固定的作用。埋设时应在主管外包上土工布或滤网，起到滤层的作用。

三 水位孔布设

实操视频：地下水位监测

检验降水效果的水位孔布置在降水区内，采用轻型井点管时可布置在总管的两侧，采用深井降水时应布置在两孔深井之间，水位孔的深度应在最低设计水位之下。保护周围环境的水位孔应围绕围护结构和被保护对象或在两者之间进行布置，其深度应在允许最低地下水位之下或根据不透水层的位置确定。通常在基坑的四个角以及基坑的长短边中点均应布置，对于长边较大的基坑，每 30～40m 布置一个测点，测点距基坑围护结构的距离为 1.5～2m。也可利用部分降水井进行监测。

水位孔一般用小型钻机成孔，孔径应略大于水位管的直径，孔径过小会导致下管困难，孔径过大会使观测产生一定的滞后效应。成孔至设计高程后，放入裹有滤网的水位管，管壁与孔壁之间用净砂回填至离地表 2.0m 处，再用黏土进行封填，以防地表水流入。水位管管底加盖密封，防止泥砂进入管中。下部留出 0.5～1m 的沉淀段，用来沉积滤水段带入的少量泥砂。相邻两列水位孔交错排列，呈梅花状布置。水位孔埋设完成后，立即用清水洗孔，以保证水管与管外水土体系的畅通。水位孔的埋设如图 1-48所示。

四 监测注意事项

(1)除受地下工程施工影响外，地下水位的变化还受到自然气候等诸多因素的影响，为了排除非工程因素的干扰，可在工程施工影响范围之外再布置 1～2 个水位孔，以便进行对比分析。

(2)在监测一段时间后，应对水位孔逐个进行抽水或灌水试验，看其恢复到原来水位所需的时间，以判断其工作的可靠性。

(3)水位孔用于渗透系数大于 1×10^{-4}cm/s 的土层中效果良好，用于渗透系数在 1×10^{-6}～1×10^{-4}cm/s 之间的土层中，要考虑滞后效应的作用，用于渗透系数小于 1×10^{-6}cm/s 的土层中，其数据仅能做参考。

(4)水位管的管口应高出地表，并加盖保护，以防雨水和杂物进入管内。水位管处应有醒目标志，避免施工损坏。

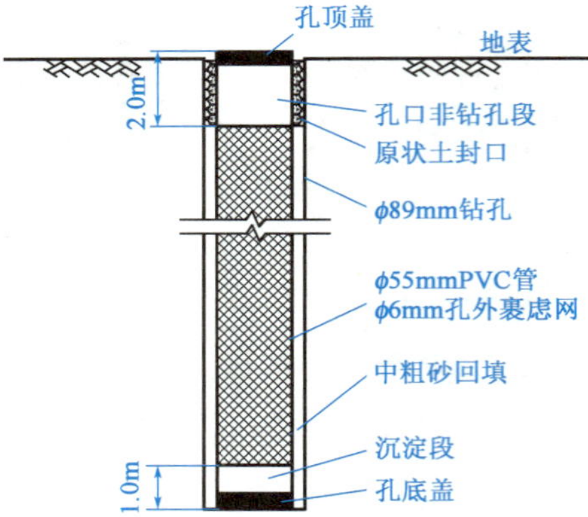

图 1-48　水位孔埋设示意图

动画：水位孔埋设示意

五　监测数据整理与分析

在施工前由水位计测出初始水位 H_0，在施工过程中测出的高程为 H_n，则高差 $\Delta H = H_n - H_0$，即为水位变化值。根据水位变化值绘制水位随时间的变化曲线，以及水位随基坑开挖的变化曲线图，判断基坑及周边环境的稳定性。如图 1-49 所示，施工时，由于局部地段采用敞开模式开挖，造成地下水位大幅下降，最大下降达 13m 之多，是地表发生大面积沉降的主要原因。

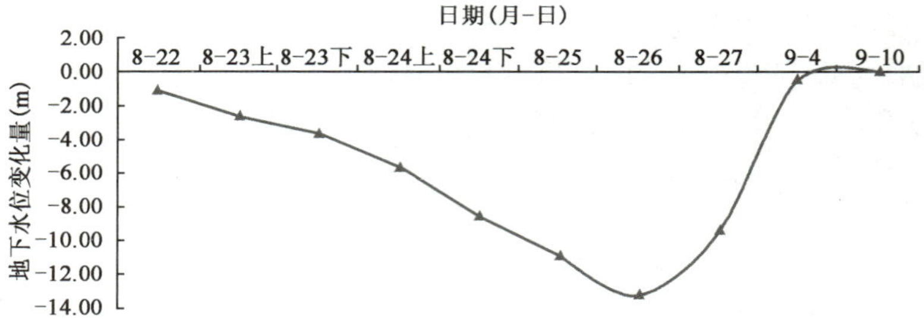

图 1-49　水位变化曲线

任务十一　基坑回弹监测

一　监测目的

基坑回弹是指基坑开挖对坑底土层的卸荷作用引起基坑底面及坑外一定范围内土体的回弹变形或隆起。基坑回弹的原因一是由于上部土体开挖卸载使深层土体应力释放而产生向上隆起的弹性变形，二是由于基坑内土体开挖后，支护内外压力差使其底部产生侧向位移，导致靠近围护结构内侧的土体向上隆起。坑内土体回弹严重时，坑外土体涌入基坑形成坑底隆起，在砂质地区还会在动水压力作用下出现涌砂，将对工程造成严重影响，危及基坑安全。因此，在特殊地质地段和周围存在高大建（构）筑物时，应按设计要求进行基坑底部回弹监测。

微课：基坑回弹监测　　动画：基坑回弹对支护结构的影响

通过监测实时掌握基坑内土体回弹状况，以便优化施工方案（如挖土速率、底板浇筑时间等），确保基坑围护结构和周围环境的安全。

二、监测仪器

基坑回弹监测可采用回弹监测标或深层沉降标配合水准仪进行。回弹监测标如图 1-50 所示，由角钢、圆盘及反扣装置构成；深层沉降标由一个三卡锚头、一根 1/4in（1in = 0.0254m）的内管和一根 1in 的外管组成，内管和外管都是钢管，内管连接在锚头上，可在外管中自由滑动，如图 1-51 所示。用光学仪器测量内管顶部的高程，高程的变化就相当于锚头位置土层的沉降或隆起。

动画：回弹监测标　　动画：深层沉降标

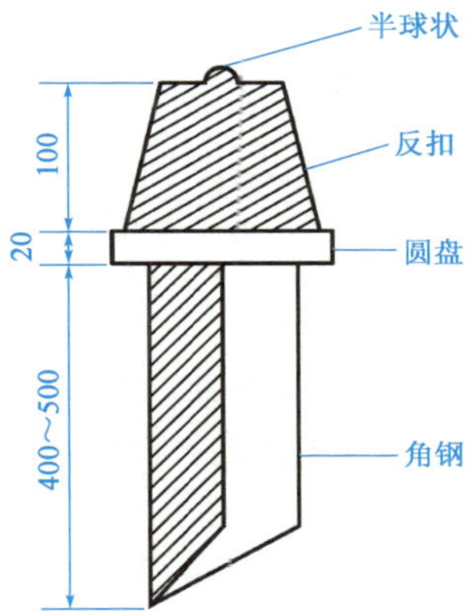

图 1-50　回弹监测标（尺寸单位：mm）

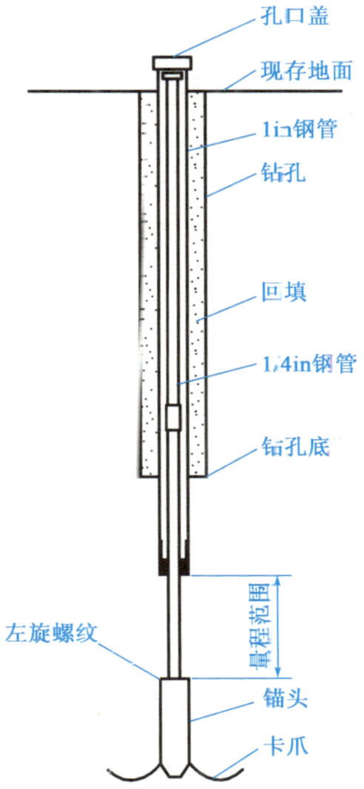

图 1-51　深层沉降标

三 测点埋设

1. 测点的布设

(1)回弹监测点的布设应按基坑形状和深度以及地层条件,以最少的测点数测出所需的各纵横断面的回弹量为原则,通常可根据基坑长度在其中线处设2~3个测点。

(2)利用对称形状的基坑其回弹变形也对称的特点,可沿对称轴或对角线在最先开挖的区域内布点,基坑中心和周边是重要监测区。

(3)监测基准点应选择在基坑开挖深度3倍以外的稳定位置。

2. 回弹标的埋设

(1)钻孔至基坑设计高程以下200mm,将回弹标旋入钻杆下端,顺钻孔徐徐放至孔底,并压入孔底土中400~500mm,即将回弹标尾部压入土中。旋开钻杆,使回弹标脱离钻杆,提起钻杆。

(2)放入辅助测杆,用辅助测杆上的探头进行水准测量,确定回弹标顶面高程初始读数。

(3)监测完毕后,将辅助测杆、保护管(套管)提出地面,用砂或素土将钻孔回填,为了便于开挖后找到回弹标,可先用白灰回填500mm左右。

3. 深层沉降标的埋设

(1)用钻机在预定位置钻孔,孔底高程略高于欲测土层的高程约一个锚头长度。

(2)将内管旋在锚头顶部内侧的螺纹连接器上,用管钳旋紧。将锚头顶部外侧的左旋螺纹用黄油润滑后,与外管底部螺纹相连,连接不要太紧。

(3)将装配好的深层沉降标缓慢放入钻孔内,并逐步加长,直到放入孔底。用外管将锚头压入欲测土层的指定高程位置。

(4)在孔口临时固定外管,将内管压下约150mm,此时锚头上的三个卡子会向外弹,卡在土层里。卡子一旦弹开就不会再缩回。

(5)顺时针旋转外管,使外管与锚头分离。上提外管,使外管底部与锚头之间的距离稍大于预估的土层隆起量。

(6)固定外管,将外管与钻孔之间的空隙填实,做好测点的保护。孔口一般以高出地面200~1000mm为宜。

四 监测实施

1. 回弹标监测

由于回弹标埋设于基坑底部,在基坑开挖过程中不便于实时监测,故采用回弹标时,通常仅在基坑开挖前及基坑开挖至设计高程后分别监测一次,在基坑开挖过程中一般不予监测。有时也在浇筑基础底板混凝土之前再监测一次。

基坑开挖前的初始读数通常在埋设回弹标时利用辅助测杆同时测定,见本任务测点埋设部分。也可采用磁锤式分层沉降标的监测方法测定,见土体分层沉降监测部分。

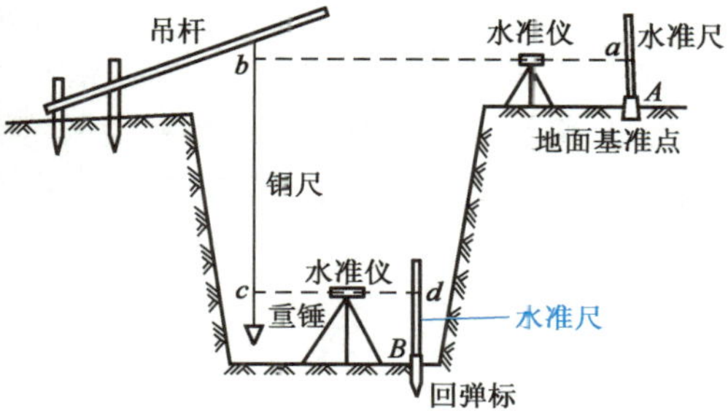

图 1-52　基坑回弹监测示意图

基坑开挖至设计高程后回弹标的高程可采用高程传递法进行监测，如图 1-52 所示。假设地面基准点为 A 点，回弹标为 B 点，在基坑边架设一吊杆，从杆顶向下悬挂一根钢尺，钢尺下垂吊一个重锤，重锤的重量应与检定钢尺时所用的拉力相同，在地表基准点 A（高程为 H_A）和基坑之间架设水准仪，先测读基准点上水准尺读数 a，再测读钢尺上部读数 b。然后将水准仪搬入基坑，测读钢尺下部读数 c 和回弹标上水准尺读数 d，则回弹标的高程 H_B 可按式（1-22）计算。

$$H_B = H_A + (a - b) + (c - d) \tag{1-22}$$

因基坑回弹的测量精度要求较高，故计算时应对钢尺进行尺长和温度的修正。

2. 深层沉降标监测

采用深层沉降标时，由于测点已经引至地表，可以采用高程测量的方法随时监测测点高程，故深层沉降标可以实现基坑开挖前、开挖中及开挖至设计高程后的实时监测。但应做好基坑开挖过程中沉降标的保护工作。

五　监测资料整理

（1）基坑回弹标平面布置图。

（2）回弹监测记录，见表 1-24。

地下水位、周边地表竖向位移、坑底隆起监测日报表　　　　表 1-24

第　页　共　页

工程名称：　　　报表编号：　　　天气：

观测者：　　　计算者：　　　校核者：　　　测试时间：　年　月　日

组号	点号	初始高程（m）	本次高程（m）	上次高程（m）	本次变化量（mm）	累计变化量（mm）	变化速率（mm/d）	备注
工况			当日监测的简要分析及判断性结论：					

工程负责人：　　　　　　监测单位：

（3）基坑回弹纵横剖面图。

进行跟踪监测的还应提供开挖深度—回弹量曲线图、时间—回弹量曲线图。

任务十二　土压力与孔隙水压力监测

土压力是基坑支护结构周围的土体传递给挡土构筑物的压力，也称支护结构与土体的接触压力，或由自重及基坑开挖后土体中应力重分布引起的土体内部的应力。

土压力与孔隙水压力是直接作用在支护体系上的荷载，是支护结构的设计依据。同时地下工程的施工，如基坑、隧道开挖、盾构掘进和打桩等，又会引起周围水土压力的变化和地层的变形。目前，计算地下水土压力的方法很多，但各种方法都有其特定的条件，加上施工情况的多变性，因此，要精确地计算作用在支护结构上的水土压力和地下工程施工所引起的地层变形是十分困难的。因此，对于重要的地下工程，在较完善的理论计算基础上，加强对地下工程水土压力和变形的实时监测是十分必要的。

一 土压力监测

（一）监测目的

（1）监测挡土或支护结构在各种施工工况下的受力状况，以便及时采用相应的措施，确保施工安全。

（2）找出地下工程施工引起的不同距离和深度上地层土压力的变化规律，为验证理论计算、提高理论分析水平积累资料。

微课：土压力监测 1

（二）监测仪器

土压力盒是置于土体与结构界面上或埋设在自由土体中，用于测量土体对结构的土压力及地层中土压力变化的测量传感器，参见项目二。根据其内部结构不同，土压力盒有钢弦式、差动电阻式、电阻应变式等多种。土压力盒又分为单膜式和双膜式两类。单膜式受接触介质的影响较大，而使用前的标定要与实际土体一致往往做不到，因而测试误差较大，一般仅用于测量界面土压力。目前采用较广的是双膜式，其对各种介质具有较强的适应性，因此多用于测量土体内部的土压力。

土压力盒使用时，应参照桩（墙）测点高程水土压力的计算预估值，选择合适的测试量程，以充分提高量测精度。

（三）土压力盒的埋设

1. 土压力盒的布置

土压力盒应布置在受力、土质条件变化较大或其他有代表性的部位。

在平面上，土压力盒应紧贴监测对象布置，如挡土结构的表面、被保护建筑的基础、地下工程的附近，若有其他监测项目如测斜、支护内力等，应布置在相应部位与之匹配，以便进行综合分析。基坑每边应不少于 2 个监测点。

微课：土压力监测 2

在立面上，应考虑计算土压力的图形，在不同性质的土层中布置土压力盒。监测挡土结构接触面的土压力时，可选择在支撑处、水平位移最大深度处等位置。竖向布置间距为 2～5m，下部应加密，当按土层分布情况布设时，每层应不少于 1 个测点，且宜置于各层土的中部。

2. 埋设方法

对于作用在挡土构筑物表面的土压力盒应镶嵌在挡土构筑物内，使其应力膜与构筑物表面平齐，土压力盒后面应具有良好的刚性支撑，在土压力作用下尽量不产生位移，以保证测量的可靠性。

对于钢板桩或钢筋混凝土预制构件挡土结构，土压力盒及导线应用固定支架安装，避免压力盒和导线在施工过程中受损。

对于地下连续墙等现浇混凝土挡土结构，土压力传感器安装时需紧贴在围护结构迎土面上，但如果土压力传感器随钢筋笼下入槽孔，其面向土层的表面钢膜很容易在水下浇筑过程中被混凝土材料所包裹，混凝土凝固结硬后，水土压力无法直接被压力传感器所感应和接收，造成埋设失败。这种情况下土压力盒的埋设可采用挂布法和弹入法等，以确保传感器处于围护结构与土层分界面处。

(1)挂布法。取1/3～1/2槽段宽度的布帘，在布帘上缝制好用以放置土压力盒的口袋，把压力盒放入后封口固定；将布帘平铺在量测位置处钢筋笼迎土面一侧，通过纵横分布的绳索将布帘固定于钢筋笼上，将土压力盒导线固定在钢筋笼的钢筋上，并引至钢筋笼顶部；布帘随钢筋笼一起吊入槽孔，放入导管浇筑水下混凝土。由于混凝土在布帘的内侧，利用流态混凝土的侧向挤压力将布帘连同土压力盒一起压向土层，随水下混凝土液面上升所造成的侧压力增大迫使土压力盒与土层垂直表面密贴。挂布法埋设土压力盒示意图如图1-53所示。

(2)弹入法。图1-54为弹入法土压力盒埋设装置的构造图，主要由弹簧、刚架和限位插销三部分组成。首先将装有压力盒的机械装置焊接在钢筋笼上，利用限位插销将弹簧压缩以储存向外的弹性能量，待钢筋笼吊入槽孔之后，在地面通过牵引铁丝将限位插销拔除，由弹簧弹力将压力盒推向土层侧壁，根据压力盒读数的变化可判定压力盒安装状况。从实际使用情况看，基本上未出现钢膜被砂浆包裹的情况。弹入法的关键在于必须保证弹入装置具备足够的行程，保证压力盒抵达槽壁土层，同时需与地下连续墙施工单位密切配合，在限位插销拔除等方面做到万无一失。

图1-53　挂布法埋设土压力盒示意图

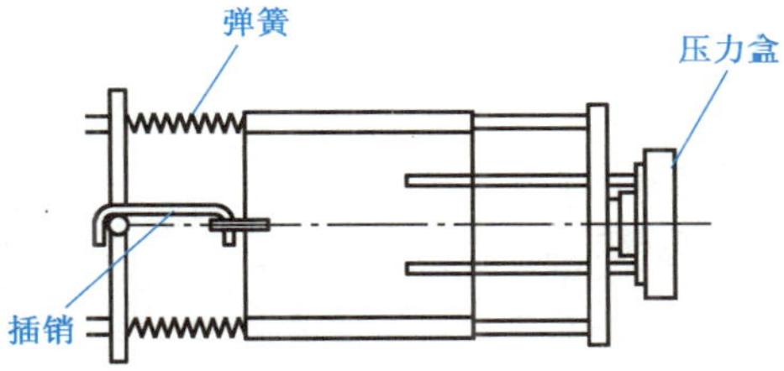

图1-54　弹入法土压力盒埋设装置构造图

动画：弹入法土压力盒装置示意图

(3)顶入法。顶入法有气顶和液压顶两种方法，其基本原理是将土压力盒安装在小型千斤顶端头，将千斤顶水平固定在钢筋笼对应于土压力量测的位置。在钢筋笼吊入槽段后，通过连接管道使气压或液压驱动千斤顶活塞腔，利用千斤顶活塞杆将压力盒推向槽壁土层。当读数表明压力盒表面与槽壁土层有所接触后，适当增大推力以读取压力盒初始值，维持该值直至流态混凝土液面抵达压力盒所在高程以上后再卸载。顶入法埋设土压力传感器如图1-55所示。顶入法操作简便，效果理想，但需将千斤顶埋入桩墙，加上气压、液压驱动管道，投入成本较高。

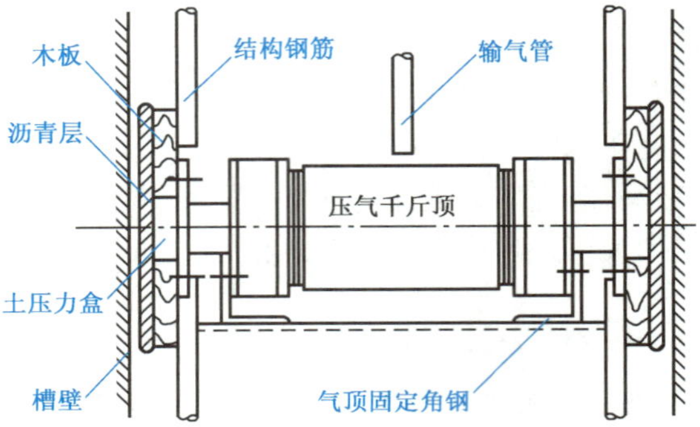

图 1-55 顶入法土压力盒安装示意图

动画:顶入法土压力盒安装

(4)钻孔法。监测地层内土压力的土压力盒可采用钻孔法埋设。钻孔法是先在预定位置钻孔,钻孔深度略大于最深的土压力盒埋设位置,孔径大于压力盒直径,将压力盒固定在定制的薄型槽钢或钢筋架上,一起放入钻孔,就位后回填细砂。根据薄型槽钢或钢筋架的沉放深度和压力盒的相对位置,可以确定出压力盒所处的地层高程,监测导线沿槽钢纵向间隙引至地面。钻孔法埋设测试元件的工程适应性较强。由于钻孔回填砂石的固结需要一定的时间,因而传感器前期数据偏小。另外,考虑钻孔位置与桩(墙)之间不可能直接密贴,需要保持一段距离,因而测得的数据与桩(墙)作用荷载相比具有一定近似性。

3. 压力膜的保护

为避免颗粒粗、硬度高的回填材料对压力膜的直接冲击,且使压力膜均匀受力,常用的保护措施是采用沥青囊间接传力结构。沥青囊大小,视挡土结构的形式、回填材料的组成及回填工艺确定,当土压力盒承压膜直径 D 为 100mm 时,采用(4 ~ 5)D 的边长。对于降水基坑,间接传力膜的设置也可采用细颗粒材料。无论采用哪一种材料的间接传力介质,都必须密实,在使用过程中,不允许挤出或流失。

(四)土压力测量

1. 监测前应具备的资料

(1)地下工程结构的平面图、剖面图。

(2)周围地下工程地质勘探报告。

(3)地下工程施工方法。

(4)土压力计算的基本图式、挡土结构的强度安全系数、稳定安全系数和允许变形值等。

(5)土压力监测传感器及仪表的技术指标和说明书。

2. 监测实施

将各测点土压力盒引线与频率接收仪相接,读取频率,通过频率—压力标定曲线换算得到压力值。注意土压力盒实测的压力为土压力和孔隙水压力的总和,扣除孔隙水压力实测的值,才是实际的土压力值。

(五)土压力计算及土压力分布曲线绘制

根据所测得的各测点频率,依据压力盒的频率—压力标定曲线来直接换算出相应的压力值。以深度为纵轴,以土压力值为横轴,按一定比例把压力值点画在各压力盒分布位置,连接各点即为土压力随桩深的分布曲线。

二 孔隙水压力监测

饱和土受荷载作用后首先产生的是孔隙水压力的增高或降低,随后才是颗粒的固结变形,因此,孔隙水压力的变化是土体运动的前兆,孔隙水压力监测在控制各种打入桩引起的地表隆起、基坑与隧道开挖导致的地表沉降等方面起着十分重要的作用。

微课:孔隙水压力监测

(一)监测目的

通过监测及时掌握孔隙水压力在施工过程中的变化情况,为控制沉桩速率、基坑开挖速度、隧道掘进速度等提供可靠依据。同时结合土压力监测,可以进行土体有效应力分析,作为土体稳定性计算的依据。

(二)监测仪器

图 1-56　孔隙水压力计

孔隙水压力监测采用孔隙水压力计,也称渗压计,由金属壳体和透水石组成,如图 1-56 所示。孔隙水压力计的工作原理是把多孔元件(如透水石)放置在土中,使土中水连续通过元件的孔隙(透水后),把土体颗粒隔离在元件外面,而只让水进入有感应膜的容器内,再测量容器中的水压力,即可测出孔隙水压力。孔隙水压力计的量程应根据埋置位置的深度、孔隙水压力变化幅度等确定。

(三)孔隙水压力计的布设

1. 孔隙水压力计的布置

在基坑的四个角以及基坑的长短边中点布置孔隙水压力计,对于长边较大的基坑,每 30 ~ 40m布置一个测点,测点距基坑围护结构的距离为 1.5 ~ 2m。

2. 孔隙水压力计的埋设

孔隙水压力计埋设方法与土压力盒基本相同,可采用挂布法、顶入法、弹入法、埋置法和钻孔法等。下面就其与土压力盒埋设的不同之处进行介绍。

(1)在确定孔隙水压力计量程时,除了按孔深计算孔隙水压力的变化幅度外,还要考虑大气降水、井点降水等影响因素,以免超出孔隙水压力计量程,或者量程选用过大,影响量程精度。

(2)采用钻孔法施工时,原则上不得采用泥浆护壁工艺成孔。如因地质条件差,不得已采用了泥浆护壁时,在钻孔完成之后,需要用清水洗孔,直至泥浆全部清除为止。接着,在孔底填入部分净砂后,将孔隙水压力计送至设计高程,再在周围填上约 0.5m 高的净砂作为滤层。

(3)封口是影响孔隙水压力计埋设质量的关键工序。封口材料宜使用直径为 1 ~ 2cm、塑性指数 I_p 不小于 17 的干燥土球,最好采用膨润土。封口时应从滤层顶一直封至孔口,如在同一钻孔中埋设多个探头,则封至上一个孔隙水压力计的深度。一般来说,为保证封口质量,孔隙水压力计之间的间距应大于 1m,以免水压力贯通。在地层的分界附近埋设孔隙水压力计时应十分谨慎，滤层不得穿过隔水层，避免上下层水的贯通。

(4)如果所测地层土质较软，则可用压入法进行埋设。用外力将孔隙水压力计缓缓压入土中至设计高程。如土质稍硬，则可先用钻孔法钻入一定深度后，再用压入法将探头送至高程，此方法的优点在于可节省钻孔的时间和费用。

(5)无论采用哪一种方法埋设，都会扰动地层，使初始孔隙水压力发生变化，为将这一变化对后期量测数据的影响减小到最低限度，应在正式量测开始前一个月进行埋设。

(6)孔隙水压力计的安装与埋设应在水中进行，透水石不得与大气接触，一旦与大气接触，透水石应重新排气。

(四)孔隙水压力计算

目前采用的孔隙水压力监测方法有电测法、液压法和气压法，由于各自的原理不同、计算公式也不尽相同。

1. 电测法

电测法孔隙水压力计算公式为：

$$\mu = K(f^2 - f_0^2) \tag{1-23}$$

式中：μ——监测孔隙水压力；

K——传感器标定系数；

f_0、f——分别为初始频率值和监测频率值。

也可依据孔隙水压力计的频率—压力标定曲线直接换算出相应的压力值。

2. 液压法

液压法孔隙水压力计算公式为：

$$\mu = p + \rho_w h \tag{1-24}$$

式中：μ——监测孔隙水压力；

p——压力表的读数；

ρ_w——水的密度；

h——探头至压力表基准面的高度。

3. 气压法

气压法孔隙水压力计算公式为：

$$\mu = C + \alpha p_a \tag{1-25}$$

式中：μ——监测孔隙水压力；

C、α——标定常数；

p_a——气压，用压力表量出。

(五)孔隙水压力历时曲线绘制

以时间为横轴，孔隙水压力值为纵轴，绘制压力—时间曲线图，如图1-57所示。由图可知，当开挖面经过测点时，孔隙水压力下降，随着时间推移，孔隙水压力逐渐恢复，在0.012MPa左右变化。

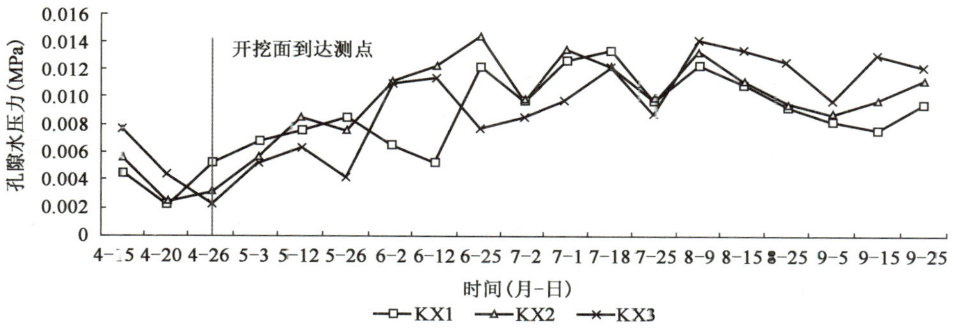

图 1-57　孔隙水压力历时曲线

任务十三　地下管线变形监测

城市地区地下管线网是城市生活的命脉，其安全与人民生活和国民经济紧密相连。城市市政管理部门与煤气、输变电、自来水和电信等与管线有关的公司都对各类地下管线的允许变形量制定了十分严格的规定，而基坑开挖施工时必须将地下管线的变形量控制在允许范围内。

一　监测目的

由于基坑施工不可避免的要对土体产生扰动，从而导致地下管线产生变形和位移，因此，基坑工程施工中的地下管线变形监测是必要的。其目的在于：根据监测结果，掌握地下管线的变形量和变化规律，及时调整施工方案，采取有效施工措施，保证地下管线和施工的安全。

微课：地下管线变形监测

二　监测仪器

地下管线的监测内容包括垂直沉降和水平位移两部分，垂直沉降监测常采用精密水准仪和铟钢尺，水平位移监测采用经纬仪或全站仪。

三　管线资料调查

地下管线变形监测测点布置和监测频率应在对管线状况进行充分调查后确定，并与有关管线管理部门协调认可后实施。调查内容包括：

(1)管线的用途、材料和规格，以便选择重要管线进行监测。

(2)管线的平面位置、埋深和埋设年代。

(3)管线的接头形式和对位移的敏感程度，以便确定位移控制值。

(4)管线所在道路的人流和交通的情况，以便确定测点埋设方式。

(5)采用土力学与地基基础有关公式估算地下管线最大位移量。

(6)城市管理部门对于地下管线的沉降允许值。

上述资料主要是通过工程建设单位，向有关管线管理部门进行调研，收集管线图来获取。在缺乏图纸资料时，可采用管线探测仪进行现场勘查，或向附近的管线用户进行调查。

四 测点布设

1. 测点布置

地下管线测点重点布置在有压管线(如煤气管线、给水管线)上,对抗变形能力差、易于渗漏和年久失修的雨污水管也应重点监测。测点布置在管线的接头处,或者对位移变化敏感的部位。沿管线延伸方向每5~15m布置一个测点。测点可利用检查井直接布置在管线上,也可以在管线上方埋设地表桩进行间接监测或直接监测。

2. 测点埋设

目前地下管线测点埋设主要有以下四种方法。

(1)抱箍式

由扁铁做成抱箍固定在管线上,抱箍上焊一测杆,将测杆与管线连接成为整体,如图1-58所示,测杆伸至地面,路面处布置窨井,既用于测点保护,又便于道路交通正常通行。抱箍式测点的特点是监测精度高,能如实反映管线的变形情况,但埋设时必须进行开挖,且要挖至管底,对于交通繁忙的路段影响甚大,抱箍式测点主要用于一些次要的干路和十分重要的管道,如高压煤气管、压力水管等。

动画:抱箍式管线测点埋设

(2)直接式

用敞开式开挖和钻孔取土的方法挖至管线顶表面,露出管线接头和闸门开关,利用凸出部位涂上红漆或粘贴金属物(如螺帽等)作为测点。直接式测点主要用于沉降监测,其特点是开挖量小,施工便捷,但若管埋深较大,容易受地下水位或地表积水的影响,立尺困难,影响测量精度。直接式测点适用于埋深浅、管径较大的地下管线。

(3)套管式

基坑开挖对相邻管线的影响主要表现在沉降方面,根据这一特点采用硬塑料管或金属管打设或埋设于所测管线顶面和地表之间,量测时将测杆放入套管,再将标尺搁置在测杆顶端。只要测杆放置的位置固定不变,测试结果就能够反映出管线的沉降变化。套管式埋设方案如图1-59所示。按套管方案埋设测点的最大特点是简单易行,特别是对于埋深较浅的管线,通过地面打设金属管至管线顶部,可避免道路开挖,其缺点在于监测精度较低。

动画:地下管线变形测点套筒法

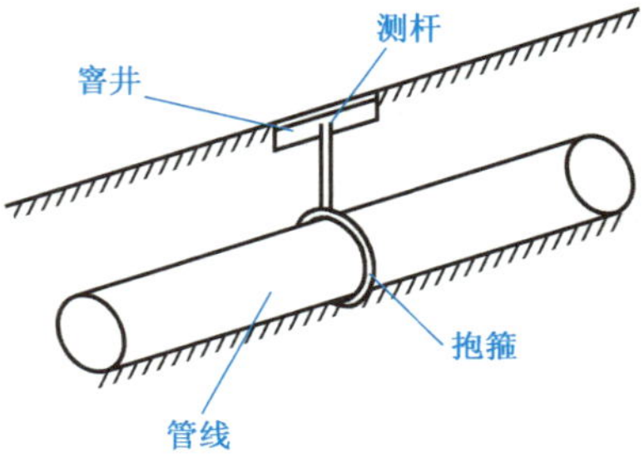

图1-58 抱箍式管线测点埋设示意图

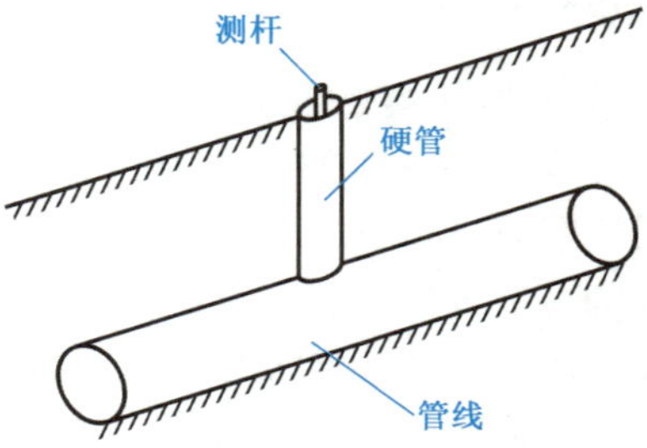

图1-59 套管式管线测点埋设示意图

(4)模拟式

对于地下管线排列密集且管线高程相差不大,或因种种原因无法开挖时,可采用模拟式测点，方法是选有代表性的管线，在其邻近打 ϕ100mm 的钻孔，如表面有硬质路面应先将其穿透(孔径大于 50mm 即可)，孔深至管底高程，取出浮土后用砂铺平孔底，先放入一片不小于钻孔面积的钢板，以增大接触面积，然后放入一根 ϕ20mm 的钢筋作为测杆，周围用净砂填实。模拟式测点的特点是简便易行，避免对交通的影响，但因测得的是普通地层的变形，模拟性差，精度较低。

动画：地下管线变形测点模拟法

上述四种形式的测点均可用于垂直位移监测。抱箍式和直接式也可用于水平位移的监测，但应注意抱箍式测点的测杆周围不得回填，否则会引起监测误差。

五 监测注意事项

(1) 在管线变形监测中，由于允许变形量比较小，一般为 10 ~ 30mm，故应使用精度较高的仪器和监测方法，如采用精密水准仪和铟钢尺测量垂直位移。

(2) 计算位移值时应精确至 0.1mm，同时应计算同一点上的垂直位移和水平值的矢量和，求出最大值，与允许值进行比较。

(3) 当最大位移值超出控制值时应及时报警，并会同有关方面研究对策，同时提高监测频率，防止意外突发事故，直至采取有效措施。

任务十四 建筑物变形监测

在城市地区修建地下工程，往往会引起周围建筑物的地基产生不均匀沉降，使建筑物本身产生倾斜、挠曲甚至裂缝变形。为了保证建筑物的安全，在施工过程中需进行建筑物变形监测，目的是掌握工程施工期间建筑物的变化情况，以便当建筑物变形过大时，及时采取有效的保护加固措施，确保建筑物的安全。

所谓变形监测，是用测量仪器或专用仪器测定建筑物及其地基在建筑物荷载和外力作用下随时间变形的工作。进行变形监测时，一般在建筑物特征部位埋设变形监测标志，在变形影响范围之外埋设监测基准点，定期测量监测标志相对于基准点的变形量。从对历次监测结果的比较中了解变形随时间发展的情况。建筑物变形监测主要包括沉降监测、倾斜监测、水平位移监测和裂缝监测等。《建筑变形测量规范》(JGJ 8—2016)规定，建筑变形测量的级别、精度指标及其适用范围应符合表 1-25 的规定。

建筑变形测量的等级、精度指标及其适用范围 表 1-25

等级	沉降监测点测站高差中误差(mm)	位移监测点坐标中误差(mm)	主要适用范围
特等	0.05	0.3	特高精度要求的变形测量
一等	0.15	1.0	地基基础设计为甲级的建筑的变形测量；重要的古建筑、历史建筑的变形测量；重要的城市基础设施的变形测量等
二等	0.5	3.0	地基基础设计为甲、乙级的建筑的变形测量；重要场地的边坡监测；重要的基坑监测；重要管线的变形测量；地下工程施工及运营中变形测量；重要的城市基础设施的变形测量等

续上表

等级	沉降监测点测站高差中误差（mm）	位移监测点坐标中误差（mm）	主要适用范围
三等	1.5	10.0	地基基础设计为乙、丙级的建筑的变形测量；一般场地的边坡监测；一般的基坑监测；地表、道路及一般管线的变形测量；一般的城市基础设施的变形测量；日照变形测量；风振变形测量等
四等	3.0	20.0	精度要求低的变形测量

注：1. 沉降监测点高差中误差：对于水准测量，为其测站高差中误差；对于静力水准测量、三角高程测量，为相邻沉降监测点间等价的高差中误差。

2. 位移监测点坐标中误差：指监测点相对于基准点或工作基点的坐标中误差、监测点相对于基准线的偏差中误差、建筑上某点相对于其底部对应点的水平位移分量中误差等。坐标中误差为其点位中误差的 $1/\sqrt{2}$ 倍。

子任务一　建筑物调查

在地下工程施工前，应对施工现场周边的建筑物进行调查，根据建筑物的历史年限、使用要求以及受施工影响程度，确定具体的监测对象。然后，根据所确定的拟要监测的对象进行详细调查，以确定监测内容及监测方法。

建筑物调查的项目与内容如下：

（1）建筑物概况。包括：建筑物名称、所在地、用途、竣工时间、设计者、施工监理、施工者等。

（2）建筑物规模。包括：总层数、地上层数、地下层数、主体结构、檐高、基础形式、标准层的高度和形式等。

（3）图纸与资料。包括：设计图、设计变更、地质钻孔柱状图、施工记录、施工图、竣工图、过去的调查资料、有关的法规等。

（4）建筑物历史变迁与使用状况。包括：①用途变更（如改扩建、有无修补、设计用途与实际用途有无不同、有无受灾）；②建筑物内外环境；③荷载（如静荷载、冲击荷载、振动、重复荷载、热荷载）；④环境（如药剂、气体、气象条件、冻结、放射能、大气污染）等。

（5）有关人员的意见。包括：管理人员、使用人员、官方机构等。

（6）基础与地基。包括：①基础和桩（如基础不均匀沉降、木桩及钢桩的腐蚀、桩的变形、桩的负摩擦）；②地基（如土质钻孔资料、地基的变形、地基加固、土压力、水压、土壤的腐蚀、振动特性）；③地下水（地下水的变动及水质）。

（7）材料。包括：①混凝土（表面状态、强度、碳化深度、质量、钢筋锈蚀）；②钢材（材质、力学性能、钢结构锈蚀、疲劳、耐火防护层）；③防水及装饰材料（屋面防水、地下防水、外墙装饰层）；④木材（表面状态、力学性能、虫蛀腐朽）。

（8）其他。包括：①结构尺寸（构件尺寸、构件断面尺寸、配筋、钢结构尺寸）；②变形（楼板变形、梁的变形、建筑物整体变形）；③结构裂缝（楼板裂缝、梁的裂缝、柱和承重墙的裂缝）；④构件损伤（混凝土柱、梁、楼板、承重墙及钢结构柱、钢支撑、梁）；⑤振动特性（固有周期、固有形式、衰减）。

子任务二　建筑物沉降监测

一 监测目的

通过监测随时掌握由于地下工程施工引起的邻近重要建筑物的沉降量值及其变形规律，以便及时调整施工参数，采取必要的加固措施，确保邻近建筑物的稳定与安全。

二 监测仪器

精密水准仪、水准尺等。

微课：建筑物沉降监测

三 测点埋设

1. 测点布置

沉降监测点的布设应能全面反映建筑及地基变形特征，并顾及地质情况及建筑结构特点。点位宜选设在下列位置：

实操视频：建筑物沉降监测

（1）建筑的四角、核心筒四角、大转角处及沿外墙每10～20m处或每隔2～3根柱基上。

（2）高低层建筑、新旧建筑、纵横墙等交接处的两侧。

（3）建筑裂缝、后浇带和沉降缝两侧、基础埋深相差悬殊处、人工地基与天然地基接壤处、不同结构的分界处及填挖方分界处。

（4）对于宽度大于或等于15m或小于15m而地质复杂以及膨胀土地区的建筑，应在承重内隔墙中部设内墙点，并在室内地面中心及四周设地面点。

（5）邻近堆置重物处、受振动有显著影响的部位及基础下的暗浜（沟）处。

（6）框架结构建筑的每个或部分柱基上或沿纵横轴线上。

（7）筏形基础、箱形基础底板或接近基础的结构部分的四角处及其中部位置。

（8）重型设备基础和动力设备基础的四角、基础形式或埋深改变处以及地质条件变化处两侧。

（9）对于电视塔、烟囱、水塔、油罐、炼油塔、高炉等高耸建筑，应设在沿周边与基础轴线相交的对称位置上，点数不少于4个。

2. 测点埋设

沉降监测的标志可根据不同的建筑结构类型和建筑材料，采用墙（柱）标志、基础标志和隐蔽式标志（用于宾馆或商场内）等形式。建筑物测点埋设时先在建筑物的基础或墙上钻孔，然后将预埋件放入，孔与测点四周空隙用水泥砂浆填实。各类标志的立尺部位应加工成半球形或有明显的突出点，并涂上防腐剂。标志的埋设应避开如雨水管、管台线、电器开关等有碍设标与观测的障碍物，并应视立尺需要离开墙（柱）面和地面一定距离，以方便观测，同时测点应采取保护措施，做好明显标志，并进行编号，避免在施工和使用期间受到破坏。特殊情况下，也可采用射钉枪、冲击钻将射钉或膨胀螺钉固定在建筑物的表面，涂上红漆作为监测标志。沉降监测标志埋设时应特别注意要保证能在测点上垂直置尺，并具有良好的通视条件。监测标志埋设完毕后，应待其稳固后方能使用。图1-60为墙上监测标志的埋设示意图。

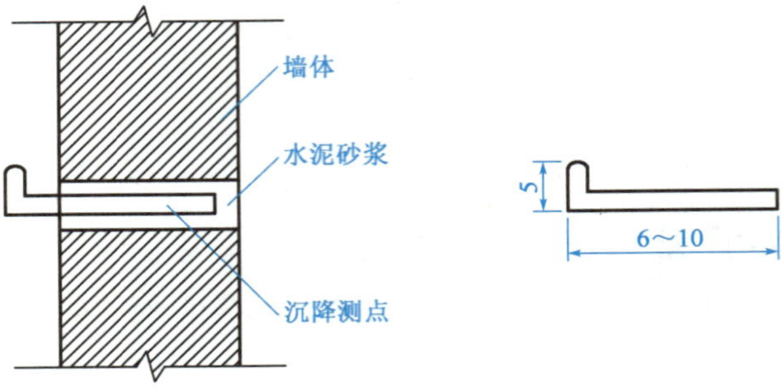

图 1-60　建筑物沉降监测点埋设示意图(尺寸单位:cm)

四　沉降监测注意事项

(1)监测时仪器应避免安置在空压机、搅拌机、卷扬机等振动影响范围之内,塔吊和露天电梯附近亦不宜设站。

(2)监测应在水准尺成像清晰时进行,应避免视线穿过玻璃、烟雾和热源上空。

(3)前后视观测最好使用同一根水准尺,前后视距应尽可能相等,视距一般不应超过50m,前视各测点观测完毕后,回测后视点,最后应闭合于基准点上。

子任务三　建筑物水平位移监测

地下工程中的基坑开挖、浅埋暗挖法隧道开挖、盾构推进和顶管施工以及基础工程的压密注浆、打(压)桩施工等,除了引起周围建筑物和管线的垂直位移外,还会使其产生水平位移。这类水平位移轻者将影响建筑物正常使用,重者会导致结构破坏和管线断裂,给国家财产和人民生命安全造成重大损失。因而水平位移监测是变形监测中的又一重要项目。

一　监测目的

通过监测及时掌握在地下工程施工中邻近重要建筑物的水平位移变化量值及其发展规律,以便及时调整施工参数,进行必要的加固,确保邻近建筑物的安全。

微课:建筑物水平位移监测

二　监测仪器

经纬仪、钢尺或光电测距仪、全站仪等。

三　测点埋设

建筑物水平位移监测测点布设及控制网建立要求类似于围护桩(墙)顶水平位移监测,所不同的是其监测点应布置在建筑的外墙墙角、外墙中间部位的墙上或柱上、裂缝两侧以及其他有代表性的部位,监测点间距视具体情况而定,一侧墙体的监测点不少于3个。平面监测点可用红漆画在墙(柱)上,也可与沉降监测点共用,但要凿出中心点或刻出十字线,并对所使用的控制点进行检查,以防止其变化。

四 监测实施

1. 监测方法

建筑物水平位移监测可根据现场通视条件,采用视准线法或小角度法,操作步骤和要求详见围护桩(墙)顶水平位移监测部分。

2. 监测精度控制

水平位移监测一般采用经纬仪监测角度,钢尺或光电测距仪测量距离,或采用全站仪进行监测。对于高精度要求的监测项目,可采用高精度全站仪或经纬仪;对于中等精度要求的监测项目,可采用精度稍低的全站仪或经纬仪。

控制网中最弱边边长或最弱点点位的中误差应不大于相应等级监测的监测点位中位差。《建筑变形测量规范》(JGJ 8—2016)规定,平面控制网技术要求见表1-26,导线测量技术要求见表1-27。

平面控制网技术要求 表1-26

级　别	平均边长(m)	角度中误差(″)	边长中误差(mm)	最弱边边长相对中误差
一	200	±1.0	±1.0	1:200000
二	300	±1.5	±3.0	1:100000
三	500	±2.5	±10.0	1:50000

注:1. 最弱边边长相对中误差中未计及基线边长误差影响。
2. 有下列情况之一时,不宜按本表规定,应另行设计:①最弱边边长中误差不同于表列规定时;②实际平均边长与表列数值相差大时;③采用边角组合网时。

导线测量技术要求 表1-27

级　别	导线最弱点点位中误差(mm)	导线总长(m)	平均边长(m)	测边中误差(mm)	测角中误差(″)	导线全长相对闭合差
一	±1.4	$750C_1$	150	$\pm 0.6C_2$	±1.0	1:100000
二	±4.2	$1000C_1$	200	$\pm 2.0C_2$	±2.0	1:45000
三	±14.0	$1250C_1$	250	$\pm 6.0C_2$	±5.0	1:17000

注:1. C_1、C_2 为导线类型系数,对附合导线,$C_1 = C_2 = 1$;对独立单一导线,$C_1 = 1.2$,$C_2 = 2$;对导线网,导线总长是指附合点与结点或结点间的导线长度,取 $C_1 \leq 0.7$,$C_2 = 1$。
2. 有下列情况之一时,不宜按本表规定,应另行设计:①导线最弱点点位中误差不同于表列规定时;②实际导线的平均边长与表列数值相差大时。

3. 监测注意事项

1)经纬仪测角操作要求

(1)要尽量减少仪器对中照准误差和调焦误差的影响。

(2)测角时仪器不能受阳光照射,气泡置中偏差不得超过一格。

(3)测角应在通视良好,成像清晰的有利时刻进行。

2)钢尺量距

应采用鉴定过的钢尺,并进行尺长、温度、倾斜等项修正。

尺长修正：

$$\Delta L_{\mathrm{d}} = -\frac{d_0 - d'}{d'}L \tag{1-26}$$

温度修正：

$$\Delta L_{\mathrm{t}} = \alpha(t - t_0)L \tag{1-27}$$

倾斜修正：

$$\Delta L_{\mathrm{h}} = -\frac{h^2}{2L} - \frac{h^4}{8L^3} \tag{1-28}$$

上述式中：d_0——标准距离；
d'——名义长度；
t——测量时温度；
t_0——标准温度；
h——测量高差；
L——水平距离。

五 监测实例：某区间隧道施工引起的某建筑物水平位移监测

1. 监测目的

通过监测隧道施工引起建筑物的水平位移情况，及时反馈施工，调整隧道施工参数，并决定是否采取辅助施工措施，确保建筑物安全。

2. 监测仪器

TC1800 全站仪、反射膜片等。

3. 监测实施过程

（1）测点埋设

将反射膜片贴在建筑物上。

（2）水平位移计算

假设局部坐标系，以隧道轴线为 x 轴，其垂直方向为 y 轴，在条件许可的情况下，尽可能地布设导线网，提高监测精度。施工前，采用三角网测出测点的初始坐标 (x_0, y_0)，在施工过程中测出其坐标为 (x_n, y_n)，则按式（1-29）计算水平位移。

$$S = \sqrt{(x_0 - x_n)^2 + (y_0 - y_n)^2} \tag{1-29}$$

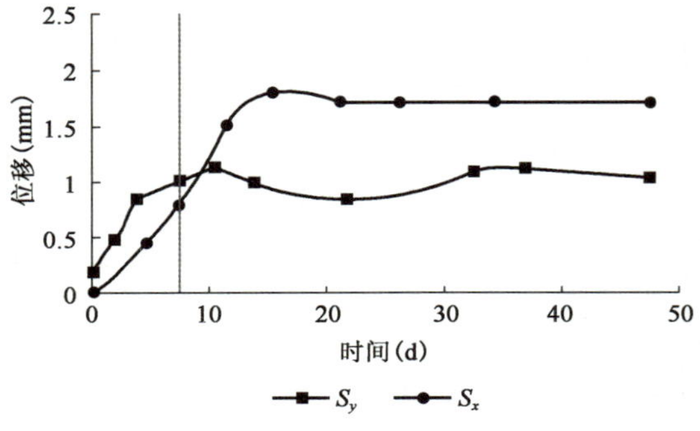

图 1-61 建筑物水平位移曲线

4. 数据分析

由图 1-61 可以分析隧道施工引起建筑物水平位移的一般规律：隧道开挖到达前建筑物主要沿隧道轴线方向（S_x）移动，当开挖面到建筑物附近时，以向隧道轴线垂直方向（S_y）移动为主。隧道通过后 20d 位移稳定。

子任务四 建筑物倾斜监测

建筑物倾斜是指建筑物或独立构筑物顶部相对底部，或某一段高度范围内上下两点的相对水平位移的投影与高度之比，倾斜监测就是对建筑物的倾斜度、倾斜方向和倾斜速率进行监测。倾斜监测常用经纬仪、水准仪或其他专用仪器测量。一般在建筑物立面上设置上下两个监测标志，它们的高差为 h，用经纬仪把上标志中心位置投影到下标志附近，量取它与下标志中心之间的水平距离 x，则 $x/h=i$ 就是两标志中心连线的倾斜度。定期重复监测，就可得知在某时间内建筑物倾斜度的变化情况。

一 监测目的

通过监测，实时掌握地下工程施工引起邻近建筑物的倾斜程度，据以判定建筑物的稳定状况并采取相应的保护措施。

微课：建筑物倾斜监测

二 测点设置

建筑物倾斜监测点宜布置在建筑角点、变形缝两侧的承重柱或墙上。监测点应沿主体顶部、底部上下对应布设，上、下监测点应布置在同一竖直线上，也可在同一水平线上布设。采用差异沉降法进行建筑物倾斜监测时，测点埋设同建筑物沉降监测。建筑物倾斜监测在条件许可的情况下，尽可能布设导线网，以便进行平差处理，减小误差，提高监测精度。

三 监测方法

1. 当从建筑或构件的外部观测主体倾斜时

(1)投点法。观测时，应在底部观测点位置安置水平读数尺等量测设施。在每测站安置经纬仪投影时，应按正倒镜法测出每对上下观测点标志间的水平位移分量，再按矢量相加法求得水平位移值(倾斜量)和位移方向(倾斜方向)。

(2)测水平角法。对塔形、圆形建筑或构件，每测站的观测应以定向点作为零方向，测出各观测点的方向值和至底部中心的距离，计算顶部中心相对底部中心的水平位移分量。对矩形建筑，可在每测站直接观测顶部观测点与底部观测点之间的夹角或上层观测点与下层观测点之间的夹角，以所测角值与距离值计算整体的或分层的水平位移分量和位移方向。

(3)前方交会法。所选基线应与观测点组成最佳构形，交会角宜在60°~120°之间。水平位移计算，可采用直接由两周期观测方向值之差解算坐标变化量的方向差交会法，亦可采用按每周期计算观测点坐标值，再以坐标差计算水平位移的方法。

2. 当利用建筑或构件的顶部与底部之间的竖向通视条件进行主体倾斜观测时

(1)激光铅直仪观测法。应在顶部适当位置安置接收靶，在其垂线下的地面或地板上安置激光铅直仪或激光经纬仪，按一定周期观测，在接收靶上直接读取或量出顶部的水平位移量和位移方向。作业中仪器应严格置平、对中，应旋转180°观测两次取其中数。对超高层建筑，当仪器设在楼体内部时，应考虑大气湍流影响。

(2)激光位移计自动记录法。位移计宜安置在建筑底层或地下室地板上，接收装置可设在顶层或需要观测的楼层，激光通道可利用未使用的电梯井或楼梯间隔，测试室宜选在靠近顶部的楼层内。当位移计发射激光时，从测试室的光线示波器上可直接获取位移图像及有关参数，并自动记录成果。

(3)正、倒垂线法。垂线宜选用直径为0.6～1.2mm的不锈钢丝或铟瓦丝，并采用无缝钢管保护。采用正垂线法时，垂线上端可锚固在通道顶部或所需高度处设置的支点上。采用倒垂线法时，垂线下端可固定在锚块上，上端设浮筒。用来稳定重锤、浮子的油箱中应装有阻尼液。观测时，由观测墩上安置的坐标仪、光学垂线仪、电感式垂线仪等量测设备，按一定周期测出各测点的水平位移量。

(4)吊垂球法。应在顶部或所需高度处的观测点位置上，直接或支出一点悬挂适当重量的垂球，在垂线下的底部固定毫米格网读数板等读数设备，直接读取或量出上部观测点相对底部观测点的水平位移量和位移方向。

3. 当利用相对沉降量间接确定建筑整体倾斜时

(1)倾斜仪测记法。可采用水管式倾斜仪、水平摆倾斜仪、气泡倾斜仪或电子倾斜仪进行观测。倾斜仪应具有连续读数、自动记录和数字传输的功能。监测建筑上部层面倾斜时，仪器可安置在建筑顶层或需要观测的楼层的楼板上。监测基础倾斜时，仪器可安置在基础面上，以所测楼层或基础面的水平倾角变化值反映和分析建筑倾斜的变化程度。

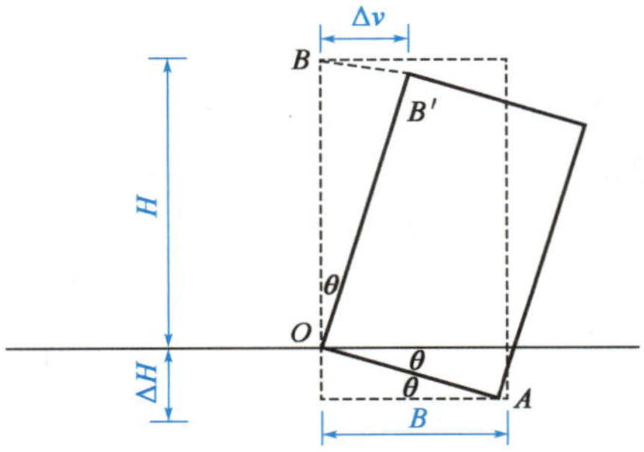

图1-62　建筑物倾斜计算示意图

(2)测定沉降差法。可在同一水平线上选设观测点，采用水准测量方法，以所测各周期的沉降差换算求得建筑整体倾斜度及倾斜方向。

如图1-62所示，设O、A为同一水平线上的两个倾斜监测点，施工前，两点的初始高程分别为H_{O0}、H_{A0}，施工过程中测得两点的高程为H_{On}、H_{An}，则此时O点的沉降为$\Delta H_O = H_{On} - H_{O0}$，$A$点的沉降为$\Delta H_A = H_{An} - H_{A0}$，$O$、$A$两点的差异沉降为$\Delta H = \Delta H_A - \Delta H_O$。此时，可按式(1-30)计算该建筑的倾斜度。

$$i = \tan\theta = \frac{\Delta H}{b} \tag{1-30}$$

式中：i——建筑物的倾斜度；

θ——建筑物的倾斜角；

b——建筑物的宽度；

ΔH——建筑物的差异沉降值。

子任务五 建筑物裂缝监测

一 监测目的

通过监测，实时掌握地下工程施工引起的邻近建筑物裂缝发展状况，据以判定建筑物的稳定状况并采取相应的保护措施。裂缝观测应测定建筑上的裂缝分布位置和裂缝的走向、长度、宽度及其变化情况。

微课：建筑物裂缝监测

二 监测前的准备工作

(1)了解被监测建筑物的设计、施工、使用情况。

(2)现场踏勘,记录建筑物已有裂缝的分布位置和数量,测定其走向、长度、宽度及深度。

(3)分析裂缝的形成原因,判别裂缝的发展趋势,选择主要裂缝作为监测对象。

(4)确定监测方法,对需要观测的裂缝进行统一编号。

三 监测标志布设

每条裂缝应至少布设两组监测标志,其中一组应在裂缝的最宽处,另一组应在裂缝的末端。每组应使用两个对应的标志,分别设在裂缝的两侧。

裂缝监测标志应具有可供量测的明晰端面或中心。长期监测时,可采用镶嵌或埋入墙面的金属标志、金属杆标志或楔形板标志;短期监测时,可采用油漆平行线标志或用建筑胶粘贴的金属片标志。当需要测出裂缝纵横向变化值时,可采用坐标方格网板标志。使用专用仪器设备监测的标志,可按具体要求另行设计。

四 裂缝宽度监测

1. 一般监测

对于数量少、量测方便的裂缝,可根据标志形式的不同分别采用比例尺、小钢尺或游标卡尺等工具定期量出标志间的距离,求得裂缝变化值,或用方格网板定期读取"坐标差"计算裂缝变化值。对于监测精度要求不是很高的部位,如对于墙面开裂,简易有效的方法是粘贴石膏饼,将10mm厚、50mm宽的石膏饼骑缝粘贴在墙面上,等裂缝继续发展时,石膏饼随之开裂。也可采用划平行线方法监测裂缝的上、下错位。或采用金属片固定法,把两块白铁片分别固定在裂缝两侧,并相互紧贴,再在铁片表面涂上油漆,裂缝发展时,两块铁片逐渐拉开,露出的未端铁片,即为新增的裂缝宽度和错位。

2. 精密监测

对于精度要求较高的裂缝监测,如混凝土构件的裂缝,应采用仪表,如裂缝宽度仪(图1-63)进行监测(可精确至0.01mm),用探头传输线连接测量探头和仪器主机,打开主机后将测量探头尖脚紧靠裂缝,主机显示器即可看到被放大的裂缝;微调测量探头的位置使裂缝与屏幕刻度线垂直,然后根据裂缝图像判读出裂缝的真实宽度。

图1-63 裂缝宽度仪

五 裂缝深度监测

1. 浅层裂缝

当预估裂缝深度不大时,可采用凿出法监测。凿出法就是预先准备易于渗入裂缝的彩色溶液如墨水等,灌入细小裂缝中,若裂缝走向是垂直的,可采用针筒法打入,待其干燥或用电吹风加热吹干后,从裂缝的一侧将混凝土渐渐凿出,露出裂缝另一侧,观察是否留有溶液痕迹

(颜色)以判断裂缝的深度。

2. 深层裂缝

当裂缝发展很深时,可采用取芯法测量裂缝深度。即采用钻芯机配上人造金刚石(空心薄壁)钻头,跨于裂缝之上沿裂缝面由表向里钻孔取芯。当一次取芯未及裂缝深度时,可换直径小一号的钻头继续往里取,直至裂缝末端出现,然后将取出的岩芯拼接起来测量裂缝深度。

六 超声波无损监测

超声检测法属无损检测技术,它既可以检测混凝土的强度,又可以检测混凝土裂缝、混凝土均匀性、混凝土结合面质量、混凝土中不密实区和空洞、混凝土破坏层厚度和混凝土弹性参数等,是一种极具生命力的检测方法。

(一)设备组成及原理

超声检测法基本设备包括超声波仪及发射与接收两个换能器,如图1-64所示。

图1-64 超声波仪及换能器

超声波仪是超声检测的基本装置。它的作用是产生重复的电脉冲去激励发射换能器,发射换能器发射的超声波经耦合进入混凝土,在混凝土中传播后被接收换能器所接收并转换成电信号,电信号被送至超声波仪,经放大后显示在示波屏上。超声仪除了产生电脉冲,接收、显示超声波外,还具有测量超声波有关参数,如声传播时间、接收波振幅、频率等功能。

超声换能器是混凝土超声检测设备的重要组成部分,因为超声波的产生与接收是通过它来实现的。超声换能器的原理是通过声能与电能的相互转换产生和接收超声波。发射换能器是将电能转化成声能,即产生并发射超声波,超声波在混凝土中传播后,被接收换能器接收并将超声能量转换为电能,转换后的电信号送到主机进行处理。混凝土的超声换能器一般用压电体材料的压电效应实现电能与声能的相互转换,因此常称为压电换能器。

当混凝土的组成材料、工艺条件、内部质量及测试距离一定时,各测点超声传播速度、首波幅度和接收信号主频率等声学参数一般无明显差异。如果某部分混凝土存在空洞、不密实或裂缝等缺陷,破坏了混凝土的整体性,通过该处的超声波与无缺陷混凝土相比较,声时明显偏长,波幅和频率明显降低。超声法检测混凝土缺陷,正是根据这一基本原理,即对同条件下的混凝土进行声速、波幅和主频测量值的相对比较,从而判断混凝土的缺陷情况。

(二)换能器的基本布置方式

对混凝土的检测是利用超声脉波透过混凝土的信号来判别缺陷状况。通常根据被测结构或构件的形状、尺寸及所处环境,确定具体的换能器布置方式。常见的换能器布置方式大致分为以下几种:

(1)对测法。发射换能器T和接收换能器R分别置于被测结构相互平行的两个表面,且两个换能器的轴线位于同一直线上，如图1-65a）所示。

（2）斜测法。发射和接收换能器分别置于被测结构的两个表面，但两个换能器的轴线不在同一直线上，如图1-65b）所示。

（3）平测法。发射和接收换能器置于被测结构同一个接收表面上进行测试，如图1-65c）所示。

（4）钻孔法：一对换能器分别置于两个对应钻孔中，采用孔中对测（两个换能器位于同一高度进行测试）、孔中斜测（一对换能器分别置于两个对应钻孔中，但不在同一高度而是在保持一定高程差的条件下进行测试）和孔中平测（一对换能器置于同一钻孔中，以一定的高程差同步移动进行测试）。

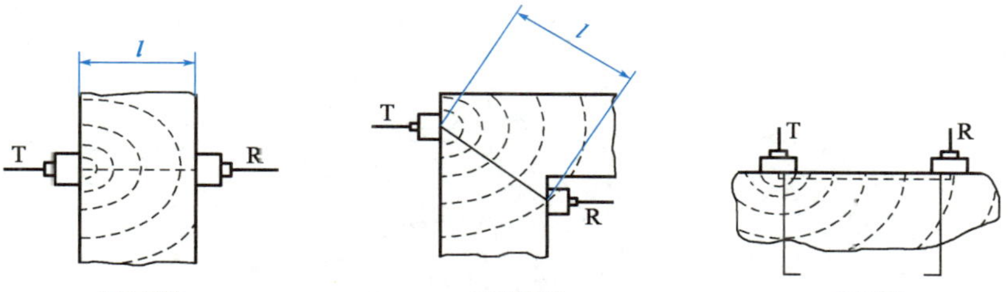

图1-65　换能器布设方式

（三）裂缝检测

1. 浅裂缝检测

当混凝土开裂深度小于或等于500mm时，可采用平测法或斜测法进行裂缝深度检测。

（1）平测法

当裂缝部位只有一个可测表面时，可采用平测法。平测时应在裂缝的被测部位以不同的测距同时按跨缝和不跨缝布置测点进行声时测量，其检测步骤为：

①不跨缝声时测量。将换能器T和R置于裂缝同一侧，以两个换能器内边缘间距 l' 等于100mm、150mm、200mm、250mm…，分别读取声时值（t_i），绘制时—距曲线图（图1-66），时—距曲线关系式为：

$$l_i = a + bt_i \tag{1-31}$$

式中：l_i——两个换能器内边缘间距；

a——截距；

b——斜率；

t_i——声时值。

用作图或统计的方法求得截距 a 和斜率 b，截距 a 的物理意义为两个换能器内边缘至换能器中心的距离之和，而 b 为超声波在不跨缝测量时的波速，即 $v = b$。

②跨缝声时测量。如图1-67所示，将换能器T、R分别置于以裂缝为轴线的对称两侧，两换能器中心连线垂直于裂缝走向，以 l' 等于100mm、150mm、200mm、250mm…，分别读取声时值 t_i^0，同时观察首波相位的变化。

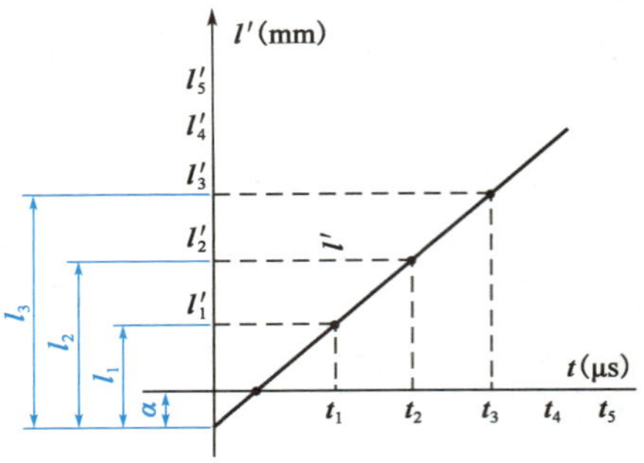

图 1-66　平测时—距曲线

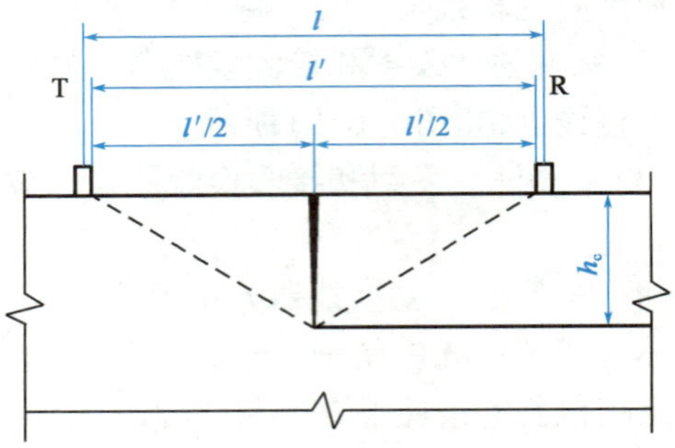

图 1-67　跨缝测量

③裂缝深度计算。裂缝深度按下式计算：

$$m_{bc}=\frac{1}{n}\sum_{i=1}^{n}h_{ci} \tag{1-32}$$

$$h_{ci}=\frac{l_i}{2}\sqrt{\left(\frac{t_i^0 v}{l_i}\right)^2-1} \tag{1-33}$$

式中：m_{bc}——裂缝深度的平均值，mm；

n——测点数；

h_{ci}——第 i 点计算的裂缝深度值，mm；

t_i^0——第 i 点跨缝平测时的声时值，μm；

l_i——不跨缝平测时第 i 点的超声波实际传播距离，mm，$l_i=l'+a$。

(2)斜测法

当结构的裂缝部位具有两个相互平行的测试表面时，可采用双面穿透斜测法检测。测点布置如图 1-68 所示，将换能器 T、R 分别置于两测试表面对应测点 1、2、3…的位置，读取相应声时值 t_i、波幅值 A_i 及主频率 f_i。如换能器 T、R 的连线通过裂缝，则接收信号的波幅和频率明显降低。根据波幅和频率的突变，可以判定裂缝深度以及是否在平面方向贯通。

2. 深裂缝检测

对于大体积混凝土，当预计开裂深度大于 500mm 时，采用钻孔检测法，如图 1-69 所示。其检测步骤为：

(1)钻孔。在裂缝两侧钻测试孔，孔径比换能器直径大 5～10mm，孔深大于裂缝预计深度 700mm。两个对应测试孔的间距宜为 2000mm，同一结构的各对应测孔间距应相同。孔中粉末碎屑应清理干净。同时，宜在裂缝一侧多钻一个较浅的孔，以测试无缝混凝土的声学参数供对比判别之用。

(2)检测。选用频率为 20～60kHz 的径向振动式换能器，并在其连接线上作出等距离标志(一般间隔 100～400mm)。测试前应先向测试孔中注满清水，然后将换能器 T、R 分别置于裂缝两侧的对应孔中，以相同高程等间距从上至下同步移动，逐点读取声时、波幅和换能器所处的深度。

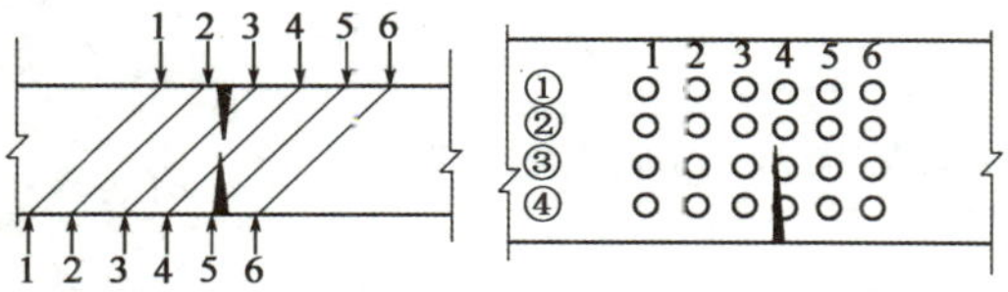

a) 立面图　　b) 平面图

图 1-68　斜测法裂缝深度测试测点布置图

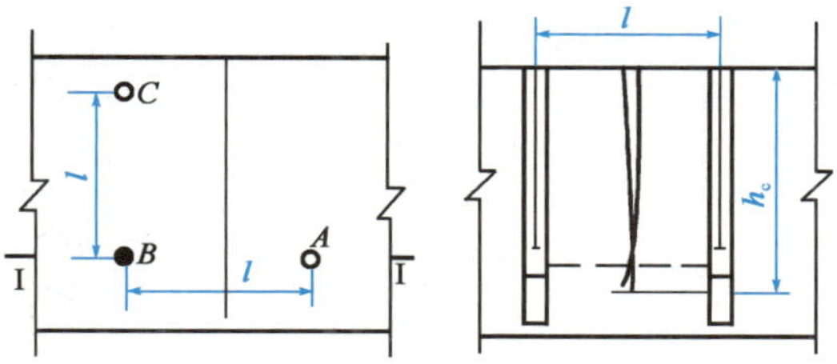

a)平面图(图中C点为比较孔)　　b)剖面图

图 1-69　钻孔裂缝深度检测示意图

(3)裂缝深度判定。以换能器所处深度(h)与对应的波幅值(A)绘制 h-A 坐标曲线,如图 1-70 所示,随着换能器位置的下移,波幅逐渐增大,当换能器下移至某一位置后,波幅达到最大并基本稳定,该位置所对应的深度便是裂缝深度。

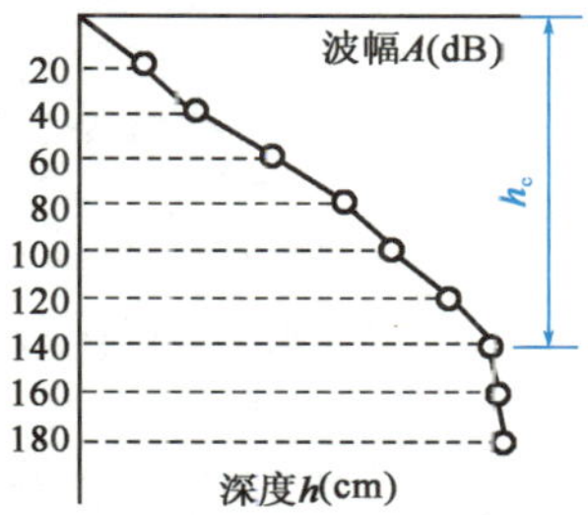

图 1-70　钻孔裂缝深度测量 h-A 坐标曲线

七　监测记录

裂缝监测日报表见表 1-28。

裂缝监测日报表　　表 1-28

工程名称:　　报表编号:　　天气:

观测者:　　计算者:　　校核者:　　测试时间:　年　月　日

点号	长度				宽度				形态
	本次测试值(mm)	单次变化量(mm)	累计变化量(mm)	变化速率(mm/d)	本次测试值(mm)	单次变化量(mm)	累计变化量(mm)	变化速率(mm/d)	
工况:									
当日监测的简要分析及判断性结论:									

工程负责人:　　监测单位:

八　建筑物损害状态评价

建筑物损害状态评价对评价地下工程施工对周围建筑物的影响十分必要,但是目前国内暂无这方面的统一标准,本书参照英国 BRE CP51/78 标准提出建筑物可见损害等级的建议标准,见表 1-29。

建筑物可见损害等级的建议标准　　表1-29

损害等级	典型损害描述	裂纹宽度(mm)
无损害	裂缝小于0.1mm时可忽略损害	—
1. 极轻微	很细的裂纹,用常规的装饰方法即可修补的裂缝,或在建筑物内部有一些分散的小裂缝,仔细检查,可以发现建筑物外墙有裂缝	<1
2. 轻微	很容易修补的裂缝,可能需要重新装修,在建筑物内部有一些小裂缝,在建筑物外表可看见有裂缝。有些裂缝需用水泥镶填。门窗可能很紧,不易打开	1~5
3. 中等	裂缝张开大、互相连通的裂缝,应用特殊的填充材料修补;外墙需重新粉刷一层,可能有少许砖需要更换;门窗打不开,管道有裂缝	5~15 或裂缝数目≥3条
4. 严重	需要大范围内进行修复,包括部分围墙拆除重砌,特别是门、窗和门窗框的损害严重;地板明显倾斜,墙体明显倾斜、膨胀;管道开裂	15~25
5. 极严重	房体大部分需修复,或全部重修;屋梁已失去支撑,墙体倾斜严重,门窗完全损坏,整个建筑不稳定	>25

子任务六　爆破振动监测

一　监测目的

钻爆法是开挖岩石地下工程最常用的施工方法。在距离地表只有数米或数十米深的地下作业,爆破所产生的地震波对地表各种不同的建筑结构将产生一定程度的振动影响,甚至出现结构破坏的后果。为了确保建筑的安全,在爆破施工中需进行爆破振动监测。其目的如下:

(1)通过现场监测,了解爆破振动的速度(加速度)大小分布规律,判断爆破振动对结构和周边建筑物的振动影响。

(2)通过振动速度监测,及时调整参数,为优化爆破设计提供技术依据。

二　监测仪器

爆破振动监测采用爆破测振仪。主要由振动速度传感器及数据采集设备(即爆破振动记录仪)组成,如图1-71所示。振动速度传感器是一种惯性式传感器,当传感器随同被测振动物体一起振动时,其线圈与永久磁钢之间发生相对运动,从而在线圈中产生与振动速度成正比的电压信号,由此测定振动速度。监测时,将传感器与爆破振动记录仪相连,通过记录仪自动记录爆破振动速度和加速度,分析振动波形和振动衰减规律。

1. 传感器及其安装

(1)传感器的选择

爆破产生的振动频率比自然地震的振动频率高很多倍,随着距爆源距离的增加,振动频率有逐渐降低的特性,一般情况下爆破振动频率范围在30~300Hz之间。市场可供选择的振动速度传感器频率范围一般在1~500Hz之间,基本能满足要求。另外,在监测爆源近区和坚硬岩体中的爆破振动时，应选择更高频率范围的传感器(频率范围在1000Hz以上)，若传感器的频率范围不能满足要求，可改为加速度传感器，将加速度波形积分可得速度波形，一般加速度传感器频率范围很大，可达10kHz以上，足以满足高频率振动要求。

a)爆破测振仪

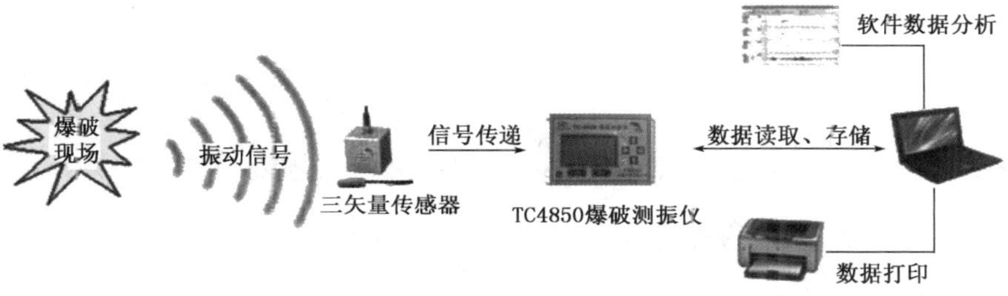

b)爆破振动仪工作示意图

图1-71　爆破振动仪

(2)传感器的安装

一般的地表振动监测，因振动幅值不大，频率不高，只需将传感器直接置于地表，周围用石膏粘贴即可；在地下工程内墙壁上监测强烈爆破振动时，需用钢钎嵌入岩体中，将传感器固定在钢钎上。一般岩体表面应尽可能直接安装传感器，不要通过钎杆安装传感器，它可能使振动波形失真。现在有些传感器安装有磁座，比较方便、可靠。这种情况下，可埋入(胶结)一块小铁板，将传感器座直接吸附固定在铁板上。

(3)传感器的其他要求

传感器属于敏感器件，野外使用环境条件差，颠簸振动较大，容易受损，因此传感器应每年标定一次。

传感器有竖向和横向之分，在监测三向振动分量时，应注意传感器的方向性。国外已研究出三向速度或加速度传感器，一个传感器同时监测出x、y、z三个方向的振动分量，能方便、准确地求出合速度，这种传感器是今后爆破振动测试的发展方向。

2. 爆破振动记录仪

爆破振动记录仪利用最新的电子技术和计算机技术，实现了数据的自动采集与保存。爆破振动记录仪应具有下列要求：

（1）自触发设置要可靠。野外爆破振动自动记录仪一般放置在传感器附近，这样可省去了放长线。因此记录仪的触发方式一般选择自动内触发，若内触发有误将导致监测失败。

（2）记录应有负延时记录。若由自触发启动记录存储，没有负延时设置，有可能丢失振动头的记录，波头信号往往比较重要。一般负延时记录应达到0.25s左右。

（3）一台记录仪至少应有三个通道。通常为监测某点三个方向的振动分量，需要三个传感器接入同一台记录仪，便于求合速度。

（4）记录仪的内存可适当加大，可增加记录波形的数据容量，方便野外多次监测记录。

三 监测报告

监测报告主要包括如下内容：

（1）一般情况。时间、地点、环境温度、湿度、风向、风力、监测单位、操作人员。

（2）爆破情况。总装药量、分段数、分段炮孔数和药量、爆区范围、起爆方式。

（3）监测场地情况。测点方位、离爆源距离、测点地质条件、周围环境。

（4）传感器安装情况。传感器安装方法、安装方向，传感器型号，传感器灵敏度、线性度、编号。

（5）记录仪器情况。记录仪名称、型号、编号、触发方式、量程选择、采样频率、通道数及编号。

（6）记录波形输出。振动波形应有时间标尺，标出最大振幅值和所处时刻。

（7）振动衰减规律回归分析。根据经验公式 $V_{\max}=K\left(\frac{Q^{m}}{R}\right)^{\alpha}$ 回归，求出 K、α 值。

（8）描述爆破前仪器和保护物有无损坏迹象。

（9）附仪器传感器标定证书。

监测记录表见表1-30。

爆破振动测试记录表 表1-30

时间		湿度		风力		测试单位	
地点		温度		风向		测试人员	
总装药量(kg)		总炮孔数		分段数		爆破范围	
起爆方式			地形地质条件				
传感器安装方法			传感器型号			生产厂家	
记录仪名称			记录仪型号			生产厂家	
记录仪编号					触发方式		
采样频率					负延时		
通道号							
传感器编号							
测量方向							
量程选择(V)							
灵敏度[V/(cm/s)]							

续上表

线性度(%)					
频率范围(Hz)					
距离(m)					
段数	药量(kg)	峰值时刻	峰值速度(cm/s)		
最大峰值速度					
主振频率(Hz)					
最大合速度					

四 爆破振动安全的判定

描述爆破振动效应的参数较多，如振动速度、加速度、位移、频率等，采用哪种参数评判爆破振动效应，尚无统一意见，我国普遍认同以振动速度为判据较为可靠。

1. 振动速度计算

振动速度按公式(1-34)计算：

$$V_{max} = K\left(\frac{Q^m}{R}\right)^{\alpha} \tag{1-34}$$

式中：V_{max}——爆破振动最大速度，cm/s；

Q——单段装药量，kg；

m——药量指数，当药包尺寸或同段炮孔的分布范围与测点距离的比值小于1∶10时，可以认为同段爆破药包为点药包，取 $m=1/3$；当测点距离与同段药包分散相当时，取 $m=1/2$；

R——测点到药包中心的距离，m；

K、α——爆破点至计算保护对象间的地形、地质条件有关的系数和衰减指数。

K、α 的值与爆区地形、地质条件和爆区条件相关，但 K 值更取决于爆破条件的变化，α 值主要取决于地形、地质条件的变化。爆破临空条件好，夹制作用小，K 值就小；反之 K 值大。地形平坦，岩体完整、坚硬，α 值趋小；反之破碎、软弱岩体，起伏地形，α 值趋大。K 取值范围大部分在50～1000之间，α 取值范围为1.3～3.0。实际监测时，建议将近距离振动衰减规律和远距离衰减规律分开考虑，当比例距离 $R'=R/Q^m \leqslant 10$ 时，认为是近距离振动；当 $R'=R/Q^m>10$ 时，认为是远距离振动。近距离振动 K 值较大，可达500以上，α 可取2.0～3.0；远距离爆破振动，衰减指数 $K=130\sim500$，$\alpha=1.5\sim2.0$。

2. 振动安全判定

《爆破安全规程》(GB 6722—2014)对爆破振动安全标准做了明确规定，见表1-31。

爆破振动安全允许标准 表1-31

序号	保护对象类别		安全允许振速(cm/s)		
			$f \leq 10Hz$	$10Hz < f \leq 50Hz$	$f > 50Hz$
1	土窑洞、土坯房、毛石房屋		0.15~0.45	0.45~0.9	0.9~1.5
2	一般民用建筑物		1.5~2.0	2.0~2.5	2.5~3.0
3	工业和商业建筑物		2.5~3.5	3.5~4.5	4.2~5.0
4	一般古建筑与古迹		0.1~0.2	0.2~0.3	0.3~0.5
5	运行中的水电站及发电厂中心控制室设备		0.5~0.6	0.6~0.7	0.7~0.9
6	水工隧道		7~8	8~10	10~15
7	交通隧道		10~12	12~15	15~20
8	矿山巷道		15~18	18~25	20~30
9	永久性岩石高边坡		5~9	8~12	10~15
10	新浇大体积混凝土	龄期:初期~3d	1.5~2.0	2.0~2.5	2.5~3.0
		龄期:3~7d	3.0~4.0	4.0~5.0	5.0~7.0
		龄期:7~28d	7.0~8.0	8.0~10.0	10.0~12

注:1.表中质点振动速度为三分量中的最大值,振动频率为主振频率。
2.频率范围根据现场实测波形或如下数据选取,选取频率时亦可参考下列数据:硐室爆破 $f<20Hz$;露天深孔爆破 $f=10\sim60Hz$;露天浅孔爆破 $f=40\sim100Hz$;地下深孔爆破 $f=30\sim100Hz$;地下浅孔爆破 $f=60\sim300Hz$。
3.爆破振动监测应同时测定质点振动相互垂直的三个分量。

3.安全判定应注意的问题

在应用规程中的安全振动速度标准时,应注意如下问题:

(1)振动安全评价方面,不仅要考虑建筑物结构形式,更要考虑地基基础。应该说大部分振动破坏都不是建筑结构直接振裂的破坏,而是地基基础的振动变形和位移导致结构破坏,因此除考虑不同结构类型的振速标准外,还应考虑不同地基类型的振动标准。如瑞典规定:

散松的冰碛、砂、卵、黏土层 $[v] \leq 1.8cm/s$
紧密冰碛层、砂层、软弱灰岩 $[v] \leq 3.5cm/s$
花岗岩、片麻岩、石灰岩、石英砂岩 $[v] \leq 7cm/s$

(2)对于特别重要的建筑物应由专家组根据调查报告或试验报告论证后确定振动安全标准,并通过现场监测结果进行调整。

(3)爆源50m范围以内有保护目标时,应进行振动监测。因爆源振动危害较大,振动衰减规律变化较大,只有通过监测结果随时调整爆破设计方案,才能确保振动安全,同时也可避免一些不必要的纠纷。

五 监测实例:某暗挖区间隧道工程爆破振动监测

1.工程概况

某暗挖区间隧道工程,地处建筑物密集的居民区正下方,埋置深度为6~10m,为上弱下硬地层,采用钻爆法施工。

2.监测目的

(1)确保工程周边建筑物的安全,及时调整控爆参数,将爆破振动速度控制在安全范围内。

(2)为类似工程爆破施工积累经验。

3. 测点监测仪器

EXP2850 爆破振动监测仪及配套振动速度传感器。

4. 测点布置

分别在地表及房屋上布设单向、双向测点：地表上测点尽量以等间距 5m 布设在隧道中轴线上方，每次均监测掌子面上方相邻 3～5 个测点，组成一条测线；房屋上测点则布设在承重柱上，一般设双向测点，即垂直向、水平向，并在条件许可时，随不同楼层布设。

5. 监测结果与分析

暗挖区间隧道，平均埋深 8.7m。隧道开挖面为上弱下硬地层，开挖早期采用正台阶法施工，五眼中空直眼掏槽，采用的减振措施较为简单，致使地表、房屋上测点的振速较大，居民反映较为强烈，例如，距工作面 80m 远的二层小楼（建筑质量差）成为危房，不得不对住户实施搬迁。经爆破振动监测信息反馈后，及时修正了爆破设计，改为正台阶法施工，单排楔形掏槽，此时振速虽有所下降，但仍超出振速控制标准；考虑到岩层稳定，决定采用反台阶法施工，"贯通＋楔形"混合掏槽。所谓反台阶即下断面超前上断面掘进 1～3 个循环，为上断面爆破创造出较好的临空面后，再爆破上台阶；所谓"贯通＋楔形"掏槽，即在楔形炮眼中间位置钻凿一列数个基本相连的空孔，作为楔形掏槽眼的卸载孔。采用这种施工方案后，地表、房屋上的测点振速降了下来，基本上满足设计要求，达到了减振降噪的目的。监测结果如图 1-72 所示，最大振动速度发生在掏槽爆破时，振动速度在 2cm/s 左右，且振动频率较高，主振相延迟时间短，对地表建筑物的影响小，掌子面通过楼房后，墙面无振缝出现。

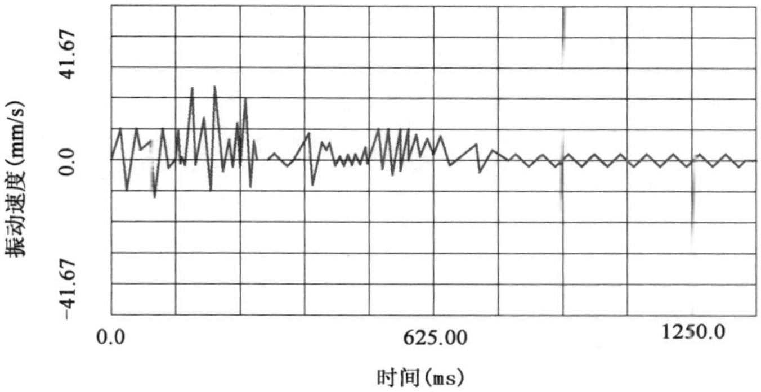

图 1-72　爆破振速波形图

任务十五　基坑工程监测方案设计

监测方案是指导监测实施的主要技术文件。监测方案设计必须建立在对工程场地地质条件、基坑围护设计和施工方案以及基坑工程相邻环境详尽调查的基础之上，同时还需与工程建设单位、施工单位、监理单位、设计单位，以及管线主管单位和道路监察部门充分地协商。监测方案应能够确保基坑工程的安全和质量，对基坑周围的环境进行有效的保护，同时亦应能够检验设计所采取的各种假设和参数的正确性，并为改进设计、提高工程整体水平提供依据。

一 监测方案设计的原则

监测方案的设计应符合国家、行业现行的有关标准、规范的规定。监测方案一般应遵循以下原则:

(1)应以安全监测为目的,根据不同的工程项目和不同的施工方案确定监测对象(基坑、建筑物、管线、地下工程结构等),并根据监测对象安全稳定的指标进行方案设计。

微课:基坑工程监测方案

(2)根据监测对象的重要性及监测规范确定监测内容,监测项目和测点的布置应能比较全面地反映监测的工作状态。

(3)应尽量采用先进的测量技术,如计算机技术、遥感技术,积极选用或研制效率高、可靠性强的先进仪器和设备,以确保监测效率和精度。

(4)为确保提供可靠、连续的监测资料,各监测项目应能相互校验。

(5)在满足监测性能和精度要求的前提下,力求减少监测传感器的数量和电缆长度,降低监测频率,以降低监测费用。

(6)临时监测项目和永久监测项目应对应衔接。

(7)在满足工程安全的前提下,确定传感器的布置位置和测量的时间,尽量减少与工程施工的交叉影响。

(8)根据设计要求及周边环境条件,确定各监测项目的控制基准值。

二 监测方案设计的步骤

监测方案的设计一般需经过以下几个步骤:

1. 收集设计监测方案所需的基础资料

(1)设计图。

(2)地质勘察报告。

(3)地表建筑物平面图。

(4)管线平面图。

(5)保护对象的建筑结构图。

(6)地下主要结构物。

(7)围护结构和主体结构的施工方案。

(8)最新监测传感器和设备信息。

(9)类型相似或相近工程的经验资料。

(10)国家现行的有关标准、规范,合同协议等。

2. 现场踏勘,了解周围环境

重点掌握地下管线走向、相邻建(构)筑物状况,以及它们与围护结构的相互关系。

3. 拟定监测方案初稿

在监测项目选择及测点布设时应重点考虑以下因素:

(1)工程地质条件与水文地质条件。

(2)工程规模与施工技术难点,包括结构形式、施工方案、埋深等。

(3)工程的周边环境条件。主要是所处位置及周围建(构)筑物的结构形式、形状尺寸及与地下工程之间的关系等。

4. 提交委托单位审阅

委托单位同意后由建设单位主持由市政道路监察部门、邻近建筑物建设单位以及有关地下管线(煤气、电力、电讯、上水、下水等)主管单位参加的协调会议,形成会议纪要。与此同时,确定各类监测项目的控制基准值。

5. 完善监测方案

根据会议纪要精神,对监测方案初稿进行修改,形成正式监测方案。

6. 监测方案报批

监测方案需送达有关各方认定,认定后的正式监测方案在实施过程中一般不能更改,特别是埋设元件的种类和数量、测试频率和报表数量等应严格按认定的方案实施。但有些测点的具体位置、埋设方法等细节问题则可以根据实际施工情况做适当调整。

三 监测方案的主要内容

基坑工程施工监测方案的主要内容包括:

(1)工程概况。

(2)监测目的与意义。

(3)监测项目和测点布置。

(4)测点布置平面图。

(5)测点布置剖面图。

(6)各监测项目的监测周期和频率。

(7)监测方法、仪器设备与选型、监测精度。

(8)监测人员的配置。

(9)监测项目控制基准值及报警制度。

(10)监测资料的整理与分析。

(11)监测报告的送达对象和时限。

(12)监测注意事项。

四 监测方案设计实例:某轨道交通某站监测方案

(一)工程概况

某轨道交通某站,车站总长465.6m,宽17.7~21.5m,站台中心处覆土厚度为2.5m,车站顶板埋深2.34~3.26m。车站为单柱双跨地下两层岛式车站,主体为现浇钢筋混凝土箱形结构,采用明挖顺筑法施工。车站站台中心处开挖深度约15.51m,南北两端头井基坑开挖深度分别为16.94m、17.87m。围护结构采用ϕ1000mm@1200mm钻孔灌注桩+ϕ850mm@600mm的三轴搅拌桩止水帷幕,钻孔桩与搅拌桩间隙采用压密注浆加强止水,基坑竖向设三(四)道支撑,其中第一道为800mm×1000mm的钢筋混凝土支撑,混凝土支撑水平间距约9m,混凝土支撑间采用800mm×600mm的混凝土联系梁连接,第二~三(四)道采用ϕ609mm(t=16mm)

钢管支撑，支撑水平间距约为3m。

场区内已探明的管线包括煤气、给水、雨水、污水、电信、路灯、供电等。车站基坑施工时需重点对西侧DN800给水管和DN150煤气管、东侧DN400给水管和DN150煤气管改迁段进行保护。场地周边建筑物较少，均位于3倍基坑开挖深度范围以外。

场地地层为人工填土（Q^{ml}）、第四系全新统冲积层（Q_4^{al}）、第三系新余群（Exn）基岩。按其岩性及其工程特性，自上而下依次划分为①$_2$素填土、②$_1$粉质黏土、②$_2$粉砂、②$_{1-1}$淤泥质粉质黏土、②$_4$中砂、②$_5$粗砂、②$_6$砾砂、⑤泥质粉砂岩。地下水主要为赋存于第四系砂砾层中的孔隙潜水。

（二）作业技术依据

（1）某站招标文件。
（2）某站围护结构施工图。
（3）某站地质勘察报告。
（4）《城市轨道交通工程测量规范》（GB/T 50308—2017）。
（5）《城市轨道交通工程监测技术规范》（GB 50911—2013）。
（6）《工程测量标准》（GB 50026—2020）。
（7）《国家一、二等水准测量规范》（GB 12897—2016）。
（8）《建筑变形测量规范》（JGJ 8—2016）。
（9）《地下铁道工程施工及验收标准》（GB 50299—2018）。
（10）《建筑基坑支护技术规程》（JGJ 120—2012）。

（三）仪器设备

投入监测仪器设备一览表见表1-32。

投入监测仪器设备一览表 表1-32

序号	仪器设备名称	品牌型号	精度	单位	数量	备注
1	电子水准仪	Trimble DiNi 12	0.3mm/km	套	1	
2	全站仪	Leica TCA2003	0.5″，1mm + 1ppm · D	套	1	
3	测斜仪	新科	0.02mm/0.5m	套	1	
4	水位计	SWJ-90	1.00mm	套	1	
5	频率读数仪	JTM-V10B	≤1.0/100（F · S）	台	1	
6	数码照相机	CASIO	800万像素	台	1	

（四）监测工作内容

根据合同要求，结合基坑工程围护设计要求和国家相关规范，确定本车站工程监测工作内容为车站围护结构体系监测、基坑周边环境监测及现场安全巡视检查，见表1-33。

监测对象、监测项目及监测精度表

表 1-33

序号	监测对象	监测项目	监测精度(mm)	读数精度(mm)
1	围护结构体系	围护桩顶水平位移	1	0.5
2		围护桩顶垂直位移	1	0.1
3		围护桩体深层水平位移	1	0.1
4		支撑轴力	1.0%(F·S)	0.5%(F·S)
5	周边环境	地下管线垂直位移	1	0.1
6		地表垂直位移	1	0.1
7		建筑物垂直位移	1	0.1
8		坑外地下水位	5	1.0

现场安全巡视对象及内容见表 1-34。

现场巡视对象及内容表

表 1-34

序号	巡视对象	巡视项目及内容
1	围护结构体系	明挖法:①围护结构体系有无裂缝、倾斜、渗水、坍塌;②支护体系施作的及时性;③基坑周边堆载情况;④地层情况;⑤地下水控制情况;⑥地表积水情况等
2	周边环境	地下管线:①管线沿线地面开裂、渗水及塌陷等情况;②检查井等附属设施的开裂及积水变化情况;③检查井附近有无明显沉陷等。 周边地表:①地面裂缝;②地面沉陷、隆起;③ 地面冒浆等。 建筑物:①建筑物裂缝;②建筑物倾斜等
3	施工工况	施工节点、施工进展、存在的安全隐患等
4	监测设施	①基准点和监测点是否稳定可靠、有否破坏;②埋设在围护体内的监测元件是否正常,导线有否损坏;③测斜管、水位管是否损坏或堵塞

(五)监测频率与周期

1. 监测频率

基坑围护结构体系及周边环境监测频率见表 1-35。

监测频率

表 1-35

施工阶段		监测频率
基坑降水期间	基坑降水	1 次/7d
基坑开挖期间	基坑开挖至底板浇筑	1 次/3d
结构施工期间	底板浇筑至底板浇筑后 2 周内	1 次/3d
	底板浇筑 2 周后至支撑拆除前	1 次/7d
	支撑拆除时	1 次/3d
	支撑拆除后至结构封顶	1 次/15d
结构封顶后	经数据分析确认达到基本稳定后	停测

注:特殊情况下或出现报警情况后可根据其与基坑的相对位置关系在此表的基础上进行适当调整。

2. 监测周期

监测总工期以开工日期为起点,至车站工程主体结构施工完毕或施工影响区域内的受影响的建(构)筑物沉降变形稳定为止。

沉降变形稳定标准：参照《建筑变形测量规范》(JGJ 8—2016)相关内容确定，即"当最后100d的沉降速率小于0.01～0.04mm/d时可认为已经进入稳定阶段"。

(六)监测控制指标

本工程基坑开挖的安全等级为二级，根据围护结构设计图及有关规范要求，主要监测项目的控制值见表1-36，支撑轴力设计值见表1-37。

监测控制值 表1-36

<table>
<tr><th rowspan="2">序号</th><th rowspan="2">监测对象</th><th rowspan="2">监测项目</th><th colspan="2">报警值</th></tr>
<tr><th>变化速率(mm/d)</th><th>累计值(mm)</th></tr>
<tr><td>1</td><td rowspan="4">围护结构体系</td><td>围护桩顶水平位移</td><td>3</td><td>20</td></tr>
<tr><td>2</td><td>围护桩顶垂直位移</td><td>3</td><td>8</td></tr>
<tr><td>3</td><td>围护桩体深层水平位移</td><td>3</td><td>每层≤0.2%开挖深度且不大于20</td></tr>
<tr><td>4</td><td>支撑轴力</td><td colspan="2">支撑设计轴力的80%</td></tr>
<tr><td>5</td><td rowspan="5">周边环境</td><td>地下管线垂直位移</td><td>3</td><td>20</td></tr>
<tr><td>6</td><td>地表垂直位移</td><td>3</td><td>24</td></tr>
<tr><td>7</td><td>建筑物垂直位移</td><td>3</td><td>20</td></tr>
<tr><td rowspan="2">8</td><td rowspan="2">坑外地下水位</td><td>500</td><td>1000</td></tr>
<tr><td colspan="2">坑外水位高于设计值(15.5m)</td></tr>
</table>

支撑轴力设计值 表1-37

基坑分段支撑轴力设计值	1～3轴北端头井支撑轴力设计值(kN)	3～31轴标准段支撑轴力设计值(kN)	31～57轴标准段支撑轴力设计值(kN)	57～59轴南端头井支撑轴力设计值(kN)
第一道	720	1350	1440	690
第二道	1500	2320	2350	1490
第三道	1690	1840	2020	1475
第四道	1020	—	—	1280

(七)监测点布设

1. 围护桩顶水平位移

测点间距为25m，测孔布置在围护体系变形较容易发生的中间部位、阳角处、围护结构受力且数值较大处，端头井每条边均考虑布置1个监测点，共计24个测点。

2. 围护桩顶垂直位移

围护桩顶垂直位移测点与围护桩顶水平位移测点为共用点，共计24个测点。

3. 围护桩体深层水平位移(测斜)

围护桩体测斜孔布设原则和围护桩顶垂直位移测点布设原则一致，并与之一一对应，紧靠桩顶位移监测点，共计24个测点。

4. 支撑轴力

支撑轴力监测点主要设置在支撑受力较大且相对不利的部位；每道支撑的轴力监测点分

为 5 组，各道支撑的监测点位置宜在竖向保持一致；钢筋混凝土支撑应埋设 4 个钢筋应力计或 2 个混凝土应变计，且对称分布；钢支撑埋设 1 个轴力计或 2 个表面应变计，且对称分布。本工点共布设 27 组测点。

5. 地下管线垂直位移

取距离基坑最近的刚性管线进行监测。监测点布置在管线的节点、转角点和变形曲率较大的部位；有条件时在压力管线设置直接监测点，在无法埋设直接监测点时，采用间接布点法进行模拟观测；结合其他监测项综合布点；监测点平面间距为 25m，并延伸至基坑以外 20m。共布设 20 个地下管线监测点，分别为 10 个给水管线监测点、10 个雨水管线监测点。

6. 地表沉降

地表沉降监测点按剖面垂直于基坑布设，剖面间距 25m，每个基坑侧边至少设 1 个剖面，每个剖面设 4 个测点，测点间距为 2.5m、5.5m、5.5m、5.5m，其中第一个测点距离基坑约 2.5m。共布设 24 组地表沉降监测点。

7. 建筑物垂直位移

建(构)筑物沉降点布设于基础类型、埋深和荷载有明显不同处及沉降缝、伸缩缝、新老建(构)筑物连接处的两侧；建(构)筑物角点；中间部位测点间距为 6～20m。共布设 20 个测点。

8. 坑外地下水位

地下水位监测孔布设间距为 50m，并在围护桩体外侧搅拌桩止水帷幕施工搭接处、转角处、地下管线相对密集处等重要部位增设测点。共布设 12 个坑外地下水位监测孔。

9. 监测点统计

根据以上布点原则及测点布设情况，各监测项目(或对象)工作量统计见表 1-38。

监测点统计表　　表 1-38

序　号	监测内容	布点数量	埋设方法
1	围护桩顶水平位移	24 个	预埋
2	围护桩顶垂直位移	24 个	预埋
3	围护桩体深层水平位移	24 个	钻孔
4	支撑轴力	27 组	预埋
5	地下管线垂直位移	20 个	预埋
6	地表沉降	24 组	预埋
7	建筑物垂直位移	20 个	预埋
8	坑外地下水位	12 孔	钻孔

10. 监测点布置图

某站监测点位布置平面图如图 1-73 所示，某站监测点位布置断面图如图 1-74 所示。

(八)测点埋设方法与要求

略。

(九)监测方法和数据处理

略。

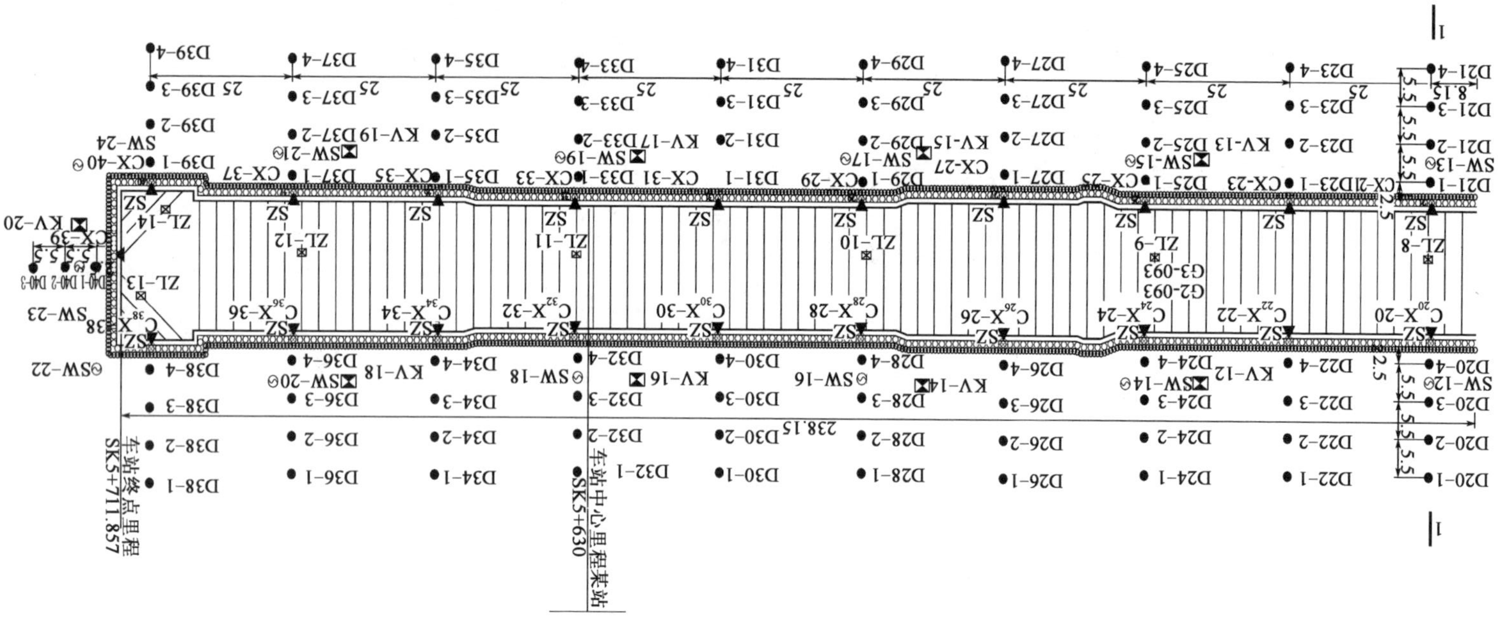

图1-73　某站监测点位布置平面图(部分)(尺寸单位:m)

D●-基坑周围地表沉降；CX⊗-围护结构水平位移；SZ▼-桩顶沉降；
SW⊘-水位观测孔(SW)；ZL⊠-支撑轴力；KV⊠-土体分层竖向位移

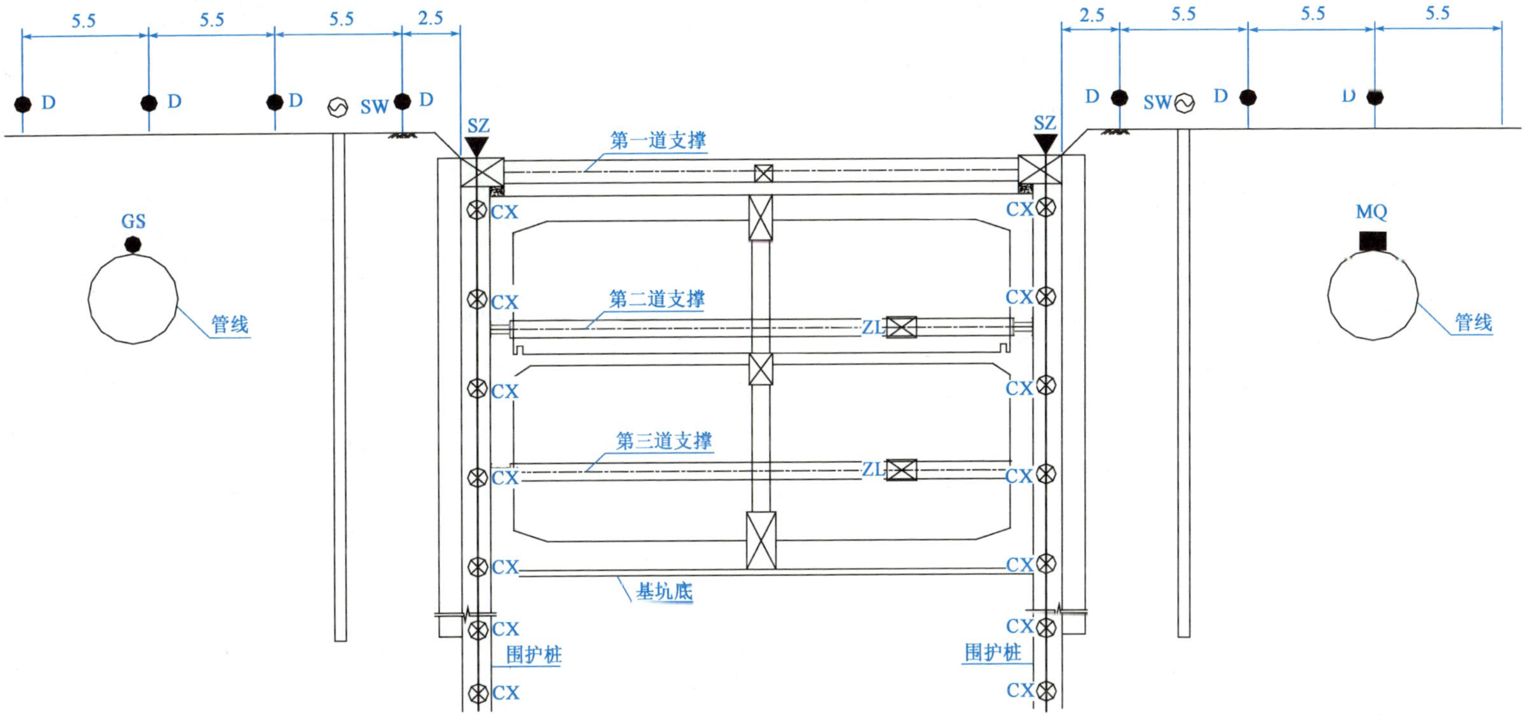

图1-74 某站监测点位布置断面图(尺寸单位:m)

D●-基坑周围地表沉降;CX⊗-围护结构水平位移;SZ▼-桩顶沉降;
SW⊘-水位观测孔(SW);ZL⊠-支撑轴力;GS●-给水管沉降、位移监测点;
MQ■-燃气管沉降、位移监测点

(十)监测报告

1.日报

根据规定要求,报送当日全部监测数据和巡视信息,主要内容包括:工程概况及施工进度;监测数据及分析等。

2.周(月)报

根据规定要求,监测周(月)报通过书面文字报表形式报送,主要内容包括:工程概况及施工进度;监测工作简述;监测成果统计及分析;监测结论与建议;监测数据汇总表;变形曲线图;监测测点布置图。

3.总结报告

工程竣工时,根据工程监测合同,向建设单位提交总结报告。总结报告内容包括:工程概况;监测目的、监测项目和技术标准;采用的仪器型号、规格和标定资料;测点布置;监测数据采集和观测方法;监测资料、巡视信息的分析处理;风险预警情况、监控跟踪情况及其处理;监测结果评述;超前预报效果评述。提供以下图表:①各项监测成果汇总表;②各项安全巡视信息成果表;③典型测点的时程曲线图;④沉降断面图;⑤结合工程实际情况提供其他分析图表[如等沉降值线图、测点的变化值随施工进展(或受力变化)变化曲线等];⑥监测测点布置图。

(十一)信息反馈

1.正常情况下的信息反馈

(1)监测数据应当天填写,当天分析,当天报送至工点建设单位代表和工点监理。

(2)监测报表(电子版)的邮件应按照规定要求及时发送。

(3)监测周报和月报一式三份,分别在每周五和月末提交。

2.报警状态下的信息反馈

遇到报警时,首先对报警数据进行认真复查,确认无误后及时口头或电话通知有关各方,当天提出书面报告,分析报警的原因,加大报警地段监测频率,同时对该地段加密监测点位,及时采取措施,确保施工安全。

任务十六　监测报表与监测报告的编制

一　监测资料的种类

微课:监测报表及监测报告的编制

监测资料包括监测方案、监测报告及监测实施的各种过程性资料,监测资料是对基坑工程进行质量、安全及可靠性评价的重要依据,应该及时整理、及时分析、及时归档并妥善保存,同时,应按照事先约定及时反馈给相关部门。监测资料分述如下:

(1)监测方案。监测方案是贯彻监测工作始终的指导性文件,而且是重要的监测资料之一。工程竣工后,根据监测方案实际施作情况,对原监测方案进行补充和修复。

（2）监测日记。记载监测实施阶段每日的天气情况、完成的测试项目、现场异常情况、文件首发记录等。

（3）监测数据。监测数据是监测资料中最基础、最原始的资料，它是日后进行制表、制图、计算分析、编制报表、编写报告的重要依据。

（4）监测报表。每次测试完成后向委托单位提供的图表，按日期和项目内容编排、装订成册，包括监测日报表、周报表及月报表。

（5）监测报告。监测报告是指对某段时间内或某一监测项目的实施情况总结，找出某些变化规律，剔除建议和措施。每一监测工程都有一个监测总报告，根据工程规模和时间，也可以做出阶段报告、分报告。

（6）监测工程联系单。联系单是监测部门就监测过程中遇到的技术问题、特殊情况或测试内容、时间变更等，与委托方进行联系或达成协议的书面记载。

（7）监测会议纪要。监测会议纪要包括监测方案评审会、现场监测工作例会、定期或不定期的专家顾问会议、施工协调会等涉及监测内容的会议记录。

二 监测报表与报告的编制

在基坑监测前要设计好各种记录表格和报表。记录表格和报表应分监测项目根据监测点的数量分布合理设计，记录表格的设计应以记录和处理数据的方便为原则，并留有一定的空间。监测报表（告）应尽可能以形象化的图形和曲线来表达，使报表一目了然。报表中的数据必须是原始数据，不得随意修改、删除，对有疑问或由人为因素、偶然因素等引起的异常点应该在备注中说明。

监测报表与报告分为当日报表（日报）、阶段性报告和总结报告，分述如下：

1. 日报

每天对各监测项目的监测结果进行整理、填报并做出初步分析，将变化量和速率以电子文档的形式及时报送施工单位和驻地监理。当监测数据异常，超出预警值或时态曲线出现不稳定征兆时，在监测完成24h内发出监测通报，及时报告现场驻地代表、建设单位代表、施工单位、驻地监理等。日报应包括以下内容：

（1）当日的天气情况和施工现场的工况；

（2）仪器监测项目各监测点的本次测试值、单次变化值、变化速率以及累计值等，必要时绘制有关曲线图；

（3）巡视检查的记录；

（4）对监测项目应有正常或异常、危险的判断结论；

（5）对达到或超过监测报警值的监测点应有报警标示，并有分析和建议；

（6）对巡视检查发现的异常情况应有详细描述，危险情况应有报警标示，并有分析和建议；

（7）其他相关说明。

2. 阶段性报告

经过一段时间后，根据大量的监测数据及相关资料等进行综合分析，总结施工对周围地层影响的一般规律，指导下一阶段施工。阶段性报告一般采用周报与月报形式，或根据工程施工需要不定期进行，提出指导施工和优化设计的建议。阶段性报告应包括以下内容：

(1)该监测阶段相应的工程、气候及周边环境概况；

(2)该监测阶段的监测项目及测点的布置图；

(3)各项监测数据的整理、统计及监测成果的时程曲线；

(4)各监测项目监测值的变化分析、评价及发展预测；

(5)相关的设计和施工建议。

周报是以周为单位，对一周的监测数据进行整理，结合工程进展情况对各监测项目的监测数据、时程曲线及发展动态做出分析和预测，对数据异常超出预警值的测点，提出初步处理意见。

月报是以月为单位，对一个月以来的监测数据进行整理与分析，重点是对各监测项目的发展趋势做出预测，提出下一步施工措施调整意见。

3. 总结报告

工程竣工后，提交监测总结报告，对监测数据进行系统分析，分析工程实际变形或应变规律，总结工程施工的经验和教训，为以后的工程设计、施工及规范修改提供参考和积累经验，并可以和计算结果比较，完善计算结论。总结报告应包括以下内容：

(1)工程概况；

(2)监测依据；

(3)监测项目；

(4)监测点布置；

(5)监测设备和监测方法；

(6)监测频率；

(7)监测报警值；

(8)各监测项目全过程的发展变化分析及整体评述；

(9)监测工作结论与建议。

前七部分的格式和内容与监测方案基本相似，可以以监测方案为基础，按监测工作实施的具体情况，如实地叙述，要着重说明在监测项目、测点布置和数量上的变化及变化的原因等，并附上监测工作实施的测点位置平面布置图和剖面图。

第八部分是监测报告的核心，在整理监测日记、监测数据及各种报表的基础上，对各监测项目的变化规律和变化趋势进行分析，特别是对关键构件与关键部位的内力和变形值与原设计预估值和监测预警值的差异做出比较分析，从而对基坑的安全性、合理性和经济性做出总体评价。

第九部分是监测工作的总结与结论，总结设计施工中的经验教训，尤其要总结施工监测与信息反馈对施工工艺与施工方案的改进所起的作用。

总结报告的撰写应由亲自参与监测和数据整理工作的人员写出初稿，再由相关专家进行分析、总结和提高。

三 监测曲线的绘制

在监测过程中除了要及时填写各种类型的报表、绘制测点布置位置平面和剖面图外，还要及时整理各监测项目的汇总表和以下曲线：

(1)各监测项目时程曲线；

(2)各监测项目的速率时程曲线；

(3)各监测项目在各种不同工况下的形象图。

在绘制各监测项目时程曲线、速率时程曲线以及在各种不同工况下的形象图时，应将工况点以及引起变化的显著原因标注在曲线图上，以便较直观地看到各监测项目物理量变化的原因。

四 监测报表与报告示例

(一)周报示例：某车站施工监测周报

1. 工程进展概况

工程进展情况见图 1-75 。车站第十二段中板浇筑工作(17-18 轴)完成；F4 地裂缝暗挖段开挖至左线小里程 ZDK12 +605；右线小里程至 YDK12 +647；车站 16-17 轴第三层网喷工作完成；继续跟进车站钢支撑架设工作及网喷工作(17-16 轴)，风井开挖深度 5m。

图 1-75　车站施工现状

2. 监测情况说明

本周对车站周边地表沉降监测点、轴力、水位、桩体、土体位移及围护结构水平位移共监测 2 次。

3. 监测成果与分析

本周对车站周边地表沉降监测点、轴力、水位、桩体、土体位移及围护结构水平位移共监测 2 次，变化最大监测点位统计见表 1-39。

各监测项目本周变化最大点统计　　表 1-39

<table>
<tr><th colspan="10">监测情况综述</th></tr>
<tr><th colspan="2">监测项目</th><th>变形最大位置(点号)</th><th>累计变形值(mm)</th><th>本周变形值(mm)</th><th>变形速率(mm/d)</th><th>预警值(mm)</th><th>报警值(rnm)</th><th>是否超出警戒值</th><th>本周监测次数(次)</th></tr>
<tr><td rowspan="2">车站地表沉降监测</td><td>累计变形最大</td><td>D7-1</td><td>-5.9</td><td>-0.6</td><td>-0.1</td><td rowspan="2">-24</td><td rowspan="2">-30</td><td rowspan="2">否</td><td rowspan="2">2</td></tr>
<tr><td>本周变形最大</td><td>D8-1</td><td>-2.5</td><td>-2.7</td><td>-0.4</td></tr>
<tr><td>水位监测</td><td>本周变化最大</td><td>SW-5</td><td>-3040.00</td><td>-51.30</td><td>-7.33</td><td>—</td><td>1000</td><td>是</td><td>2</td></tr>
</table>

续上表

监测情况综述									
监测项目		变形最大位置（点号）	累计变形值（mm）	本周变形值（mm）	变形速率（mm/d）	预警值（mm）	报警值（mm）	是否超出警戒值	本周监测次数（次）
车站围护结构桩体水平位移	累计变形最大	183	$\Delta X=-32.2$	$\Delta X=-0.6$	$\Delta X=-0.1$	-17.5	-25	是	2
			$\Delta Y=2.4$	$\Delta Y=3.8$	$\Delta Y=0.5$				
	本周变形最大	137	$\Delta X=-12.3$	$\Delta X=6.4$	$\Delta X=0.9$				
			$\Delta Y=6.6$	$\Delta Y=3.5$	$\Delta Y=0.5$				
车站桩体土体测斜	累计变形最大	150	-14.2	-0.8	-0.1	-17.5	-25	否	2
	本周变形最大	190	1.7	-1.5	-0.2				
钢支撑轴力	本周变化最大	1H42	本周变化量为:46.1kN						

注:1. 沉降变形量正负号说明:"-"表示下降,"+"表示升高。

2. 基坑位移变化量为"+"值时表示向基坑方向偏移;"-"值时表示向远离基坑方向偏移。

结论:本周监测数据显示,车站围护结构桩体位移监测点位183、166累计沉降量超出设计报警值,监测点位157、145、412累计沉降量超出设计预警值。钢支撑轴力监测点1H38、1H42累计变化量超出设计报警值。

4. 重点提示

本周监测数据显示,车站围护结构桩体位移监测点位183、166累计沉降量超出设计报警值,监测点位157、145、412累计沉降量超出设计预警值。钢支撑轴力监测点1H38、1H42累计变化量超出设计报警值。

建议:车站目前施工阶段按设计要求及时完善监测项目。

5. 下周监测计划

按照正常监测频率对车站进行正常监测。

6. 附件

具体如表1-40～表1-42、图1-76～图1-77所示。

车站周边地表沉降监测成果表(部分) 表1-40

某市轨道交通工程施工质量验收技术资料统一用表		
工程质量控制资料表		
CJ4-1-2	编号	
地表沉降监测表		
项目名称	地铁3号线试验段TJSG-1标	测点位置示意图(附后)
监测地点	某车站	
测读人员		
记录人员		
报警值	-30mm	

续上表

初始值时间:2012.12.04			上周测读时间:2013.01.12	本周测读时间:2013.01.18	本周沉降量(mm)	沉降速率(mm/d)	累计沉降量(mm)	备注
序号	测点编号	初始值(m)	测读值(m)	测读值(m)				
1	D6-1	400.5571	400.5556	400.5555	-0.1	0.0	-1.6	
2	D6-2	400.5942	400.5893	400.5889	-0.4	-0.1	-5.3	
3	D6-3	400.6488	400.6460	400.6454	-0.5	-0.1	-3.4	
4	D6-8	400.6281	400.6267	400.6259	-0.8	-0.1	-2.2	
5	D6-9	400.5985	400.5972	400.5961	-1.1	-0.2	-2.4	
6	D6-10	400.5562	400.5548	400.5536	-1.2	-0.2	-2.6	
7	D7-1	400.6859	400.6806	400.6800	-0.6	-0.1	-5.9	
8	D7-2	400.7327	400.7302	400.7292	-1.0	-0.1	-3.5	
9	D7-3	400.7688	400.7657	400.7649	-0.8	-0.1	-3.9	
10	D7-8	400.6146	400.6133	400.6120	-1.3	-0.2	-2.6	

车站钢支撑轴力监测成果表

表 1-41

某市轨道交通工程施工质量验收技术资料统一用表							
工程质量控制资料表							
CJ4-2-5		编 号					
支撑轴力监测表							
项目名称	地铁 3 号线试验段 TJSG-1 标某车站						
监测地点	支撑端部						
测读人员							
编制人员							
仪器型号	振弦式传感记录仪 DKY-51-2						
首次测读时间:2011.01.16			上周测读时间:2011.01.12		本周测读时间:2011.01.18		设计轴力值
序号	测点编号	轴力初始值(kN)	上周轴力(kN)	本周轴力(kN)	本周变化量(kN)	累计变化量(kN)	
1H34	250787	111.4	352.0	313.4	-38.5	202.0	412
1H38	15442	637.7	614.5	596.4	-18.0	-41.3	412
2H37	25711	-28.4	181.5	无数据			1928
1H42	15422	-10.3	450.8	496.8	46.1	507.1	412
3H35	30499	37.5	51.2	53.9	2.6	16.3	1755
2H32	25711	40.3	41.3	30.3	-11.0	-10.0	1928
3H39	30563	222.2	222.2	180.1	-42.1	-42.1	1755
2H38	30555	55.4		55.4		0.0	1928
2H34	25682	87.7		87.7		0.0	1928

车站桩体位移监测成果表

表 1-42

某车站桩体测斜报表						
工程名称:某车站		孔号:CX-150			时间:2013 年 01 月 18 日	
监测单位:中铁隧道勘测设计院有限公司					孔深:22.0m	
日期	2011.10.12	2011.01.12	2011.01.18	本周变化（mm）	累计变化（mm）	位移曲线图：（负值为面向基坑方向位移偏移值）
深度（m）	初始值（mm）	上周偏移（mm）	本周偏移（mm）			
0	57.02	44.21	43.64	-0.6	-13.4	
1.0	48.79	35.71	34.91	-0.8	-13.9	
2.0	41.23	27.81	27.06	-0.8	-14.2	
3.0	32.54	19.90	19.64	-0.3	-12.9	
4.0	28.20	16.11	16.11	0.0	-12.1	
5.0	24.97	13.57	13.27	-0.3	-11.7	
6.0	22.80	12.12	12.16	0.0	-10.6	
7.0	21.90	12.13	12.43	0.3	-9.5	
8.0	21.37	12.45	12.08	-0.4	-9.3	
9.0	19.91	11.76	11.99	0.2	-7.9	
10.0	15.82	8.49	8.43	-0.1	-7.4	
11.0	10.91	4.20	4.26	0.1	-6.7	
12.0	8.63	2.59	2.56	0.0	-6.1	
13.0	5.55	0.27	1.04	0.8	-4.5	
14.0	3.91	-0.66	-0.83	-0.2	-4.7	
15.0	0.33	-3.59	-4.01	-0.4	-4.3	
16.0	-7.11	-10.92	-11.11	-0.2	-4.0	
17.0	-9.47	-12.99	-13.06	-0.1	-3.6	
18.0	-7.62	-10.71	-11.24	-0.5	-3.6	
19.0	-4.12	-6.82	-8.05	-1.2	-3.9	
20.0	0.24	-1.91	-2.97	-1.1	-3.2	
21.0	1.24	-0.31	-0.87	-0.6	-2.1	
22.0	1.79	0.93	0.39	-0.5	-1.4	
读数：			编制：			

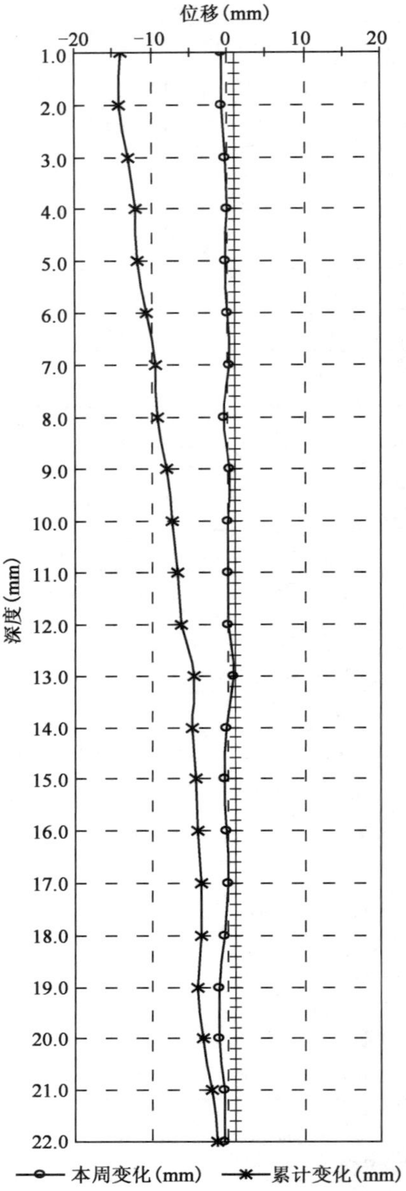

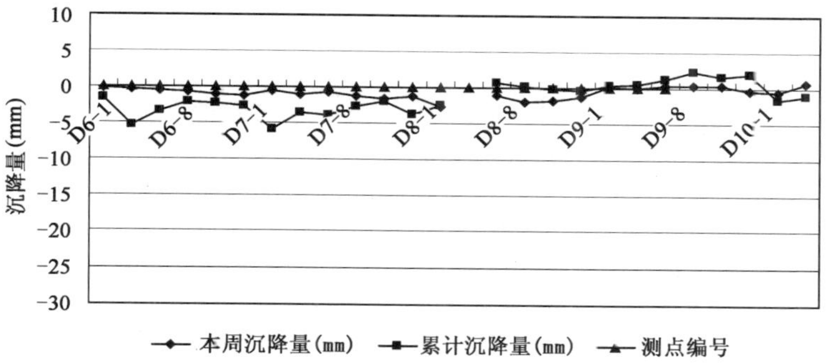

图 1-76　车站周边地表及建筑物沉降曲线图

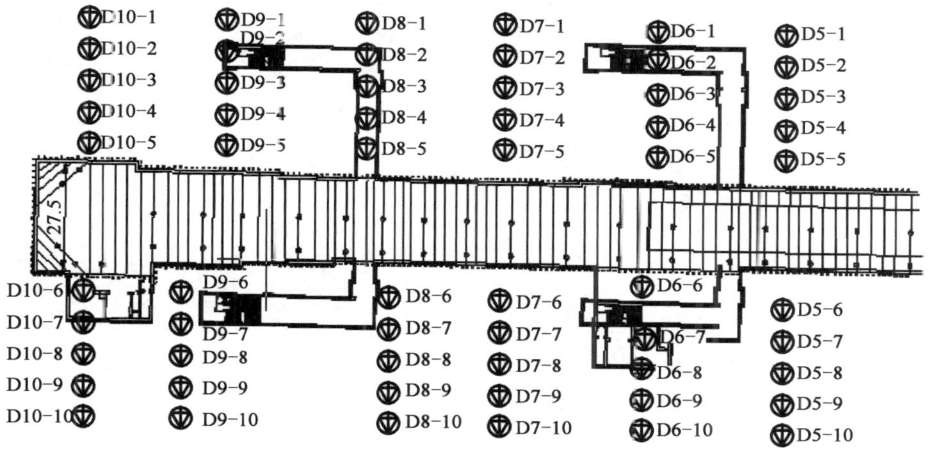

图 1-77　车站周边地表监测布点图

(二)监测总结报告示例:某基坑施工监测总结报告

1. 工程概况

某下穿道路基坑工程,基坑开挖宽度为 24m,净高 5.6m。基坑采用 ϕ100cm 间隔 120cm 的钻孔灌注桩 + ϕ70cm 间隔 50cm 的双头搅拌桩围护结构。钻孔桩长度 29.5m,搅拌桩长度 15m。内支撑采用两道 ϕ609mm 钢管支撑,水平间距 5m。由于工作坑较宽,在坑底设三排 ϕ70cm 的钻孔桩,桩长 18m,桩纵向间距 5m,桩顶与坑底部平齐。工作坑开挖至设计高程时,以 4L110 × 14 角钢组成的钢格构柱支撑于钻孔桩上,顶端支撑水平钢支撑,作为水平钢支撑的中支点。钢格构柱嵌入钻孔桩内 3m,与钻孔桩可靠连接。

基坑西侧为汽车销售中心和厂房,主要为 2 ~ 3 层建筑物,基坑两侧 2 ~ 30m 范围有 ϕ800 与 ϕ300 的自来水管、ϕ700 燃气管。基坑地层以粉质黏土、粉砂土为主。

2. 监测依据

(1)《工程测量标准》(GB 50026—2020);

(2)《建筑变形测量规范》(JGJ 8—2016);

(3)某市工程建设规范《基坑工程施工监测规程》(DG/TJ 08-2001—2006);

(4)某市工程建设规范《地基基础设计标准》(DGJ 08-11—2018);

(5)相关图纸。

3. 监测项目

(1)围护结构顶部垂直和水平位移监测;
(2)围护结构深层水平位移(即测斜)监测;
(3)支撑轴力监测;
(4)坑外水位监测;
(5)周边地下管线垂直位移监测。

4. 主要设备仪器以及完成工作量

(1)主要仪器设备(表1-43)

仪器设备配备 表1-43

序号	仪器名称	数量	精度
1	Leica TCR1201 全站仪	1台	1mm+1.5ppm、±1″
2	苏光水准仪	1台	±0.5mm
3	铟钢水准标尺	1把	±0.02mm
4	测斜仪	1台	±0.02mm
5	水位计	1台	±1mm
6	频率计	1台	±0.1Hz
7	办公电脑	1台	
8	打印机	1台	

(2)完成工作量清单(表1-44)

完成工作量清单 表1-44

序号	监测参数	点数	工作量
1	垂直位移	51点	66次
2	水平位移	28点	66次
3	测斜	18孔	37次
4	轴力	14组	66次
5	水位	14孔	66次

5. 监测点的布置

略。

6. 监测报警值和监测频率

(1)监测报警值

根据规范及各方要求,采用报警值见表1-45。

监测报警值 表1-45

顺序号	监测内容	日报警值	累计报警值	备注
1	围护桩顶水平位移	3mm	±20mm	
2	围护桩顶垂直位移	3mm	±20mm	

续上表

顺　序　号	监 测 内 容	日 报 警 值	累计报警值	备　　注
3	围护桩体测斜	3mm	±30mm	
4	地下管线	2mm	±10mm	
5	支撑轴力		≥设计支撑力 80%	
6	坑外水位	±300mm	±1000mm	

(2)监测频率(表 1-46)

监 测 频 率　　表 1-46

施 工 状 况	频　　率
施工前	观测 2 次初始数值
基坑开挖	1 次/d
浇好垫层～浇好底板	1 次/d
浇好底板后 7d 内	1 次/7d

7. 监测成果

(1)各监测点变化特征表

各监测点变化特征见表 1-47～表 1-51。

垂直位移监测特征　　表 1-47

序号	测 点 内 容	开挖期间位移变动范围(mm)	累计最大位移(mm)		
			位移量	测点号	出现日期
1	桩顶垂直位移监测点	-1.17～8.68	8.68	W8	11 月 28 日
2	上水管线垂直位移监测点	-9.05～0.00	-9.05	S9	12 月 27 日
3	煤气管线垂直位移监测点	-9.43～0.46	-9.43	M10	11 月 18 日

注：垂直位移正值表示上升，负值表示下降。

桩顶水平位移监测特征　　表 1-48

序号	测 点 内 容	开挖期间位移变动范围(mm)	累计最大位移(mm)		
			位移量	测点号	出现日期
1	桩顶水平位移监测点	0.00～10.00	10.00	W6	11 月 20 日

注：水平位移为正表示测点向基坑方向位移，为负则反之。

桩体深层水平位移监测特征(部分)　　表 1-49

序号	测 点 内 容	开挖期间位移变动范围(mm)	累计最大位移(mm)		
			位移量	深度(m)	出现日期
1	桩体深层水平位移监测点 CX3	0.00～18.77	18.77	8.0	12 月 27 日
2	桩体深层水平位移监测点 CX4	0.00～24.66	24.66	8.0	12 月 13 日
3	桩体深层水平位移监测点 CX5	0.00～25.00	25.00	8.0	12 月 13 日
4	桩体深层水平位移监测点 CX6	0.00～34.33	34.33	8.0	11 月 20 日
5	桩体深层水平位移监测点 CX7	0.00～36.88	36.88	8.0	11 月 28 日

注：深层水平位移为正表示测点向基坑方向位移，为负则反之。

地下水位监测特征(部分)　　表1-50

序号	测点内容	开挖期间位移变动范围(mm)	累计最大位移(mm)		
			位移量	出现日期	是否报警
1	水位监测点SW3	-447~6	-447	12月6日	否
2	水位监测点SW4	-512~6	-512	12月6日	否
3	水位监测点SW5	-897~0	-897	11月17日	否
4	水位监测点SW6	-1056~8	-1056	10月27日	是
5	水位监测点SW11	-940~13	-940	11月1日	否

注:水位监测值为正表示测点水位抬升,为负则表示水位下降。

轴力监测特征(部分)　　表1-51

序号	测点内容	开挖期间轴力变动范围(kN)	累计最大轴力变化(kN)		
			位移量	出现日期	是否报警
1	轴力监测点Z1-1	0~798.72	798.72	11月30日	否
2	轴力监测点Z1-1	0~851.29	851.29	12月4日	否
3	轴力监测点Z1-2	0~959.96	959.96	12月4日	否
4	轴力监测点Z4-1	0~755.90	755.90	12月6日	否
5	轴力监测点Z4-2	0~704.74	704.74	12月4日	否

(2)监测成果汇总表

以垂直位移监测为例,其成果汇总见表1-52。

垂直位移监测成果汇总(部分)　　表1-52

点号	垂直位移(mm)			点号	垂直位移(mm)		
	最大本次变化	最终累计	是否报警		最大本次变化	最终累计	是否报警
M4	0.76	-7.76	否	S4	-0.50	-8.05	否
M5	0.54	-8.92	否	S5	-0.60	-8.87	否
M6	0.59	-8.49	否	S6	-0.56	-7.77	否
M7	0.56	-8.27	否	S7	-0.54	-7.61	否
M8	0.58	-8.17	否	S8	-0.69	-7.89	否
M9	0.53	-8.22	否	S9	-0.68	-9.05	否
M10	0.45	-8.58	否	S10	-0.66	-8.95	否

8. 监测成果分析

1)垂直位移监测

(1)围护桩顶垂直位移监测点随着基坑开挖的加深,在坑外土压力的作用下点位呈现抬升的现象,这与开挖时的施工工序是密切相关的,累计的变形量不大。最大变化出现在2009年11月28日,点号为W8的点位抬升8.68mm,表明围护体在开挖施工过程中保持了很好的效果,并基本保持稳定。

(2)管线监测点的垂直位移也有明显的规律性,大部分点位的变形趋势较平缓;管线点也是离基坑越近变化越大。上水管线、煤气管线的最大变形点位分别是S9、M10,下沉分别为9.05mm、9.43mm,它们分别出现的日期为12月27日、11月18日。管线垂直位移监测点变形曲线基本一致，是和基坑开挖的进度密切相关的。

2）水平位移监测

围护桩顶的水平位移也随着基坑的挖深而增大，开挖后向基坑方向位移10mm，该点号为W6。出现最大变化的日期为11月20日。当基坑底板浇好，围檩出现反弹，位移的幅度变小并逐渐稳定。

3）深层水平位移（测斜）监测

测斜监测孔的变化趋势比较复杂，但也呈现出一定的规律性。围护墙体的深层水平位移即墙体测斜，其变化与基坑开挖深度、支撑施工密切相关。基坑开挖越深，其变形越大，其最大变形位置，随着开挖深度变化而变化，并且总是出现在开挖面附近；同时测斜变形与支撑完成及时性有关。最大位移变形出现的日期也和工况相接近，都是开挖施工的末期。最大位移位于7～8m之间，最大变形36.88mm（CX7）深度位于8m处。这种变形结果也与理论预期相符。

4）轴力监测

支撑轴力在基坑向下开挖时，明显增大，当下道支撑完成后，趋于平稳，甚至有所减小。其中第二道支撑受力明显高于第一道支撑，最大受力值为1193.5kN（Z8-2）。轴力监测点没有超过报警值，轴力监测点的变化结果很好地符合理论预期，支撑轴力基本上都正常，没有出现太大的变形。

5）水位监测

坑外水位监测点位于基坑四周，相对变化较大，尤其受雨天的影响变化更为明显，总体上看水位变化还是比较正常的。从后文中的水位变化过程曲线图可以看出，水位孔的水位变化曲线趋势基本一致，累计最大变化量也很接近；水位下降的只有SW6超过警戒值，最大下沉降达到1.05m，说明止水帷幕效果也是比较好的。

6）综合分析

（1）各监测点变化普遍表现为向基坑内侧或下沉变形，变化幅度不大，水平和垂直位移监测点日变化量位于1.5～2.16mm之间。综合来看，位移的变化较小，对应现场情况，基坑围护体系和周边环境都处于安全的受控状态。

（2）基坑各监测点变化速率均较平稳，虽然管线垂直出现过下沉较大的情况，是属于逐渐变化的过程，未发生较大的突变。监测开始一个月内，基坑附近的管线监测点变化较大，最大出现1.85mm的下降。通过各类监测措施，及时且有效地反映了周边环境及基坑的变化情况。

9.变形监测结论及建议

本次监测从2009年9月开始，至2009年12月，历时4个月左右，共观测70次，提交监测报告70期。通过监测资料的分析，得出以下结论：

（1）在基坑开挖初期的监测资料反映，垂直位移累计变化还是相当小的，随着基坑的挖深而增大。当底板完成后，垂直位移趋缓并逐渐稳定，我们认为开挖对基坑的变形起很重要的作用，经过统计，80%的变形量来自基坑开挖期间。

（2）本次工程各监测点的变形速率比较小，且变形速率比较稳定，从典型测点的变化曲线也可以看出这点。观测进入底板浇筑后，变形量明显变小。

（3）本次监测工作所用方法适当，较准确地反映了基坑和周边环境的变形情况，所有资料真实准确。基坑的监测工作，可以根据实时的变形位移数据，分析判断预测基坑及周边环境使用过程中的三体位移，采取有效措施，达到保护基坑和周边环境的目的。

（4）本次监测项目监测资料准确、可靠。在监测期间所使用的监测仪器均在有效期内，监测工作按监测方案进行。

通过监测，及时了解了施工对基坑和周边环境产生的变形情况，达到了预期的目的。

附录：典型测点历时曲线图（略）。

项目小结

本项目以在建的地铁车站基坑工程为背景，系统介绍了基坑施工监测的基本知识及相关理论，并就监测方案设计、实施、数据处理与分析、监测报表与报告的编制等问题做了详细介绍。内容涉及巡视检查、围护桩墙顶水平位移监测、围护桩墙深层水平位移监测、围护桩墙内力监测、支撑轴力监测、土层锚杆试验和监测、地表沉降监测、土体分层沉降监测、地下水位监测、基坑回弹监测、土压力与孔隙水压力监测、地下管线变形监测及建筑物变形监测等13个监测项目。

学习中，应结合附近在建项目，开展现场教学与教学做一体化学习，重点就各项目的监测对象、监测部位、监测内容、监测仪器、测点布设、监测方法、监测频率、数据计算与填报、时程曲线绘制、判定基准、信息反馈等11个问题进行认真学习与训练。

基坑施工监测项目繁多，应用中宜结合工程地质条件、结构条件、支护条件及周围环境、地下管线等条件综合考虑，认真分析，制订切实可行的监测方案，实施中应定期做好监测仪器与监测点的校核工作，及时填报数据，及时分析与反馈。

能力训练

某车站施工监测方案设计与实施

车站位于长江路西侧，如图1-78所示，沿长江路南北向布置于玉山公园绿地下，为地下两层岛式车站。车站50m范围内无建筑物和地下障碍物。车站主体长178.8m，标准段宽度为19.3m，标准段挖深约14.8m，端头井挖深约16.5m。顶板覆土厚度约为3m。主体围护结构标准段采用600mm厚地下连续墙，标准段深29m，端头井采用800mm厚地下连续墙。支撑系统采用钢筋混凝土支撑及$\phi609(\delta=16mm)$钢管支撑。标准段竖向一道钢筋混凝土支撑加3道钢管支撑，钢管撑水平间距3m。端头井段竖向一道钢筋混凝土支撑加4道钢管支撑。车站地层以粉质黏土、粉质砂土为主，地下水为孔隙潜水及微承压水。

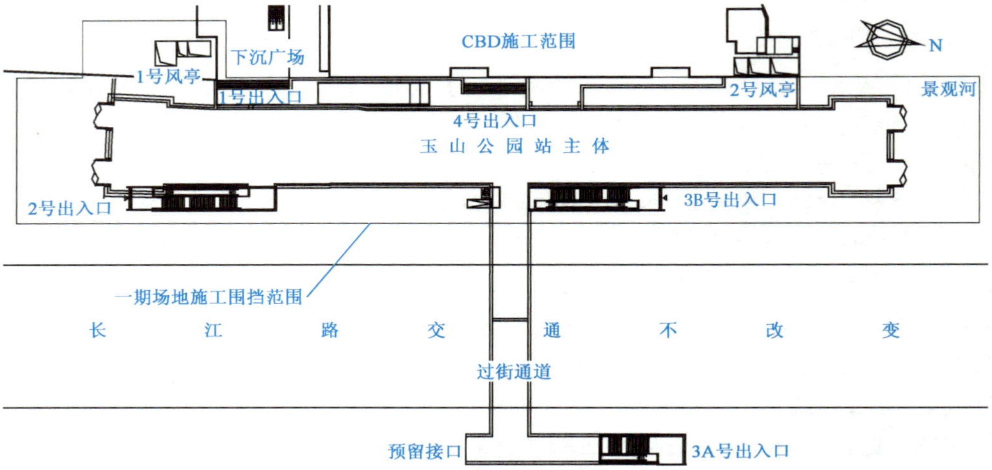

图1-78　某车站平面图

请综合考虑车站地质条件、结构条件、围护结构体系及周边环境条件，完成以下任务：

(1)确定监测项目，并列表表示；

(2)确定各项目的测点布置，绘制测点布置平面图与剖面图；

(3)确定各项目的监测周期与频率；

(4)确定各项目的监测精度，选择监测仪器；

(5)确定各项目的控制基准值；

(6)设计一个表格，将监测项目、监测周期与频率、监测精度、监测仪器、控制基准值填入表格；

(7)说明各项目的监测方法与步骤；

(8)说明各项目的数据计算方法与填报方法；

(9)整理以上内容形成监测方案文稿；

(10)利用校内外监测实训基地开展各项目的实操训练

(11)给定某些项目的监测数据，进行日报、周报、月报的编制训练。

项目二

矿山法隧道施工监测

【能力目标】

通过对隧道工程施工监测项目的学习,使学生具备隧道施工洞内、外状态观察、净空变化、拱顶下沉、地表沉降、混凝土应力、围岩内部位移等项目监测的能力;具备对监测数据处理与分析应用的能力。

【知识目标】

1. 了解隧道施工监测的意义和作用;
2. 了解隧道施工监测项目及其分类;
3. 熟悉隧道施工监测各项目仪器的操作使用方法;
4. 掌握隧道施工监测各项目测点和测线的布置方法及要求;
5. 掌握隧道施工监测各项目数据的处理和分析方法;
6. 掌握隧道施工监测各项目的监测频率及要求。

【素质目标】

通过学习,培养学生责任意识、质量意识,形成吃苦耐劳、认真细致的工作作风,具备在艰苦环境下从事作业的能力。

【项目描述】

某隧道长为1905m,隧道内为3‰和12‰的上坡。隧道开挖兰径为7.48m、净空高为11.91m,处于丘陵缓坡地带,地形起伏较大,围岩大部分为Ⅳ、Ⅴ级弱风化围岩。隧道进口的最小埋深只有2.1m,由于隧道的进口和出口埋深较浅,所以在进口和出口45m施工范围内采用双侧壁导坑法施工。为保证隧道稳定和施工安全,请根据相关技术规程编制监控量测实施细则,主要内容包括:监控量测项巨、人员组织、元器件及设备、监控量测断面及测点布置、监控量测频率及监控量测基准等,并组织实施,及时完成相应报表填报、数据分析及信息反馈工作。

任务实施

任务一　矿山法隧道施工监测基本知识准备

隧道工程施工，在支护结构的设计问题上，许多学者曾寻求过数解法。但是，由于岩石的生成条件和地质作用的复杂性，导致岩体的产状和结构也非常复杂，同时，在隧道构筑过程中，由于开挖方法、支护方法、支护时机、支护结构刚度等对围岩稳定性都有影响，所以寻求能正确反映岩体状态的物理力学模型非常困难。目前，很难用一种有效的本构模型对承载结构进行全面准确的力学计算。但是承载结构变化最直观的就是产生位移，可以利用不同的量测方法和量测仪器得到承载结构位移及内力的变化。通过以往获得大量的承载结构变形及内力量测结果，可以得出承载结构变形及内力变化与承载结构稳定之间的规律，并结合已有的工程监测资料，利用类比法可以确定现有承载结构受力变化是否安全。

隧道监控量测，指的是隧道施工中对围岩、地表、支护结构的变形和稳定状态，以及周边环境动态进行的经常性观察和量测工作。通过种种量测方法得到准确的承载结构变化的相关数据，利用数学方法进行分析，通过类比得出一定的结论。既是隧道设计文件的重要组成内容，也是隧道施工作业中的重要作业环节。在设计阶段，由设计单位对监控量测目的、监控量测项目以及测点的布置等进行设计。在施工阶段，作为施工组织设计的一个重要组成部分，纳入施工工序。制定合理而周密的现场量测细则，以保证监控量测工作有效开展。隧道开工之前，施工单位根据环境条件、地质条件、设计要求、施工方法及施工进度安排等编制监控量测实施细则，确定量测项目、仪器、测点布置、量测频率、数据处理、反馈方法、组织机构及管理体系，并在施工的全过程中认真实施。

微课：监控量测概述

因此，隧道施工监控量测工作是监视设计、施工是否正确的眼睛，是保障隧道施工质量及安全的重要手段。在隧道工程中，监控量测技术获得了广泛的应用，并取得了明显的技术经济效果。

本项目内容主要以矿山法铁路隧道工程为依据，参照中国铁路总公司《铁路隧道监控量测技术规程》（Q/CR 9218—2015）编写，其他工法施工的地下工程进行监控量测需参照有关标准。

一　隧道结构认识

隧道结构由主体建筑物和附属建筑物两部分组成。隧道的主体建筑物是为了保持隧道的稳定，保证列车安全运行而修建的，它由洞身衬砌和洞门组成。在洞口容易坍塌或有落石危险时则需接长洞身或加筑明洞。隧道的附属建筑物是为了养护与维修工作的方便以及供电、通信等方面的要求而修筑的，铁路隧道附属建筑物主要包括防排水设施、避车洞、电缆槽、通信及电力设施及长大隧道的通风设施等，公路隧道还有照明设施与安全应急设施等。

下面重点介绍隧道主体结构。

（一）洞身衬砌

目前，铁路隧道常用的衬砌结构类型有：单层衬砌（整体式模筑混凝土、喷锚永久衬砌或砌体衬砌）、复合式衬砌、装配式衬砌等。《铁路隧道设计规范》（TB 10003—2016）规定，隧道应设衬砌，并应优先采用复合式衬砌，地下水不发育的Ⅰ、Ⅱ级围岩的短隧道，可采用喷锚衬砌。

1. 单层喷锚衬砌

单层喷锚衬砌是指以喷锚支护作永久衬砌的通称，包括喷混凝土衬砌、锚杆喷混凝土衬砌，必要时可采用钢纤维喷混凝土或配合使用钢筋网、钢架等。单层喷锚衬砌可用于辅助坑道及一些短隧道。8 度及以上地震区的隧道，一般不宜采用喷锚衬砌。

2. 复合式衬砌

复合式衬砌是矿山法施工隧道的基本结构形式，由内外两层衬砌组合而成，第一层衬砌用喷锚作初期支护，第二层用模筑混凝土作二次衬砌，两层间可根据需要设置防水层。复合式衬砌可用于各级围岩，一般情况下宜设置仰拱，仰拱厚度应大于拱部厚度。图 2-1 所示为速度 160km/h 及以下铁路隧道Ⅳ级围岩复合式衬砌标准图，其中单线Ⅳ级、双线Ⅲ级及以上地段均应设置仰拱。目前复合式衬砌已成为世界各国及地区高速铁路山岭隧道衬砌结构的主流。

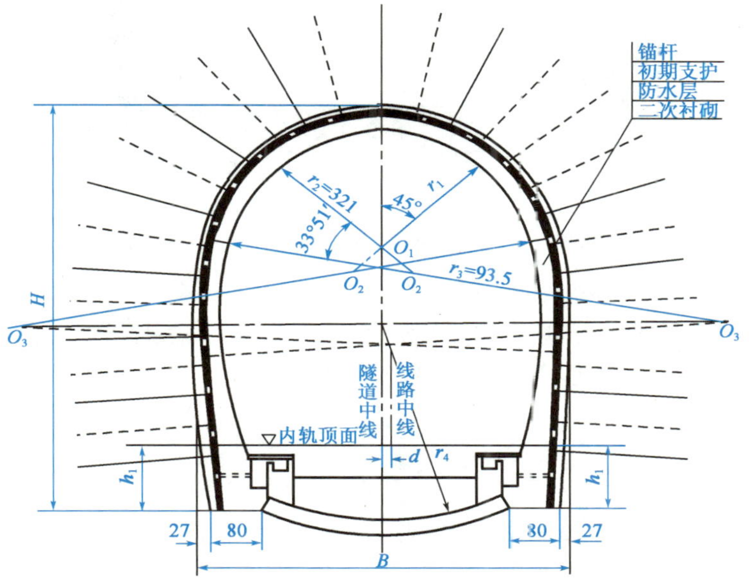

图 2-1 速度 160km/h 及以下铁路隧道Ⅳ级围岩复合式衬砌(尺寸单位:cm)

我国高速铁路隧道衬砌结构类型选择中，在围岩稳定性差、地下水发育地段，推荐采用复合式衬砌。图 2-2 为速度 350km/h 双线Ⅳ级围岩铁路隧道衬砌结构断面。

3. 装配式衬砌

装配式衬砌是用工厂或工地预制的构件拼装而成的隧道衬砌。装配式衬砌与整体式(模筑)衬砌比较，可以减轻工人的劳动强度，节约劳动力，降低建筑材料消耗和提高衬砌质量。一般来说，装配式衬砌的造价较低，施工进度也较快。由于衬砌拼装就位后几乎就能够立即承重，拼装工作可以紧接隧道开挖面进行，因而缩短了坑道开挖后毛洞的暴露时间，使地层压力不致过大，而且不用临时支撑，借助于机械化快速施工和工业化生产。采用装配式衬砌是隧道和地下工程的发展方向之一。

在用盾构法施工的圆形隧道中，广泛采用了装配式管片衬砌。在施工阶段作为临时支撑使用，并承受盾构千斤顶顶力和其他施工荷载，竣工后则作为永久性承重结构，并防止泥水渗入。必要时可在其内部灌筑混凝土或钢筋混凝土内衬,以提高隧道的防水能力,修正施工误差,并起装饰作用。

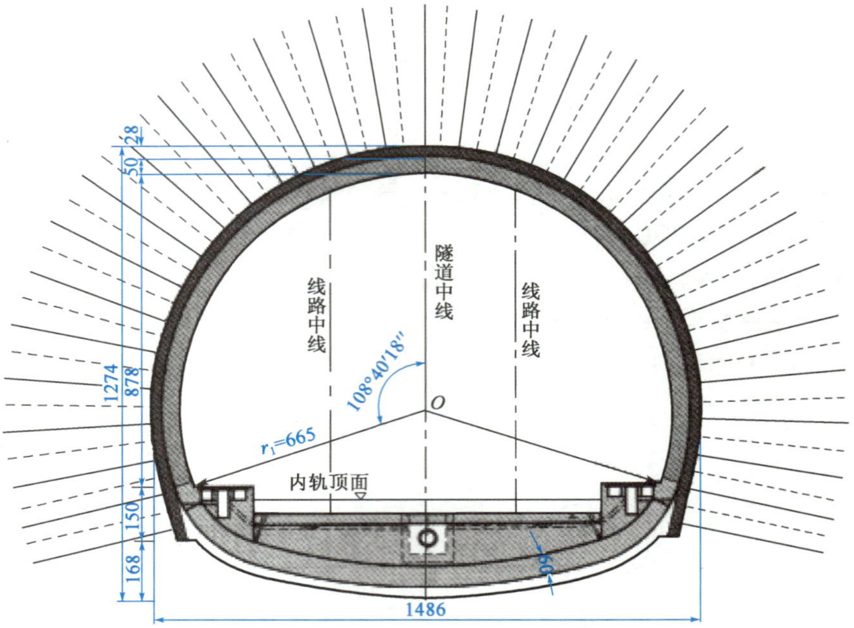

图 2-2 速度 350km/h 及以下铁路隧道Ⅳ级围岩复合式衬砌(尺寸单位:cm)

用明挖法施工的地下结构,更适于采用装配式衬砌。当具有一定的运输和吊装能力时,对无水地层或解决好接头防水措施后,都可以大力推广。也可以先装配内层为一次衬砌,再以它为模板,在其外层再灌筑一层现浇衬砌。

(二)洞门

洞门的设置可以有效减少洞口土石方的开挖量,起到稳定洞口边仰坡、引离地表水及装饰美化洞口的作用。在我国传统的铁路隧道洞门的标准设计中,洞门的结构形式比较单一,主要有端墙式、翼墙式、柱式、台阶式等几种墙式洞门。随着高速铁路隧道施工技术的发展和完善,对洞口进行适当的加固措施,及早进洞已经完全成为可能,这种方法最大限度地减少施工对洞口山体的破坏和扰动,对保持洞口山体的稳定和环境保护具有特殊的意义,斜切式隧道洞门因洞口开挖量小,洞口圬工少等特点,适应这种要求,是洞口发展的趋势,如图 2-3 所示。

图 2-3 洞门形式发展

二 矿山法施工常用开挖方法认识

矿山法施工中必须充分保护岩体，尽量减少对它的扰动，避免过度破坏岩体的强度，调动和发挥围岩的自承能力，根据隧道工程具体条件灵活地选择开挖方法、爆破技术、支护形式、支护施作时机和辅助工法。常用的方法为全断面法、台阶法、预留核心土法、中隔壁法、双侧壁导坑法等。

1. 全断面法

全断面法全称为“全断面一次开挖法”，即将隧道按设计断面轮廓一次开挖成型的方法，如图2-4所示。该方法可以减少开挖对围岩的扰动次数，工序简单，便于组织大型机械化施工，施工速度快，防水处理简单。缺点是对地质条件要求严格，围岩必须有足够的自稳能力，另外机械设备配套费用相应较高。全断面法施工一般适用Ⅰ、Ⅱ、Ⅲ级围岩，Ⅳ、Ⅴ级围岩在采取有效的超前预加固措施稳定开挖工作面后，也可采用全断面法开挖。

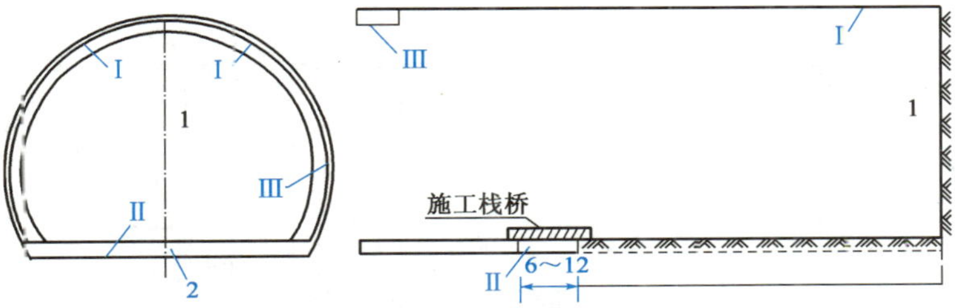

图2-4　全断面施工工序示意图(尺寸单位:m)

1-开挖；Ⅰ-初期支护；2-底板检查；Ⅱ-铺底混凝土；Ⅲ-拱墙混凝土

2. 台阶法

台阶法开挖是先开挖断面的上半部分，待开挖至一定长度后同时开挖（中）下部分，上（中）、下部分同时并进的施工工艺。台阶法灵活多变、适用性强，是最基本、运用最广泛的施工方法之一，而且是实现其他施工方法的重要手段。台阶法开挖具有足够的作业空间和较快的施工速度，台阶有利于开挖面的稳定性，尤其是上部开挖支护后，下部作业则较为安全。

台阶法施工一般适用于Ⅲ级围岩，Ⅳ、Ⅴ级围岩在采取必要的超前支护措施稳定开挖面后也可选用台阶法。台阶法分为二台阶法、三台阶法、三台阶预留核心土法等。单线隧道及围岩地质条件较好的双线隧道，可采用二台阶法施工，如图2-5所示。隧道断面较高、单层台阶断面尺寸较大时，可采用三台阶法施工，如图2-6所示。当地质条件较差时，为增加掌子面自稳能力，可采用三台阶预留核心土法开挖，如图2-7所示。

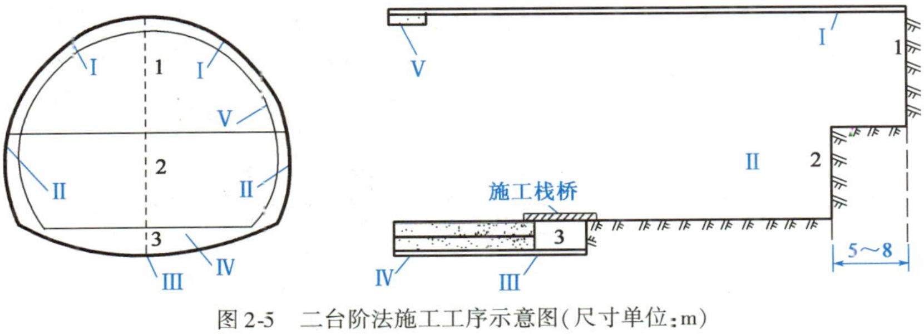

图2-5　二台阶法施工工序示意图(尺寸单位:m)

1-上台阶开挖；Ⅰ-上台阶初期支护；2-下台阶开挖；Ⅱ-下台阶初期支护；3-仰拱开挖；Ⅲ-仰拱喷混凝土封闭；Ⅳ-仰拱填充混凝土施工；Ⅴ-拱墙混凝土施工

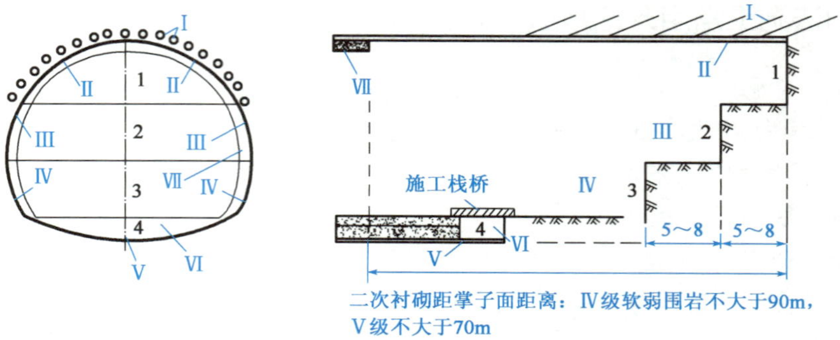

图 2-6　三台阶法施工工序示意图(尺寸单位:m)

Ⅰ-超前小导管;1-上台阶开挖;Ⅱ-上台阶初期支护;2-中台阶开挖;Ⅲ-中台阶初期支护;3-下台阶开挖;Ⅳ-下台阶初期支护;4-仰拱开挖

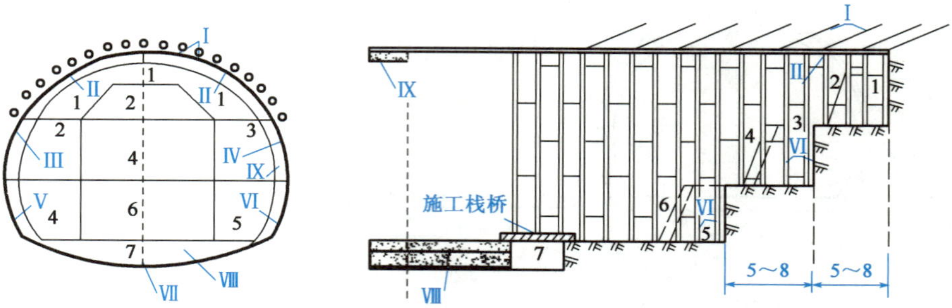

图 2-7　三台阶预留核心土法施工工序示意图(尺寸单位:m)

Ⅰ-超前小导管;1-上台阶开挖;Ⅱ-上台阶初期支护;2-上台阶核心土开挖、中台阶左侧开挖;Ⅲ-中台阶左侧初期支护;3-中台阶右侧开挖;Ⅳ-中台阶右侧初期支护;4-中台阶核心土开挖、下台阶左侧开挖;Ⅴ-下台阶左侧初期支护;5-下台阶右侧开挖;Ⅵ-下台阶右侧初期支护;6-下台阶核心土开挖;7-仰拱开挖;Ⅶ-仰拱初期支护;Ⅷ-仰拱填充混凝土;Ⅸ-拱墙混凝土

3. 中隔壁法(CD 法)

中隔壁法是将隧道分成左右两部分进行开挖,先在隧道一侧采用二部或三部分层开挖,施作初期支护和中隔墙临时支护,再分台阶开挖隧道另一侧,并进行相应的初期支护的施工方法。此法采用时,两台阶之间的距离可采用超短台阶法确定。中隔壁法施工工序如图 2-8 所示,中隔壁法一般用于Ⅳ～Ⅴ围岩的隧道,也可用于浅埋地段隧道。软弱围岩或三线隧道采用中隔壁法时宜增设临时仰拱。中隔壁法设临时仰拱施工工序如图 2-9 所示。

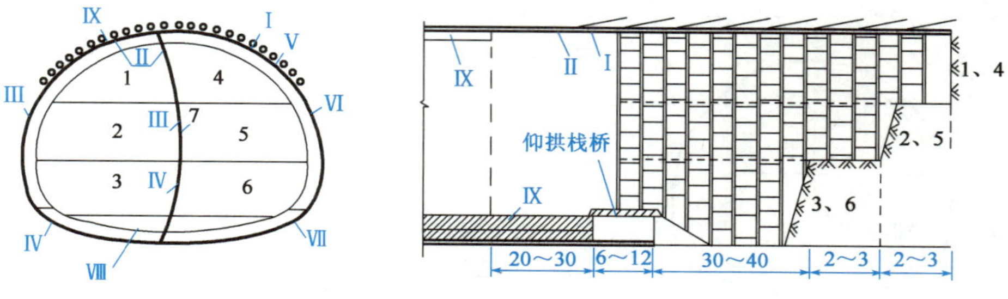

图 2-8　CD 法开挖工序图(尺寸单位:m)

Ⅰ-超前小导管;1-左侧上部开挖;Ⅱ-左侧上部初期支护;2-左侧中部开挖;Ⅲ-左侧中部初期支护;3-左侧下部开挖;Ⅳ-左侧下部初期支护;4-右侧上部开挖;Ⅴ-右侧上部初期支护;5-右侧中部开挖;Ⅵ-右侧中部初期支护;6-右侧下部开挖;Ⅶ-右侧下部初期支护;Ⅷ-仰拱填充混凝土;Ⅸ-拱墙混凝土

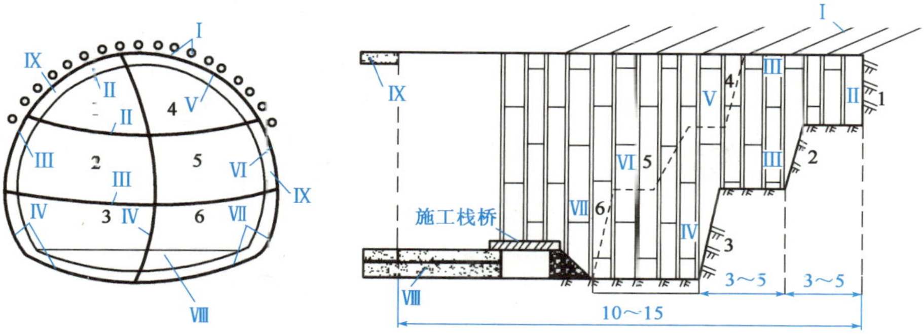

图 2-9 中隔壁法设临时仰拱施工工序示意图(尺寸单位:m)

Ⅰ-超前小导管;1-左侧上部开挖;Ⅱ-左侧上部初期支护;2-左侧中部开挖;Ⅲ-左侧中部初期支护;3-左侧下部开挖;Ⅳ-左侧下部初期支护;4-右侧上部开挖;Ⅴ-右侧上部初期支护;5-右侧中部开挖;Ⅵ-右侧中部初期支护;6-右侧下部开挖;Ⅶ-右侧下部初期支护;Ⅷ-仰拱填充混凝土;Ⅸ-拱墙混凝土

中隔壁法变大跨为小跨,使断面受力更合理,对减少沉降,保证隧道开挖安全、可靠具有良好效果。该法适用于较差地层,如采用人工或人工配合机械开挖的Ⅳ～Ⅴ级围岩的浅埋双线隧道和浅埋、偏压及洞口段。施工过程中,为保证初期支护稳定,除喷锚支护外,须增加型钢或钢格栅支撑,并采用超前大管棚、超前锚杆、超前注浆小导管、超前预注浆等一种或多种辅助措施进行超前加固。

4. 双侧壁导坑法

双侧壁导坑法又称眼镜工法,采用先开挖隧道两侧导坑,及时施作导坑四周初期支护,必要时施作边墙衬砌,然后再根据地质条件、断面大小,对剩余部分采用二台阶或三台阶开挖的方法,其实质是将大跨度的隧道变为三个小跨度的隧道进行开挖。双侧壁导坑法适用于浅埋双线或三线隧道Ⅴ、Ⅵ级围岩。双侧壁导坑法施工工序示意图,如图 2-10 所示。

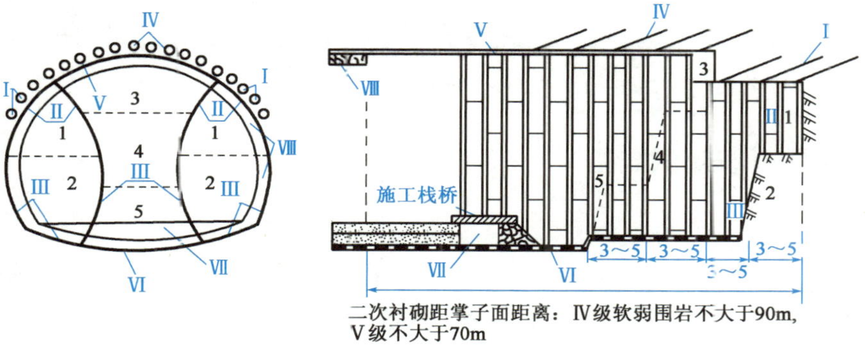

图 2-10 双侧壁导坑开挖工序图(尺寸单位:m)

Ⅰ-两侧超前小导管;1-两侧上部开挖;Ⅱ-两侧上部初期支护;2-两侧下部开挖;Ⅲ-两侧下部初期支护;3-中壁上部开挖;Ⅳ-拱部超前小导管;4-中壁中部开挖;Ⅴ-中壁上部初期支护;5-中壁下部开挖;Ⅵ-中隔壁下部初期支护;Ⅶ-仰拱混凝土施工;Ⅷ-拱墙混凝土

动画:双侧壁导坑法

双侧壁导坑分块开挖示意图如图 2-11 所示,现场施工如图 2-12 所示。

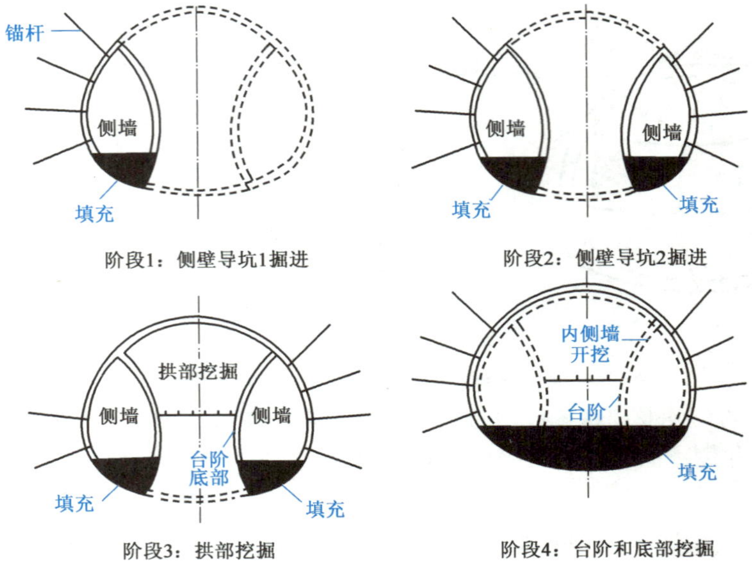

图 2-11　双侧壁导坑分块开挖示意图

图 2-12　双侧壁导坑施工

三、隧道施工监测基本知识准备

1. 监测的目的

矿山法隧道施工监测的目的是，借助现场量测对隧道围岩进行动态监测，并据以指导隧道的开挖作业、调整支护参数，以确保隧道施工的安全。其目的可归纳为下述三点：

(1) 掌握围岩动态和支护结构的工作状态，利用量测结果修改设计，指导施工；

(2) 预见事故和险情，以便及时采取措施，防患于未然；

(3) 积累资料，为以后的隧道设计与施工提供类比依据。

2. 监测的基本要求

隧道监控量测设计需结合具体隧道工程、水文地质条件、支护参数、施工方法和监控量测目的等进行。现场监控量测工作一般按照现场情况的初始调查、编制实施细则、布设测点并取得初始监测值、现场监控量测及分析、提交监控量测成果等程序进行，按照监控量测设计的要求，结合初始调查结果编制实施细则，经监理单位、建设单位批准后实施，并作为现场作业、检查验收的依据，监测工作需满足如下基本要求：

（1）施工单位应配置专业的监控量测人员和设备，监控量测人员应经培训后上岗，掌握成熟、可靠的测试数据处理与分析技术。

（2）施工单位应成立现场监控量测小组，并纳入施工质量保证体系，负责及时将监控量测信息反馈于施工和设计。监控量测人员应相对稳定，确保监控量测工作的连续性。

（3）监控量测系统应可靠、稳定、耐久，在服务期内运转正常。仪器设备应按规定进行检定和校准，并出具相关证明。一般包括外观检验、精度检验、防水检验、应力（应变）及温度校准等。

（4）测点应牢固可靠、易于识别，并注意保护，严防损坏。如果测点被破坏，一般在被破坏测点附近补埋。如果测点出现松动，则需及时加固，当天的量测数据无效，待测点加固后重新读取初读数。

（5）施工现场应建立严格的监控量测数据复核、审查制度，保证数据的准确性。监控量测数据应利用计算机系统进行管理，由专人负责。如有监控量测数据缺失或异常，应及时采取补救措施，并做出详细记录。

（6）监控量测应根据精度要求，减小系统误差，控制偶然误差，避免人为误差（错误），并应经常采用相关方法对误差进行检验分析。

①减小系统误差的方法。可根据监控量测精度要求选择稳定性好、耐久性好的仪器。如果监控量测仪器产生的系统误差不能满足监控量测精度要求，需根据系统误差产生的原因进行修正。

②控制偶然误差的方法。引起偶然误差的原因较多，如电源电压波动、仪表末位读数估读不准、环境因素干扰等，可通过加强管理，提高操作人员的技术水平控制偶然误差。偶然误差一般服从正态分布，在数据处理过程中，需进行数据统计检验。

③避免人为误差（错误）的方法。由于测试人员的工作过失所引起的误差，包括读错仪表刻度（位数、正负号）、测点与测读数据混淆、记录错误等。避免人为误差的措施，主要有加强监控量测的规范性，来指导设计、管理施工，规范监控量测工作，提高人员素质。在数据处理时，此类误差数值一般很大，需从测量数据中剔除。

（7）施工和监控量测方应密切配合，监控量测元件的埋设与监控量测应列入工程施工进度控制计划中，监控量测工作应尽量减少对施工工序的影响，施工现场及时提供工作面，创造条件保证监控量测埋设工作的正常进行。在施工过程中高度重视并采取有效措施，防止一切观测设备、观测测点和电缆等受到机械或人为的破坏。

（8）隧道开挖后最初一段时间的变形及应力变化很快，而且这段时间的监控量测数据对后期的最终位移及应力的预测至关重要，所以尽快读取初始读数掌握围岩及结构的最初动态是非常必要的。监控量测工作应随施工工序及时进行，测点应及时埋设，支护后2h内读取初始数据，当现场情况与设计不符时，应依据现场情况及时调整监控项目和内容。

（9）测试仪器要有足够的精度。监控量测系统的测试精度应满足设计要求。拱顶下沉、净空变化、地表沉降、纵向位移、隧底隆起测试精度可为0.5～1mm，围岩内部位移测试精度可为0.1mm，爆破振动速度测试精度可为1m/s。通常，对于软弱围岩中的隧道工程，由于围岩变形量值较大，因而可以采用精度稍低的仪器和装置；而在硬岩中则必须采用高精度监测元件和仪器。在干燥无水的隧道工程中，电测仪表往往能较好地工作；在地下水发育的地层中进行电测就较为困难。

(10)元器件的量程应满足设计要求,并具有良好的防震、防水、防腐性能。

3.监测项目及其分类

隧道施工的监测旨在现场采集可反映施工过程中围岩动态的实际信息,以判定隧道围岩和初期支护的稳定状态,分析支护结构参数和施工的合理性,为设计和施工提供依据。量测项目可分为必测项目和选测项目两大类,其监测的具体内容可根据隧道的特点和难点确定。

(1)必测项目

必测项目是必须进行的常规量测项目,是为了在设计施工中确保围岩稳定、判断支护结构工作状态、指导设计施工的经常性量测。这类量测通常测试方法简单、费用少、可靠性高,对监测围岩稳定和指导设计施工有巨大的作用。围岩变形是围岩力学形态变化最直观的表现,变形量测具有量测结果直观、测试数据可靠、量测仪表长期稳定性好、抗外界干扰性强,同时测试费用低廉的优点。因此必测项目以位移量测为首选量测项目,具体监测项目见表2-1。

必测项目 表2-1

序号	监测项目	常用量测仪器	备注
1	洞内、外观察	数码相机、罗盘仪	—
2	拱顶下沉	水准仪、钢挂尺或全站仪	—
3	净空变化	收敛计或全站仪	—
4	地表沉降	水准仪、铟钢尺或全站仪	隧道浅埋段
5	拱脚下沉	水准仪或全站仪	不良地质和特殊岩土隧道浅埋段
6	拱脚位移	水准仪或全站仪	不良地质和特殊岩土隧道浅埋段

(2)选测项目

选测项目是对一些有特殊意义和具有代表性的区段进行补充测试,以求更深入地了解围岩的松动范围和稳定状态以及喷锚支护的效果,为未开挖区段的设计与施工积累现场资料。这类量测项目测试比较麻烦,量测项目较多,费用较高。因此,除了有特殊量测任务的地段外,一般根据需要选择其中一些必要的项目进行量测。选测项目见表2-2。

选测项目 表2-2

序号	监测项目	常用量测仪器
1	围岩压力	压力盒
2	钢架内力	钢筋计、应变计
3	喷混凝土内力	混凝土应变计
4	二次衬砌内力	混凝土应变计、钢筋计
5	初期支护与二次衬砌间接触压力	压力盒
6	锚杆轴力	钢筋计
7	围岩内部位移	多点位移计

续上表

序　　号	监 测 项 目	常用量测仪器
8	隧底隆起	水准仪、钢钢尺或全站仪
9	爆破振动	振动传感器、记录仪
10	孔隙水压力	水压计
11	水量	三角堰、流量计
12	纵向位移	多点位移计、全站仪

4. 监测频率

必测项目的监测频率应根据测点距开挖面的距离及位移速度分别按表2-3和表2-4确定。取两者中较高者作为实际量测频率。出现异常情况或不良地质时，应增大监测频率。选测项目监测频率应根据设计和施工要求以及必测项目反馈信息的结果确定，没有特殊要求的情况下，选测项目可以采用和必测项目相同的量测频率。

按距开挖面距离确定的监测频率　　表2-3

监测断面距开挖面距离(m)	监 测 频 率
(0～1)*B*	2次/d
(1～2)*B*	1次/d
(2～5)*B*	1次/(2～3d)
>5*B*	1次/(7d)

注：*B*为隧道开挖宽度。

按位移速度确定的监测频率　　表2-4

位移速度(mm/d)	监 测 频 率
≥5	2次/d
1～5	1次/d
0.5～1	1次/(2～3d)
0.2～0.5	1次/(3d)
<0.2	1次/(7d)

开挖面地质素描、支护状态、影响范围内的建(构)筑物的描述，应每施工循环记录一次。必要时，影响范围内的建(构)筑物的描述频率应加大。

5. 监测控制基准

监测控制基准包括隧道内位移、地表沉降、爆破振动等，应根据地质条件、隧道施工安全性、隧道结构的长期稳定性，以及周围建(构)筑物特点和重要性等因素制定。监控量测基准应基于确保隧道施工安全性和结构的长期稳定性，同时考虑周围建(构)筑物特点和重要性，综合隧道所处的地质条件和施工方法等多方面因素制定，并根据隧道施工情况，不断完善。

隧道初期支护极限相对位移可参照表2-5和表2-6选用。大、特大跨度黄土隧道初期支护相对位移按表2-7选用。

跨度$B\leqslant 7m$隧道初期支护极限相对位移 表2-5

围岩级别	隧道埋深h(m)		
	$h\leqslant 50$	$50<h\leqslant 300$	$300<h\leqslant 500$
拱脚水平相对净空变化(%)			
Ⅱ	—	—	0.20~0.60
Ⅲ	0.10~0.50	0.40~0.70	0.60~1.50
Ⅳ	0.20~0.70	0.50~2.60	2.40~3.50
Ⅴ	0.30~1.00	0.80~3.50	3.00~5.00
拱顶相对下沉(%)			
Ⅱ	—	0.01~0.05	0.04~0.08
Ⅲ	0.01~0.04	0.03~0.11	0.10~0.25
Ⅳ	0.03~0.07	0.06~0.15	0.10~0.60
Ⅴ	0.06~0.12	0.10~0.60	0.50~1.20

注:1. 本表适用于复合式衬砌的初期支护,硬质围岩隧道取表中较小值,软质围岩隧道取表中较大值。表列数值可在施工中通过实测资料积累作适当修正。

2. 拱脚水平相对净空变化指两拱脚测点间净空水平变化值与其距离之比,拱顶相对下沉指拱顶下沉值减去隧道下沉值后与原拱顶至隧底高度之比。

3. 墙腰水平相对净空变化极限值可按拱脚水平相对净空变化极限值乘以1.2~1.3后采用。

跨度$7m<B\leqslant 12m$隧道初期支护极限相对位移 表2-6

围岩级别	隧道埋深h(m)		
	$h\leqslant 50$	$50<h\leqslant 300$	$300<h\leqslant 500$
拱脚水平相对净空变化(%)			
Ⅱ	—	0.01~0.03	0.01~0.08
Ⅲ	0.03~0.10	0.08~0.40	0.30~0.60
Ⅳ	0.10~0.30	0.20~0.80	0.70~1.20
Ⅴ	0.20~0.50	0.40~2.00	1.80~3.00
拱顶相对下沉(%)			
Ⅱ	—	0.03~0.06	0.05~0.12
Ⅲ	0.03~0.06	0.04~0.15	0.12~0.30
Ⅳ	0.06~0.10	0.08~0.40	0.30~0.80
Ⅴ	0.08~0.16	0.14~1.10	0.80~1.40

注:1. 本表适用于复合式衬砌的初期支护,硬质围岩隧道取表中较小值,软质围岩隧道取表中较大值。表列数值可以在施工中通过实测资料积累作适当的修正。

2. 拱脚水平相对净空变化指拱脚测点间净空水平变化值与其距离之比,拱顶相对下沉指拱顶下沉值减去隧道下沉值后与原拱顶至隧底高度之比。

3. 初期支护墙腰水平相对净空变化极限值可按拱脚水平相对净空变化极限值乘以1.1~1.2后采用。

跨度 $12m < B \leq 16m$ 黄土隧道初期支护极限相对位移 表 2-7

围岩等级	$H_0 \leq B$	$B < H_0 \leq 2(B+H)$	$2(B+H) < H_0$
拱部相对下沉(%)			
$Ⅳ_a$	—	0.55~0.80	0.90~1.30
$Ⅳ_b$	—	0.70~0.95	1.15~1.55
$Ⅴ_a$	0.40~0.60	0.80~1.15	1.35~1.90
$Ⅴ_b$	0.55~0.80	1.10~1.50	
墙腰水平相对净空变化(%)			
$Ⅳ_a$	—	1. 台阶法施工时不作为控制指标; 2. 侧壁导坑法施工时取 η 倍拱部下沉	η 倍拱部下沉
$Ⅳ_b$	—		
$Ⅴ_a$	不作为监控要求		
$Ⅴ_b$			

注:1. 本表按断面相对值给出,其中拱部下沉(%)为相对于隧底的拱部下沉值与断面开挖高度之比的百分数,适用于开挖面积 100~180m^2、非钻爆开挖、非饱和黄土的大断面黄土隧道,黏质黄土取较小值,砂质黄土取较大值。
2. $\eta = H/B$,为隧道宽度比系数。
3. 拱部下沉:台阶法包括拱脚和拱顶下沉,侧壁导坑法为导坑拱顶下沉。
4. 水平净空变化:全断面指标,双侧壁导坑法中可作为两侧导坑指标(中洞未开挖时)。
5. 台阶法施工时,拱脚水平净空变化基准值按表中墙腰水平净空变化的 1/1.3~1/1.8 采用,老黄土取前者,新黄土取后者。
6. 拱脚和拱顶下沉以及拱脚净空变化要求在距上台阶掌子面 1.5m 以内开始初测,三台阶开挖时墙腰净空变化应在中台阶开挖时开始初测。

位移控制基准应根据测点距开挖面的距离,由初期支护极限相对位移按表 2-8 要求确定。研究表明,在距工作面 $1B$ 和 $2B$ 处的位移值分别占规定的允许位移量的 65% 和 90% 左右,距开挖面较远时围岩和初期支护变形基本稳定。对于跨度大于 12m 的铁路隧道,目前还没有统一的位移判定基准。

位 移 控 制 基 准 表 2-8

类　别	距开挖面 $1B(U_{1B})$	距开挖面 $2B(U_{2B})$	距开挖面较远
允许值	65% U_0	90% U_0	100% U_0

注:B 为隧道开挖宽度,U_0 为极限相对位移值。

根据位移控制基准,可按表 2-9 分为 3 个管理等级。

位 移 管 理 等 级 表 2-9

管 理 等 级	距开挖面 $1B$	距开挖面 $2B$	施 工 状 态
Ⅲ	$U < U_{1B}/3$	$U < U_{2B}/3$	可正常施工
Ⅱ	$U_{1B}/3 \leq U \leq 2U_{1B}/3$	$U_{2B}/3 \leq U \leq 2U_{2B}/3$	应加强支护
Ⅰ	$U > 2U_{1B}/3$	$U > 2U_{2B}/3$	应采取特殊措施

注:U 为实测位移值。

地表沉降控制基准应根据底层稳定性、周围建(构)筑物的安全要求分别确定,并取最小值。

钢架内力、喷混凝土内力、二次衬砌内力、围岩压力(换算成内力)、初期支护与二次衬砌间接触压力(换算成内力)、锚杆轴力控制基准应满足《铁路隧道设计规范》(TB 10003—2016)相关规定。钢架应力不大于钢材的容许应力,锚杆应力小于钢材的容许应力。喷混凝土内力和二次衬砌内力按《铁路隧道设计规范》规定的安全系数进行判定。围岩压力及初期支护与二次衬砌间接触压力,应先换算成内力,再按《铁路隧道设计规范》规定的安全系数进行判定。

爆破振动控制基准应满足爆破振动安全允许振速,可参见《爆破安全规程》(GB 6722—2014)有关规定。

任务二 洞内、外状态观察

在隧道工程中,开挖前的地质勘探工作很难提供非常准确的地质资料,所以,在施工过程中对开挖工作面附近围岩的岩石性质、状态进行观察,并绘制地质素描和拍摄照片;对开挖后支护动态进行观察,通过观察可获得与围岩稳定有关的直观信息,可以预测开挖面前方的地质条件,根据喷层表面状态及锚杆的工作状态,分析支护结构的可靠程度。所以状态观察在隧道施工量测项目中占有很重要的地位,有必要在隧道每次开挖后进行细致的观察。

一 观察目的

微课:洞内外状态观察

细致的观察,对于监视围岩稳定性是简单有效的监测方法,它可以获得与围岩稳定状态有关的直观信息,应当予以足够的重视,所以目测观察是隧道监测中的必测项目。隧道目测观察的目的是:

(1)预测开挖面前方的地质条件;

(2)为判断围岩、隧道的稳定性提供地质依据;

(3)根据喷层表面状态及锚杆的工作状态,分析支护结构的可靠程度。

二 观察内容

施工过程中应进行洞内、外观察。

洞内观察可分开挖工作面观察和已施工地段观察两部分。开挖工作面观察应在每次开挖后进行,及时绘制开挖工作面地质素描图、数码成像,填写开挖工作面地质状况记录表,并与勘察资料进行对比,如表2-10所示。已施工地段观察,应记录喷射混凝土、锚杆、钢架变形和二次衬砌等的工作状态。观察中发现围岩条件恶化时,立即采取相应处理措施。

(1)对开挖后没有支护的围岩进行观察,主要是为了解开挖工作面下列的工程地质和水文地质条件:

①岩质种类和分布状态,结构面位置的状态;

②岩石的颜色、成分、结构、构造;

③地层时代归属及产状;

④节理性质、组数、间距、规模、节理裂隙的发育程度和方向性，结构面状态特征，充填物的类型和产状等；

⑤断层的性质、产状、破碎带宽度、特征等；

⑥地下水类型，涌水量大小，涌水位置，涌水压力，湿度等；

⑦开挖工作面的稳定状态，有无剥落现象。

(2)对已施工地段的观察每天至少应进行一次，其目测内容如下：

①初期支护完成后对喷层表面的观察以及裂缝状况的描述和记录，要特别注意喷混凝土是否发生剪切破坏；

②有无锚杆脱落或垫板陷入围岩内部的现象；

③钢拱架有无被压屈，压弯现象；

④是否有底鼓现象。

观察到的有关情况和现象，要详细记录，并绘制隧道开挖工作面两侧素描图，要求每个断面至少绘制1张，同时进行数码成像。观察中如果发现异常现象，要详细记录发现时间、距开挖工作面的距离等。

实践证明，开挖工作面的地质素描和数码成像对于判断围岩稳定性和预测开挖面前方的地质条件是十分重要的，必要时进行物理力学试验，获得围岩的具体力学参数，为施工阶段围岩分级和科学的信息化施工提供有效的参考依据。在进行地质素描及数码成像的时候，工作面需有良好的照明和通风条件，以保证地质素描及数码成像的效果。初期支护完成后应进行喷层表面裂缝及其发展、渗水、变形观察和记录。初期支护状态的观察和裂缝描述，对直接判断围岩的稳定性和支护参数的检验是不可缺少的。注意观测初期支护的变形以及渗水情况，及时发现及时治理，避免工程事故的发生。

洞外观察重点应在洞口段和洞身浅埋段，记录地表开裂、地表变形、边坡及仰坡稳定状态、地表水渗漏情况等，同时还应对地面建(构)筑物进行观察。

三 围岩的破坏形态分析

1. 危险性不大的破坏

构筑仰拱后，在拱肩部出现的剪切破坏，一般进展缓慢，危险性不大，特别是当拱肩部的剪切破坏面上有锚杆穿过时，因锚杆的抵抗作用，更不会发生急剧破坏。

2. 危险性较大的破坏

在没有构筑仰拱的情况下，当隧道净空变位速度收敛很慢且净空变位量很大时，拱顶喷混凝土因受弯曲压缩而产生的裂隙常常进展急剧，时常伴有混凝土碎片飞散，是一种危险性较大的破坏。

3. 有塌方征兆的破坏

拱顶喷混凝土层出现对称的、可能向下滑落的剪切破坏现象时，或侧墙发生向内侧滑动的剪切破坏，并伴有底鼓现象时，这两种情况都会引起塌方事故。

施工阶段围岩级别素描卡

表 2-10

编号：　　　　　　　　　　　　　　　　　　　　　　某隧道

开挖工作面里程		埋深(m)	

地层岩性		围岩级别	设计		饱和极限抗压强度 R_b（MPa）	极硬岩	硬岩	较软岩	软岩	极软岩	取样编号	试验编号
			实际施工			>60	30～60	15～30	5～15	<5		

开挖工作面上围岩结构特征									
层理	产状		单层厚度(m)		层面特征		与隧轴夹角		
节理裂隙	组次	产状	间距(m)	长度(m)	缝宽(mm)	充填物	与隧轴夹角	结构面与隧道轴线关系图	
	1								
	2								
	3								
	4								
断层	产状		破碎带宽度(m)		破碎带特征		与隧轴夹角		纵波速度(m/s)

侧壁围岩结构特征

左侧壁								
层理	产状		单层厚度(m)		层面特征		与隧轴夹角	
节理裂隙	组次	产状	间距(m)	长度(m)	缝宽(mm)	充填物	与隧轴夹角	
	1							
	2							
	3							
	4							
断层	产状		单层厚度(m)		破碎带特征		与隧轴夹角	

右侧壁								
层理	产状		单层厚度(m)		层面特征		与隧轴夹角	
节理裂隙	组次	产状	间距(m)	长度(m)	缝宽(mm)	充填物	与隧轴夹角	
	1							
	2							
	3							
	4							
断层	产状		单层厚度(m)		破碎带特征		与隧轴夹角	

续上表

<table>
<tr><td rowspan="2">地下水</td><td rowspan="2">涌水位置</td><td rowspan="2"></td><td rowspan="2">涌水量
[L/(min×10m)]</td><td>无水</td><td>滴水</td><td>线状</td><td>股状</td><td>含泥沙情况</td><td>侵蚀类型</td><td>取水样编号</td><td>试验编号</td></tr>
<tr><td><10</td><td>10~25</td><td>25~125</td><td>>125</td><td></td><td></td><td></td><td></td></tr>
<tr><td rowspan="2">稳定性</td><td colspan="2">洞周</td><td>稳定</td><td>拱部掉块</td><td>边墙掉块</td><td>拱部坍塌</td><td colspan="2">边墙坍塌</td><td colspan="2">塌方>10m³</td><td>塌方<10m³</td></tr>
<tr><td colspan="2">开挖工作面</td><td colspan="2">稳定</td><td colspan="2">拱部坍塌</td><td colspan="2">开挖工作面挤出</td><td colspan="2">开挖后至掉块或坍塌的时间</td><td></td></tr>
<tr><td colspan="6">侧壁锚索</td><td colspan="4">开挖工作面素描</td><td colspan="2">工程措施及有关参数</td></tr>
<tr><td colspan="3">左侧壁</td><td colspan="3">右侧壁</td><td colspan="4">开挖工作面</td><td colspan="2"></td></tr>
<tr><td colspan="3"></td><td colspan="3"></td><td colspan="4"></td><td colspan="2"></td></tr>
<tr><td colspan="6">施工方签字：　　　年　月　日</td><td colspan="6">监理签字：　　　年　月　日</td></tr>
</table>

四、利用目测结果修改设计、指导施工

开挖后目测到的地质情况与开挖前勘测结果有很大不同时，则应根据目测的情况重新修改设计方案。变更后的围岩级别、地下水情况以及围岩稳定性状态等，由设计单位和监理组确认，报主管部门审批后，对原设计进行修改，以便选择可行的施工方法与合理地调整有关设计参数。目测中常发现的问题及处理措施如下：

(1)当发现开挖工作面自稳时间少于 1h 的情况时，则可采取下列措施：

①采用环形切割法进行开挖，先使核心部预留、支护后再开挖核心部。

②采用分部开挖法。

③对开挖工作面前方拱顶用斜锚杆支护后再开挖。

④对开挖工作面做喷混凝土防护后再开挖。

⑤采用超前支护对开挖工作面加固后再开挖。

⑥对围岩进行注浆加固后再开挖。

(2)开挖后没有支护前，发现顶板剥落现象时，可采用下列措施：

①开挖后尽快施作喷混凝土层，缩短掘进作业时间。

②对开挖工作面前方拱顶用斜锚杆进行预支护后再开挖。

③缩短一次掘进长度。

④采用分块开挖法。

⑤增加钢拱架加强支护。

⑥对围岩进行注浆加固后再开挖。

(3)开挖工作面有涌水时，可根据涌水量大小，由小到大依次选取下列措施中的一项或几项：

①增加喷混凝土中的速凝剂含量，加快凝结速度。

②使用编织金属网改善喷混凝土的附着条件。

③对岩面进行排水处理。

④设置防水层。

⑤打排水孔或设排水导坑。

⑥对围岩进行注浆加固。

(4)发现有锚杆拉断或垫板陷入围岩壁面内的情况时，可采取下列措施：

①加大锚杆长度。

②使用弹簧垫圈的垫板。

③使用高强度锚杆。

(5)发现有喷混凝土与岩面黏结不好的悬空现象时，可采取下列措施：

①开挖后尽早进行喷混凝土作业。

②在喷混凝土层中加设编织金属网。

③增加喷混凝土层厚度。

④增长锚杆或增加锚杆数量。

(6)发现钢拱架有压屈现象时，可采取下列措施：

①适当放松钢拱架的连接螺栓。

②使用可缩性 U 形钢拱架。

③喷混凝土层留出伸缩缝。

④加大锚杆长度。

(7)发现喷混凝土层有剪切破坏时,可采取下列措施:

①在喷混凝土层增设金属网。

②施作喷混凝土时留出伸缩缝。

③增加锚杆长度。

④使用钢拱架或U形可缩性钢拱架。

(8)发现有底鼓现象或侧墙向内滑移现象时,可采取下列措施:

①尽快施作喷混凝土仰拱,使断面尽早闭合。

②在仰拱部打设锚杆。

③原设计方案采用全断面开挖时,可用台阶法开挖,原设计方案采用长台阶或短台阶开挖时,可缩短台阶长度或改用小台阶法开挖,以缩短支护结构形成闭合断面的时间。

上述这些根据目测结果修改设计的措施,可以根据破坏现象程度的不同,单独采用一项或同时采用几项,在确定采用某项措施时,有时还需参考一些其他量测结果,特别是参考净空变化量测结果进行综合分析后再做决定。

任务三 净空变化监测

围岩的变形特征,除了可以进行围岩稳定性评价和支护结构的设计外,也是对隧道围岩进行分类的重要依据。围岩位移有绝对位移与相对位移之分,绝对位移是指隧道围岩或隧道顶底板及侧端某一部位的实际移动值。其测量方法是在距实测点较远的地方设置一基点(该点坐标已知,且不再产生移动),然后定期用测量仪器自基点向实测点进行量测,根据前后两次观测所得的高程及方位变化,即可确定隧道围岩的绝对位移量。但是,绝对位移量测需要花费较长的时间,并受现场施工条件限制,除非必需,一般不进行绝对位移的量测。同时,在一般情况下并不需要获得绝对位移,只需及时了解围岩相对位移的变化,即可满足要求,相应地采取某些技术措施,便能确保生产安全,因此现场测试多测量相对位移。

微课:隧道周边位移量测

隧道净空变化亦称收敛,指隧道周边各点趋向隧道中心的变形。所谓隧道净空变化量测主要是指对隧道壁面两点间水平距离的变化值的量测。它是判断围岩动态的最主要的量测项目,特别是当围岩为垂直岩层时,净空变化量测更具有非常重要的意义,这项量测设备简单、操作方便,对围岩动态监测所起的作用很大,在各个项目量测中,如果能找出净空变化与其他量测项目之间的规律性,还可省掉一些其他项目的量测。

一 监测目的

(1)净空变化是隧道围岩应力状态变化的最直观反映,量测净空变化可为判断隧道空间的稳定性提供可靠的信息。

(2)根据变位速度判断隧道围岩的稳定程度,为二次衬砌提供合理的施作时机。

(3)指导现场设计与施工。

二 监测仪器及方法

隧道净空变化监测常可采用接触量测或非接触量测方法。接触量测采用收敛计直接读取读数取得,非接触量测主要用全站仪进行。传统的接触量测方法具有成本低、简便可靠、能适应恶劣环境等优点,但对施工干扰大,测量速度慢,越来越难以满足要求。非接触量测具有对施工干扰小、测量速度快,特别是对于大跨度隧道更能显示出其方便、快速、灵活、适应性强的优点,克服了传统的接触量测方法的缺点,并可以进行隧道变化位移量测和隧道内测点三维位移量测。对于大跨隧道,优先考虑非接触量测。

(一)收敛计监测

目前国内外生产的收敛计种类很多,应当根据隧道跨度的不同和各隧道所要求的量测精度的不同来选择,目前多采用数字显示收敛计,如图 2-13 所示。

图 2-13　数显收敛计图示

微课:收敛计法量测隧道周边位移

实操视频:净空收敛监测

1. 基本工作原理

收敛计是利用机械传递位移的方法,将两个基准点间的相对位移转变为数显位移计的两次读数差。当用挂钩连接两基准点 A、B 预埋件时,通过调节螺母,改变收敛计机体长度可产生对钢尺的恒定张力,从而保证量测的准确性及可比性。机体长度的改变量,由数显电路测出。当 A、B 两点间随时间发生相对位移时,在不同时间内所测读数不同,其差值就是 A、B 两点间的相对位移值。

2. 仪器使用方法

(1)检查预埋设点有无损坏、松动并将测点灰尘擦净。

(2)打开收敛计钢尺摇把,拉出尺头挂钩放入测点孔内,将收敛计拉至另一端测点,并把尺架挂钩挂入测点孔内,选择合适的尺孔,将尺孔销插入,用尺卡将尺与联尺架固定。

(3)调整调节螺母,仔细观察,使塑料窗口上的刻线对在张力窗口内标尺上的两条白线之间(每次应一致)。

(4)记下钢尺在联尺架端时的基线长度与数显读数。为提高量测精度,每条基线应重复测三次取平均值。当三次读数极差大于 0.5mm 时,应重新测试。

(5)测试过程中,若数显读数已超过 25mm,则应将钢尺收拢(换尺孔)25mm 重新测试,两组平均值相减,即为两尺孔的实际间距,以消除钢尺冲孔距离不精确造成的测量误差。

(6)一条基线测完后,应及时逆时针转动调节螺母,摘下收敛计,打开尺卡收拢钢带尺,为下一次使用做好准备。

实操视频:收敛计　　实操视频:收敛计-数据处理

3. 收敛值计算

基线两点间收敛值(S)按下式计算:

$$S=(D_0+L_0)-(D_n+L_n) \tag{2-1}$$

式中:D_0——首次数显读数,mm;

L_0——首次钢尺长度,mm;

D_n——第 n 次数显读数,mm;

L_n——第 n 次钢尺长度,mm。

如第 n 次量测与首次量测的环境温度相差较大时,要进行温度修正。其公式如下:

$$L'_n=L_n-\alpha(T_n-T_0)L_n \tag{2-2}$$

式中:L'_n——温度修正后钢带尺长度,mm;

α——钢带尺线膨胀系数,取 $\alpha=12\times10^{-5}$℃;

T_n——第 n 次观测时的环境温度,℃;

T_0——首次观测时的环境温度,℃。

钢尺温度修正后收敛值(S')按下式计算:

$$S'=(D_0+L_0)-(D_n+L'_n) \tag{2-3}$$

基线缩短,S 或 S'为正值,反之为负。

(二)无尺监测

无尺监测系统主要由全站仪、反射膜片及数据处理系统组成。其基本原理是先将反射膜片粘贴固定在监测点上并加以保护,用全站仪测得各监测点坐标,通过坐标反算求得测线长度,进而获得净空变化值。实际运用中,为了计算的方便,开发了专用数据处理系统,监测时,只需由全站仪自动将数据记录在仪器自带的 PC 卡上,待全部断面测试完毕,用专用软件将全站仪内数据传输至计算机内,由数据处理系统对数据进行处理,经计算得出测点间测线长度。将本次量测测线长度与上次量测测线长度相比较即可得出本次收敛值和累计收敛值。

无尺监测技术自动化程度高,监测精度高,操作简便,大大减少了因人工操作而引起的误差。该技术属于非接触量测,在大跨度隧道量测中具有明显优势。根据设站方式不同,无尺监测分为自由设站与固定设站两种。

1. 自由设站

指将仪器架设于任意点设站,首先观测若干基准点的方向与距离,通过坐标反算求得测站上仪器中心点的坐标及真北方向,然后以此为基准,观测各监测点的坐标。该法的优点是可任意置放仪器，仪器操作方便，但测站点的定位精度不易保证，从而影响监测点的测量精度，且多个后视基准点在隧道这种狭长的空间内难以确定。

2. 固定设站

指将仪器在固定点设站，假设固定点为坐标原点(0,0,0)，测量监测点相对于坐标原点的方位角、平距及高差，求得各监测点的相对坐标，从而计算测线长度的方法。该法的优点是后视基准点只需一点，定向方便准确，但每次测量要求仪器精确对中和准确测量仪器高，且固定点需要保护。

3. 非接触法量测案例

采用非接触量测方法进行量测，拱顶下沉测点与周边位移测点布置在同一断面。如图 2-14所示，采用全站仪的对边测量功能进行测量便可测出收敛的数据，拱顶下沉监测时，基本原理和过程同地表沉降的监测原理相似，首先使用高精度全站仪对基点进行量测，取得基点高程 H_1，然后测出观测点的高程 J_1，计算得出相对于基点的高程 $J_1=I_1-H_1$，根据监测频率，分别测出基点的高程 H_2 和观测点的高程 I_2，得出相对高程 $J_2=I_2-H_2$，得出拱顶沉降量$K=J_2-J_1$，通过长期监测可得出日沉降量及累积沉降量，根据变形管理等级进行持续监测及预警。

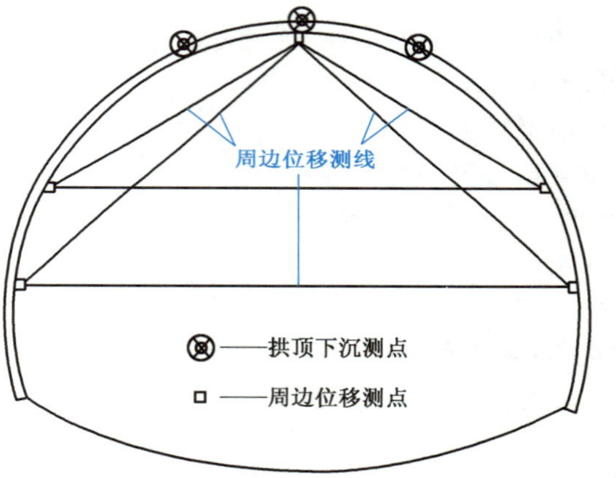

图 2-14　某隧道断面周边收敛与地表下沉测点测线布置图

采用对边测量功能对周边收敛的各条侧线进行测量，读出各条侧线的长度 E_1、E_2，下一次进行量测时测出周边收敛的各条侧线的长度 F_1，F_2，计算出两次量测间间隔内各条周边收敛测线的收敛量 $G_1=F_1-E_1$、$G_2=F_2-E_2$，其拱顶下沉和周边收敛监测成果曲线图分别如图 2-15 所示。

三 监测断面及测点、测线布置

净空变化和拱顶下沉监测测点应布置在同一断面上。监测断面按表 2-11 的要求布置。拱顶下沉测点原则上设置在拱顶轴线附近。当隧道跨度较大时，应结合施工方法在拱部增设测点。

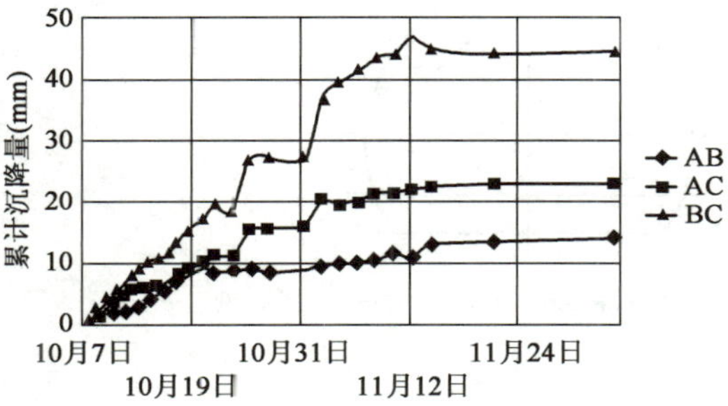

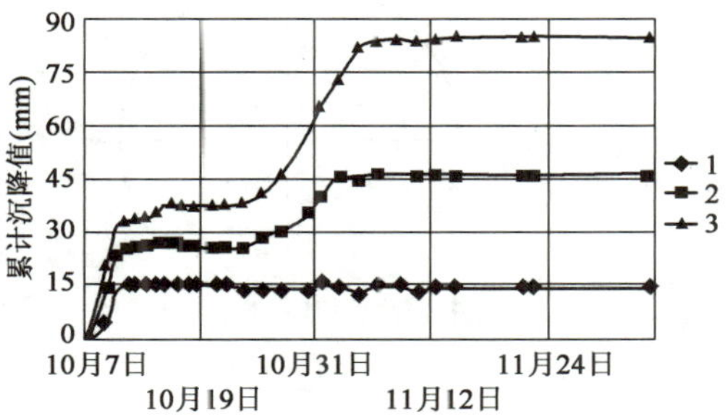

图 2-15　拱顶下沉(左)与周边收敛(右)曲线

必测项目监测断面间距　　表 2-11

围岩级别	断面间距(m)
Ⅴ～Ⅵ	5～10
Ⅳ	10～30
Ⅲ	30～50

采用收敛计量测时,测点采用焊接或钻孔预埋。

采用全站仪量测时,测点应采用膜片式回复反射器作为测点靶标,靶标黏附在预埋件上。

净空变化监测测线可参照表 2-12、图 2-16 进行布置。

净空变化监测测线布置　　表 2-12

开挖方法	地段	
	一般地段	特殊地段
全断面法	一条水平测线	—
台阶法	每台阶一条水平测线	每台阶一条水平测线,两条斜测线
分部开挖法	每分部一条水平测线	CD 或 CRD 法上部、双侧壁导坑法左右侧部,每分部一条水平测线、两条斜测线,其余分部一条水平测线

净空变化量测以水平测线量测为主,必要时设置斜测线(如洞口附近、浅埋区段、偏压或膨胀性围岩区段、拱顶下沉位移量大的区段),斜测线的设置有助于了解垂直方向的位移变化情况;当与解析法一起综合判断时,最好也布置斜测线。

部分开挖法临时支护拆除后,继续进行拱顶下沉和净空变化量测时,测线按全断面开挖法布置。

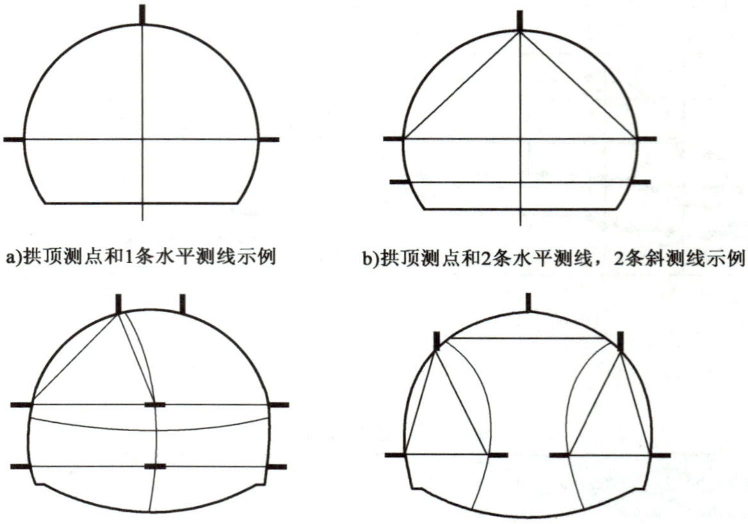

a)拱顶测点和1条水平测线示例　b)拱顶测点和2条水平测线，2条斜测线示例

c)CD或CRD法拱顶测点和测线示例　d)双侧壁导坑法拱顶测点和测线示例

图 2-16　断面量测测点与测线布置示意图

四　监测数据记录

监测数据记录见表 2-13。

隧道收敛量测记录表　　表 2-13

工程项目名称：

施工单位：　　合同段：　　编号：

<table>
<tr><td colspan="8">量测仪器：JSS30A 型数显收敛计
里程桩号：____________　测点位置：____________　围岩类别：____________
开挖时间：______年______月______日　初期支护完成日期：______年______月______日</td></tr>
<tr><td>观测次数</td><td>观测日期</td><td>距开挖面距离（m）</td><td>钢尺读数（m）</td><td>收敛计读数（mm）</td><td>净空（mm）</td><td>收敛值（mm）</td><td>累计收敛值（mm）</td></tr>
<tr><td></td><td></td><td></td><td></td><td></td><td></td><td></td><td></td></tr>
<tr><td></td><td></td><td></td><td></td><td></td><td></td><td></td><td></td></tr>
<tr><td></td><td></td><td></td><td></td><td></td><td></td><td></td><td></td></tr>
<tr><td></td><td></td><td></td><td></td><td></td><td></td><td></td><td></td></tr>
<tr><td></td><td></td><td></td><td></td><td></td><td></td><td></td><td></td></tr>
<tr><td></td><td></td><td></td><td></td><td></td><td></td><td></td><td></td></tr>
<tr><td colspan="4">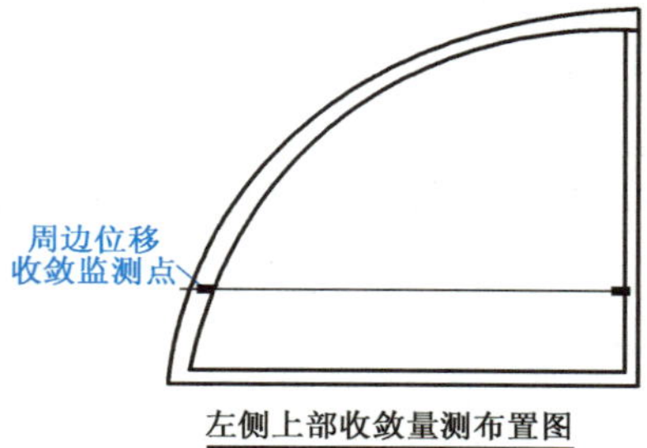
左侧上部收敛量测布置图</td><td colspan="4">说明：</td></tr>
</table>

量测：　　记 录：　　复核：

任务四　拱顶下沉监测

一　监测方法及测点布置

拱顶下沉量测同净空变化量测一样，都是隧道监测的必测项目，最能直接反映围岩和初期支护的工作状态。

动画：拱顶下沉监测　　微课：拱顶下沉监测　　实操视频：拱顶下沉监测

测点的埋设，一般在隧道拱顶轴线处设 1 个带钩的测桩（为了保证量测精度，常常在左右各增加 1 个测点，即埋设 3 个测点），可用 ϕ6mm 钢筋弯成三角形钩，用砂浆固定在围岩或混凝土表层。测点的大小要适中。过小，量测时不易找到；过大，爆破易被破坏。支护结构施工时要注意保护测点，一旦发现测点被埋掉，要尽快重新设置，以保证数据不中断。

拱顶下沉量测大多数采用精密水准仪配合铟钢挂尺进行，如图 2-17 所示。在可通视点架设精密水准仪，在水准点立尺读取后视读数 a，在监测点吊挂铟钢挂尺读取前视读数 b，设水准点高程为 H_A，监测点读数为 H_B，则监测点在该时刻的高程可用式（2-4）计算。

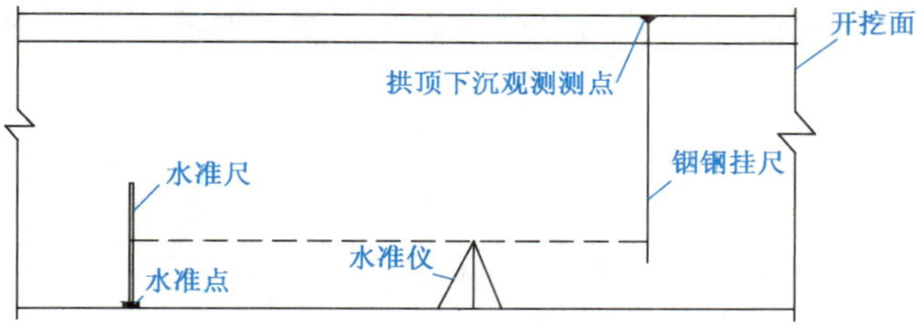

图 2-17　拱顶下沉量测示意图

$$H_B = H_A + (a + b) \tag{2-4}$$

重复监测，求得监测点不同时刻的高程，两次测量的高差，即为拱顶下沉值。读数时应该读 3 次，然后取其平均值。

拱顶下沉量测也可以用全站仪进行非接触量测，特别是对于断面高度比较高的隧道，非接触量测更方便，其具体量测方法跟三维位移量测方法类似。

二　监测数据记录

监测数据记录见表 2-14。

隧道拱顶下沉量测记录表　　表 2-14

工程项目名称：

施工单位：　　合同段：　　编号：

桩号					施工方法				施工部位			埋设日期			
测线编号	量测时间				第一次	第二次	第三次	平均值	温度修正值	修正后测点高程	相对初次下沉值(Δ_u)	相对上次下沉值	时间间隔	下沉速率	备注
	年	月	日	时	m	m	m	m	mm	m	mm	mm	d	mm/d	

测读者：　　计算者：　　复核者：

任务五　地表沉降监测

浅埋隧道通常位于软弱、破碎、自稳时间极短的围岩中，施工方法不妥极易发生冒顶塌方或地表有害下沉，当地表有建筑物时会危及其安全。浅埋隧道开挖时可能会引起地层沉陷而波及地表，因此，地表沉降量测对浅埋隧道的施工是十分重要的。

动画：隧道地表沉降监测

微课：地表下沉量测

一　监测目的

地表沉降量测的目的主要在于了解以下内容：

(1)地表沉降的范围以及下沉量的大小；

(2)地表沉降量随工作面推进的变化规律；

(3)地表沉降稳定的时间。

二　监测仪器

地表沉降监测可采用精密水准仪与铟钢尺进行，当采用常规水准测量手段出现困难时，可采用全站仪量测。

三　断面及测点布置

对于浅埋隧道，地表沉降及其发展趋势是判断隧道围岩稳定性的一个重要标志。浅埋隧道地表沉降量测的重要性，随隧道埋深变浅而增大，如表 2-15 所示。

地表沉降量测的重要性 表 2-15

埋深	重要性	测量与否
$3B < H$	小	不必要
$2B < H < 3B$	一般	最好量测
$B < H < 2B$	重要	必须量测
$H < B$	非常重要	必须列为主要测量项目

注：B 为隧道直径，H 为隧道埋深。

地表下沉量测断面一般与洞内净空变化和拱顶下沉量测设置在同一断面，当地表有建筑物时，在建筑物周围增设地表下沉观测点。在隧道纵向（隧道中线方向）至少布置一个纵向断面。地表沉降测点应在隧道开挖前布设，与隧道内测点布置在同一断面里程。一般条件下，地表沉降测点纵向间距应按表 2-16 的要求布置。

地表沉降测点纵向间距 表 2-16

隧道埋深与开挖宽度	纵向测点间距（m）
$2B < H_0 < 2(B+H)$	15～30
$B < H_0 \leq 2B$	10～15
$H_0 \leq B$	5～10

注：H_0 为隧道埋深，H 为隧道开挖高度，B 为隧道开挖宽度。

地表沉降测点横向间距宜为 2～5m，在隧道中线附近测点应适当加密，隧道中线两侧量测范围不应小于 H_0+B，建（构）筑物对地表沉降有特殊要求时，量测间距应适当加密，范围应适当加宽。其测点布置如图 2-18 所示。

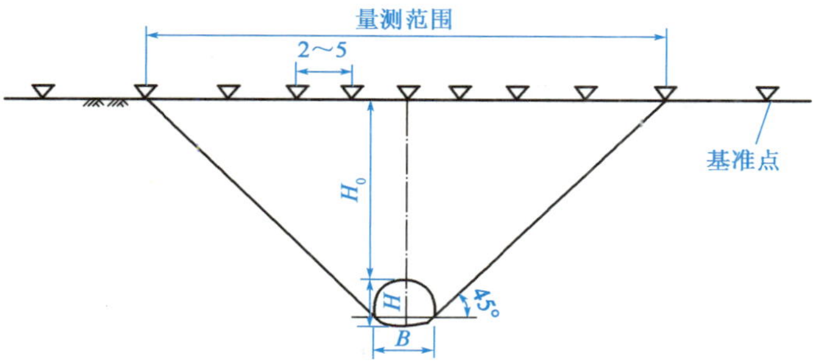

图 2-18 地表沉降量测测点布置示意图（尺寸单位：m）

监测基准点应设置在地表沉降影响范围之外。测点采用地表钻孔埋设，测点四周用水泥砂浆固定。

四 监测方法

地表沉降量测方法和拱顶下沉量测方法相似，即通过测点不同时刻高程 h，求出两次量测的差值 Δh，即为该点的下沉值。需要注意的是参考点（基准点）必须设置在工程施工影响范围以外，以确保参考点（基准点）不下沉，并在工程开挖前对每一个测点读取初始值。一般在距离开挖面前方 $H+h$ 处（H 为隧道埋深，h 为隧道开挖高度）就应对相应测点进行超前监测，然后随着工程的进展按一定的频率进行监测。在读数时各项限差宜严格控制，每个测点读数误差不宜超过 0.3 mm，对不在水准路线上的观测点，一个测站不宜超过 3 个，超过时应重读后视点读数，以作核对。首次观测时，对测点进行连续3次观测，3次高程之差应小于±1.0mm，并取平均值作为初始值。

当所测地层表面立尺比较困难时，可以在预埋的测点表面粘贴膜片式反射器作为测点靶标，然后用全站仪进行非接触量测。

五 监测频率

地表沉降量测的频率应和拱顶下沉及水平相对净空变化的量测频率相同。

六 监测控制基准

地表沉降控制基准应根据地层稳定性、周围建(构)筑物的安全要求分别确定，取最小值。

七 监测数据记录

监测数据记录见表2-17。

隧道地表沉降量测记录表 表2-17

工程项目名称：

施工单位： 合同段： 编号：

观测次数	观测日期	实测高程(m)	下沉量(mm)	累计下沉量(mm)

量测： 记录： 复核：

任务六　围岩内部位移监测

一 监测目的

微课：围岩内部位移

为了探明支护系统上承受的荷载，进一步研究支护与围岩相互作用之间的关系，不仅需要量测支护空间产生的相对位移(或空间断面的变形)，而且还需要对围岩深部岩体位移进行监测，因此，围岩内部位移量测的目的为：

(1)确定围岩位移随深度变化的关系；

(2)找出围岩的移动范围，深入研究支护与围岩相互作用的关系；

(3)判断开挖后围岩的松动区、强度下降区以及弹性区的范围；

(4)判断锚杆长度是否适宜，以便确定合理的锚杆长度。

二 仪器的选择与使用

隧道围岩内部位移量测一般采用位移计进行。位移计分单点位移计和多点位移计，单点位移计只能观测围岩内一个深度的位移，结构简单，制作容易，测试精度高且易于安装和保护；多点位移计则可以观测同一个钻孔不同深度围岩的位移，但结构较复杂。下面以多点位移计（图 2-19）为例，说明围岩内部位移量测的原理及方法。

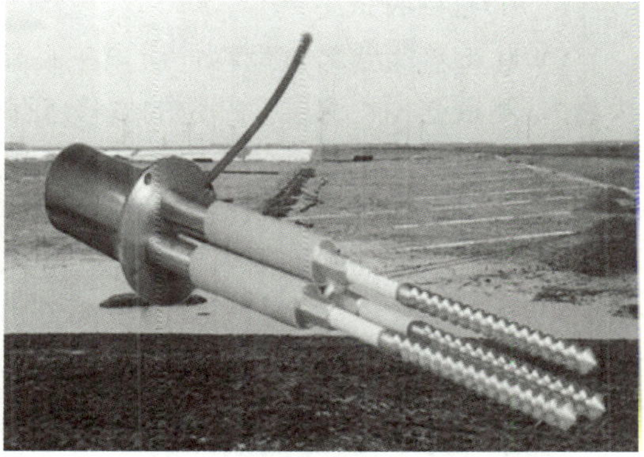

图 2-19　多点位移计

1. 多点位移计工作原理

设多点位移计埋设在钻孔内的各测点与钻孔壁紧密连接，岩层移动时能带动测点一起移动。位移计各测点编号由内向外依次为 1、2、3…，1 为最深点。测量钻孔不同深度岩层的位移，亦即测量各点相对于钻孔最深点（即 1 点）的相对位移。

变形前各测点钢带在孔口的读数为 s_{i0}，变形后第 n 次测量时各点钢带在孔口的读数位 s_{in}。第 n 次测量时，测点 1 相对于钻孔的总位移量位 $S_{1n}-S_{10}=D_1$，测点 2 相对于孔口的总位移量为 $S_{2n}-S_{20}=D_2$，测点 i 相对于孔口的总位移量位 $S_{in}-S_{i0}=D_i$。于是，测点 2 相对于测点 1 的位移量是 $\Delta S_{2n}=D_2-D_1$，测点 i 相对于测点 1 的位移量是 $\Delta S_{in}=D_i-D_1$。

当在钻孔内布置多个测点时，就能分别测出沿钻孔不同深度围岩的位移量。测点 1 的深度越大，本身受开挖的影响越小，所测出的位移值越接近绝对值。

2. 量测仪器

位移计按测试装置的工作原理可分为机械式位移计和电测式位移计。

三 量测方法

以 VWM 型振弦式多点位移计（图 2-20）为例进行介绍。

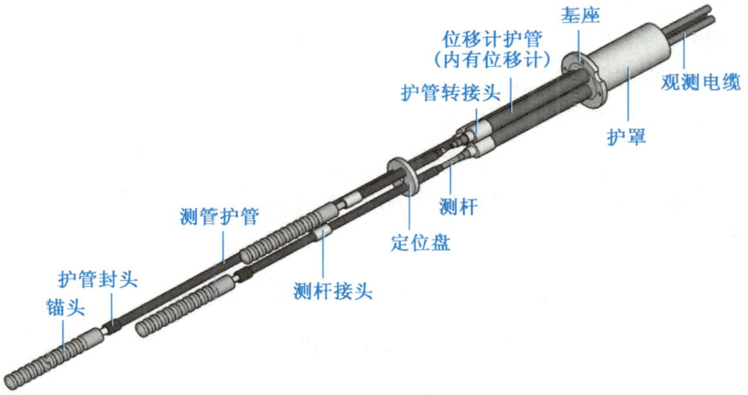

图 2-20　VWM 型振弦式多点位移计的结构组成

1. 用途与特点

VWM 型振弦式多点位移计适用于长期埋设在水工结构物或土坝、土堤、边坡、隧道等结构物内，测量结构物深层多部位的位移、沉降、应变、滑移等，并可同步测量埋设点的温度。

VWM 型多点位移计的位移传感器采用的是 VWD 型振弦式位移计，由位移计加装配套附件而组成。振弦式位移计的敏感测量元件，与固定机架的材料线膨胀系数极为接近，其温度修正系数甚小，故使用中不需要进行温度修正。

VWM 型振弦式多点位移计的位移传感器具有智能识别功能。

2. 型号和规格

VWM 型振弦式多点位移计，根据测量范围的不同分为三种型号：VWM-20(X)、VWM-50(X)、VVV-100(X)，各型号后缀括号内 X 为规格，代表多点位移计的分层测量点数，常规分为 2 ~6 点，高于 6 点为特规。

3. 结构及工作原理

(1) 结构

VWM 型振弦式多点位移计由位移计、基座、护罩、接长测杆、测杆接头、PVC 管、护管接头、护管转接头、护管封头、定位盘、锚头、观测电缆等组成。

(2) 工作原理

当被测结构物发生的位移通过多点位移计的锚头带动接长测杆位移，接长测杆拉动位移计的测杆，位移传递给振弦转变成振弦应力的变化，从而改变振弦的振动频率。电磁线圈激振振弦并测量其振动频率，频率信号经电缆传输至数采装置，即可测出被测结构物的位移量，同步测量埋设点的温度值。

4. 计算方法

(1) 当外界温度恒定多点位移计仅受到轴向位移变形时，其位移变形量 L 与输出的频率模数 ΔF 具有如下线性关系：

$$\begin{aligned} L &= k\Delta F \\ \Delta F &= F - F_0 \end{aligned} \tag{2-5}$$

式中：k——多点位移计的测量灵敏度，mm/F；

ΔF——多点位移计实时测量值相对于基准值的变化量，F；

F——多点位移计的实时测量值，F；

F_0——多点位移计的基准值，F。

(2) 当多点位移计不受外力作用(仪器两端标距不变)，而温度增加 ΔT 时，多点位移计有一个输出量 $\Delta F'$，这个输出量仅仅是由温度变化而造成的，因此在计算时应给以扣除。

由试验可知 $\Delta F'$ 与 ΔT 具有如下线性关系：

$$\begin{aligned} L' &= k\Delta F' + (b - h\alpha)\Delta T = 0 \\ k\Delta F' &= -(b - h\alpha)\Delta T \\ \Delta T &= T - T_0 \end{aligned} \tag{2-6}$$

式中：b——多点位移计的温度修正系数，mm/℃；

ΔT——温度实时测量值相对于基准值的变化量，℃；

T——温度的实时测量值,℃;

T_0——温度的基准值,℃;

h——测杆长度,mm;

α——测杆的线膨胀系数,10^{-6}/℃;

注:测杆材料为不锈钢,不锈钢的线膨胀系数一般取 16.5×10^{-6}/℃。

(3)埋设在混凝土结构物或其他结构物内的多点位移计,受到的是变形和温度的双重作用,因此位移计的一般计算公式为:

$$\begin{aligned} L_m &= k\Delta F + (b - h\alpha)\Delta T \\ &= k(F - F_0) + (b - h\alpha)(T - T_0) \end{aligned} \tag{2-7}$$

式中:L_m——被测结构物的位移量,mm。

注:VWM 型振弦式多点位移计中的敏感测量元件,与固定机架的材料线膨胀系数极为接近,试验所得其温度修正系数 b 甚小,由此一般计算可用公式为:

$$\begin{aligned} L_m &= k\Delta F - h\alpha\Delta T \\ &= k(F - F_0) - h\alpha(T - T_0) \end{aligned} \tag{2-8}$$

5.振弦式位移计使用方法

1)前期准备

安装前应先核对测量点数及各点深度,根据各测点的测量深度配备不锈钢接长测杆和 PVC 护管的长度。接长测杆分为:0.5m、1.0m、1.5m 三种标配长度,1.5m 的接长测杆为主杆,0.5m 和 1m 的接长测杆用于调配测杆总长度。1.5m 的护管为标配长度,安装时可自由裁成需要的长度进行调节(图 2-21)。

多点位移计出厂时位移计固定在基座上的状态是按向下埋设方式装配的(埋设时无须调整),其位移计在基座上面部分(X)≥量程,位移计测杆(Y)收于最小位置。

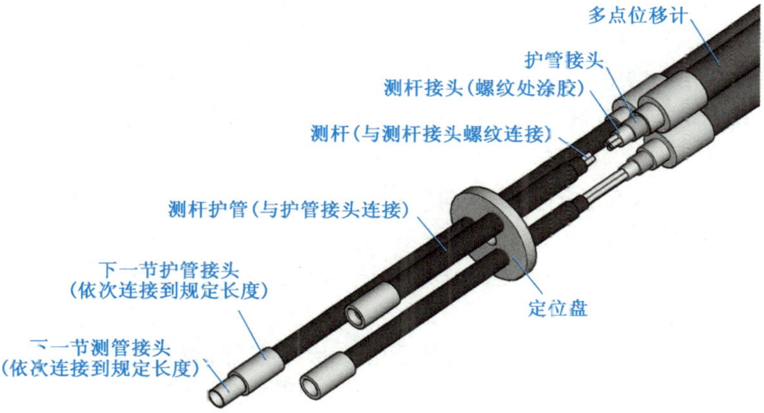

图 2-21　VWM 型振弦式多点位移计的局部构造

2)安装与埋设

多点位移计安装埋设的位置和环境不同,埋设安装方法也有所不同,分为向下埋设(含向下倾斜)、向上埋设(含向上倾斜)、水平埋设三种方式。埋设时根据埋设的方向及孔深,需在现场对多点位移计进行装配和调整。下面主要对埋设在岩体内，测量岩体稳定性的埋设安装方法做一些简述，在其他结构物内埋设安装多点位移计的方法可参照进行。多点位移计的安装埋设如图 2-22 所示。

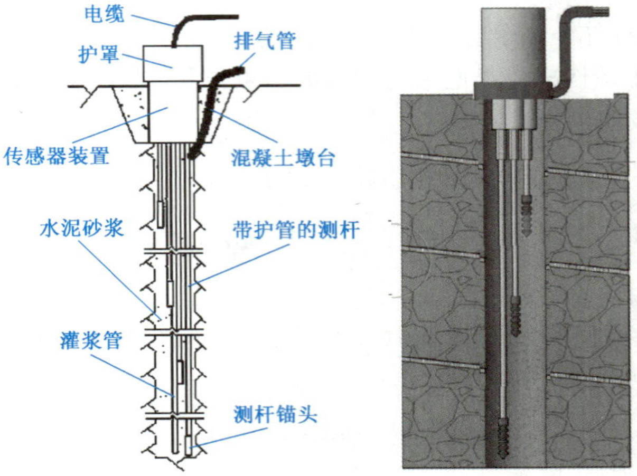

图 2-22　多点位移计的安装埋设示意

(1)安装测杆束。按测点数将灌浆锚头组件与不锈钢测杆、测杆接头、测杆保护管及密封件、测杆减阻导向接头、测杆定位块等可靠连接固定后集成一束，捆扎可靠，整体置入钻孔中。如遇长测杆(>6m)，可分段置入，孔口连接。

(2)灌浆锚固。全部测杆完全置入孔中，使测杆束上端尽量处于同一平面内并距钻孔底面以下约 5cm，测杆保护管比测杆短约 15cm。位置定位可靠后，浇筑混凝土砂浆至测杆保护管上端面以下约 20cm，凝固后方可撤去约束。浇筑混凝土砂浆时要特别注意保护测杆保护管口及测杆端口，避免受到损伤和黏结混凝土砂浆。

(3)安装测头基座。先将测杆保护管调节段(长度现场调整)及带刺接头插入测杆保护管中，此时全部测杆及保护管的上端应基本处于同一平面内。放入事先连接好的安装基座和 PVC 传感器定位芯座，将测杆及其保护管与定位芯座上的多孔一一对准后落下定位，注意调节基座法兰的底面位置，使测杆不受轴向压力为宜，可用底面加填钢制垫片实现。调节准确后钻地脚螺栓孔，并用地脚螺栓将此组件可靠固定在钻孔底面上。

(4)安装位移传感器。将位移传感器逐一通过 PVC 定位芯座上对应定位孔与测杆端接头加螺纹胶旋紧固定。如果发现测杆连接面陷得太深而使传感器无法拧入时，可以加装仪器商预备的加长件。待胶凝固后，频率读数仪在监测状态下调节传感器"零点"，并通过安装在芯座上预置机构锁定位置。按测点数逐一完成上述调节。每个传感器的埋设零点由监测设计者按该测点的"拉压"范围而定。

(5)安装保护罩。用频率读数仪逐一测读各支传感器并做好记录，若全部测读正常，即可装上保护罩，此时保护罩的电缆出口处已装好了橡胶保护套。将全部测点传感器的信号电缆集成一束从橡胶护套中沿保护罩由内向外穿出。安装保护罩时，可在保护罩的 M90 ×1.5 外螺纹上涂以适量螺纹胶。连接可靠后，整理电缆，再逐一检测各支仪器的读数是否正常。

(6)接长电缆。现场接长电缆处须具备交流电源，仪器电缆与接长电缆间须用锡焊连接芯线，并不得使用酸性助焊剂，芯线外层及电缆表层护套上均应使用热缩套管包裹可靠。全部电缆连接工作完成后再用读数仪检测各支仪器的读数是否正常。若认为必要，安装基座及传感测头组件可用混凝土砂浆予以包裹整齐，多点位移计的安装工作即告完成。

6. 振弦式位移计使用方法(PC-4450 型)

1)仪器检查

收到该仪器后，即用测量仪表对传感器做适当的检查。滑动杆出厂时通常在被拉出大约 50% 量程的位置定位，原因是传感器的钢弦在保持一定张力的情况下，可减少在运输途中造成的损坏。把传感器连接到读数仪上，读数应该是稳定的，其频率模数在 4000 ~ 5000 范围内。当去掉尼龙扣或半圆保护管后，滑动杆会弹回外筒内，此时读数应该在 2000 ~ 3000 之间。注意，通常在定位销落入定位槽时，不能获取读数或读数不稳定，此时只要将滑动杆拉出 2 ~ 3mm 后即可得到正确读数。为了检查传感器是否正常，而将传感器的滑动杆拉出，此时，应避免将滑动杆拉出量程的范围。也可用欧姆表来检查仪器的连续性，线圈间的电阻大约是 180Ω ±10Ω，检查时应考虑电缆的电阻。导线与屏蔽间的绝缘电阻应该超过 20MΩ。

2)位移传感器的安装

先将传感器滑动杆上的尼龙扣去掉，使定位销落入定位槽中，以避免安装过程中内部振弦的扭转。

(1)将传感器小心插入要安装的基座中，与测杆接头对正后，用大号平口螺丝刀顶住后端的安装螺丝槽口，将传感器拧入测杆连接头直到紧固。

(2)将黑红导线接至读数仪上，读数仪设置零挡。

(3)缓慢地向外拉动传感器管体，使管体上的定位槽脱离滑动杆上的定位销，注意保持传感器不能转动。

(4)继续拉动传感器，直到读数仪上获得所需读数(实际应用以现场要求确定)。

(5)紧固基座上的传感器固定锚，同时要注意不能将传感器转动。

7. 注意事项

多点位移计安装定位后，在灌浆前应检查各传感器设定的初始位置(传感器最大量程的 20% 左右)，如需调整应先拆下护罩，松开紧固传感器的螺栓，利用传感器的后接圈上的横向小孔上下拉动传感器，调整到初始设定位置后拧紧紧固传感器的螺栓，用读数仪测量和记录读数备案，最后安装好护罩，没有问题才可以灌浆。

多点位移计安装埋设全部完成后应及时进行观测，根据仪器编号和设计编号记录各时期每支传感器的读数变化，以便于后面确定计算基值用，并严格保护好仪器的观测电缆。

在电缆连接中，要预留足够的长度保证电缆不被拉断或影响测量。同时，电缆的防水也很重要，建议采用环氧基接线套件，如:3M ScOtchcast 82-A1 电缆连接套件。

当布置电缆时，要尽可能远离干扰源，如交流电源线、发电机、机动车、电焊机等。观测电缆不要并行或通过电力电缆，这样才可获得稳定的读数。初始读数的获取必须根据安装时温度的详细记录，这些读数对其后的变形计算具有重要的参考价值。

四 测点的布置及量测要求

(1)量测断面选择。量测断面应设在有代表性的地质地段。

(2)量测断面上的测点布置。每一量测断面应布设 3 ~ 5 组测点，尽量靠近锚杆或净空变化量测的测点处。

(3)量测频率。围岩内位移的量测频率与同一断面其他项目量测频率相同。

(4)为保证钻孔方向与洞壁垂直，在钻孔前固定钻机时，用罗盘仪及水平仪校正钻机，然后把钻机牢固固定住，防止钻孔过程中发生错位和倾斜。钻孔技术要求：钻孔过程中进行钻孔描述，每1m测一次孔斜；对钻孔的漏水及破碎段进行泥浆护壁，终孔后清孔，确保安装时无掉块发生；孔壁要光滑，保证仪器顺利插入；孔向偏差小于1°，孔深误差小于2cm。

任务七　混凝土应力监测

混凝土应力量测包括喷射混凝土和二次衬砌模筑混凝土应力量测，其目的是了解混凝土层的变形特性以及混凝土的应力状态；掌握喷层所受应力的大小，判断喷射混凝土层的稳定状况；判断支护结构长期使用的可靠性以及安全程度；检验二次衬砌设计的合理性；积累资料。

一　量测仪器与方法

微课：混凝土应力监测

混凝土应力量测是将量测元件（装置）直接安装于喷层或二次衬砌中，在围岩逐渐变形过程中由不受力状态逐渐过渡到受力状态。为了使量测数据能直接反映混凝土层的变形状态和受力的大小，要求量测元件材质的弹性模量应与混凝土层的弹性模量相近，从而不致引起混凝土层应力的异常分布，以免量测出的应力（应变）失真，影响评价效果。

目前，用于量测混凝土应力的方法主要有应力（应变）计量测法、光纤光栅传感器。

1. 应力（应变）计量测法

混凝土应变计是量测混凝土应力的常用仪器，量测时将应变计埋入混凝土层内，通过钢弦频率测定仪测出应变计受力后的振动频率，然后从事先标定出的频率—应变曲线上求出作用在混凝土层上的应变，然后再转求应力。图2-23为钢弦式混凝土应变计。

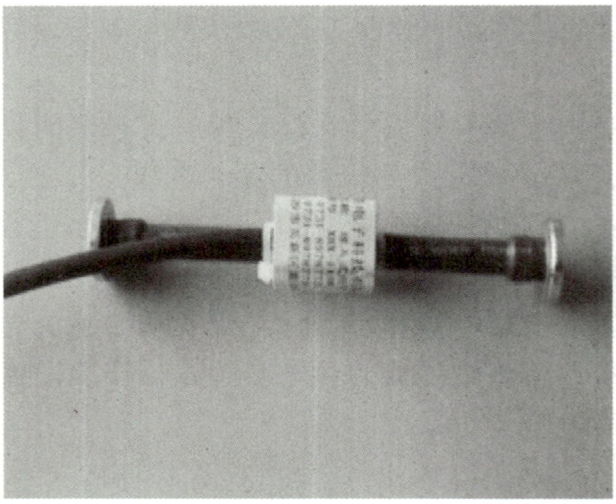

图2-23　钢弦式混凝土应变计

2. 光纤光栅传感器

当用光纤光栅传感器进行混凝土应变量测时，则将传感器成对地埋入混凝土内，通过光纤光栅解调仪获得不同时刻的波长，然后再把波长转换为混凝土的应变值，求出应力。

二　测试断面的布置

混凝土应力量测在纵断面上应与其他选测项目的布置基本相同，一般布设在有代表性的围岩段，在横断面上除了要与锚杆受力量测测孔相对应布设外，还要在有代表性的部位布设测点，在实际量测中通常有三测点、六测点、九测点等多种布置形式。在二次衬砌内布设时，一般应在衬砌的内外两侧同时布置，有时也可在仰拱上布置一些测点，测点布置如图2-24所示。

测定混凝土应力时，不论采用哪一种量测法，均根据现场的具体情况及量测要求，定期进

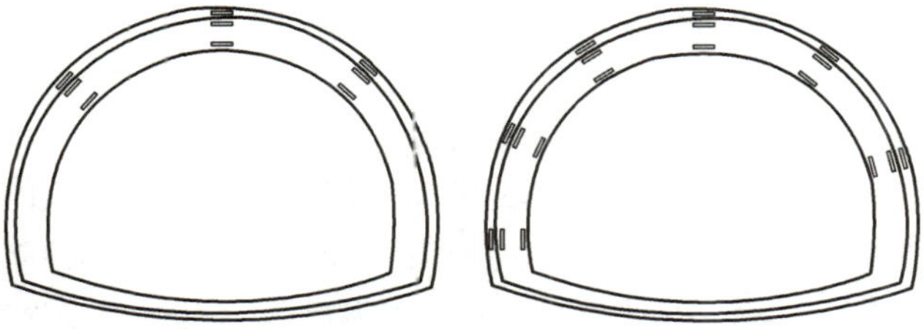

图 2-24　混凝土应力量测测点布置图

行量测。每次每个测点的量测应不少于 3 次，力求测量数据可靠、稳定，取其量测的平均值作为当次的数据，并做好记录。量测频率与其他选测项目量测频率相同。

对量测数据应绘制混凝土应力随开挖面变化的关系曲线，以便掌握量测断面处混凝土应力随开挖工作面前进距离的变化关系；此外，还应绘制混凝土应力随时间变化的关系曲线，以便掌握量测断面处不同喷层混凝土应力随时间的变化关系。

三　量测结果分析案例

对某隧道喷层径向应力进行量测，共设 5 个测点，计有拱顶中央，量测拱脚，以及左、右侧墙距施工底板线 1.5m 处各埋设 GHL-2 型应力计一台，测定各点处喷层的径向应力，随着时间的增长其喷层应力随时间的变化关系曲线，如图 2-25所示。

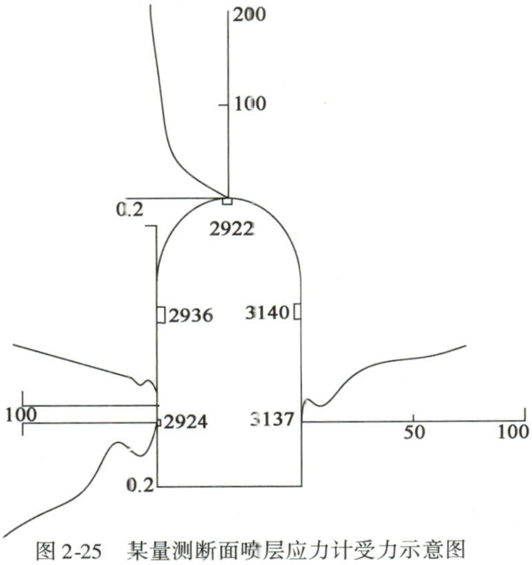

图 2-25　某量测断面喷层应力计受力示意图

注：2922、2936、2924、3140、3137 为应力计出厂号。

(1)从径向应力随时间变化的曲线中可以看出，在喷射初期，由于混凝土尚未固结，喷层能适应围岩变形而随之变形，所以喷层应力为零。当喷层固结后，喷层将阻止围岩变形，使喷层产生应力，随着时间的延续，各点处喷层应力逐渐增加，随后趋于稳定，应力不再增大，从实测的数据看，一般在 15 ~ 20d 内应力已趋于稳定，最大应力均不超过 0.5Pa，远远小于喷层的抗压强度，这说明喷层起到了支撑作用。

(2)评定量测断面内不同部位喷层的稳定程度。从各部位所测出的径向应力变化情况来看，拱顶部位所受应力最小，是断面内最稳定的部位，在拱脚处应力稍有波动，但变化幅度不大，其应力较拱顶稍大，是断面内不稳定的部位，但是各部位所受的应力均小，并且日趋稳定。从整个断面来看，隧道是稳定的。

任务八　围岩压力及两层支护间压力监测

隧道开挖后，围岩要向净空方向变形，而支护结构要阻止这种变形，这样就会产生围岩作用于支护结构上的围岩压力。围岩压力量测，通常情况下是指围岩与初期支护或初期支护与二次衬砌混凝土间的接触压力的测试。其方法是在围岩与初期支护之间及两层支护之间埋设各种压力传感器，通过传感器测试围岩压力的量值及分布状态，判断围岩和支护的稳定性，分析二次衬砌的稳定性和安全度。

一 量测仪器与方法

对围岩与初期支护之间接触压力以及初期支护与二次衬砌之间接触压力进行监控量测。量测仪器根据测试原理和结构分为液压式测力计和电测式测力计。液压式测力计的优点是结构简单、可靠,现场直接读数,使用比较方便;电测式测力计的优点是测量精度高,可远距离和长期观测。目前使用最为普遍的是振弦式压力盒,属电测式测力计。在埋设压力盒时,要求解除紧密,防止接触不良。在围岩与初期支护或者衬砌间埋设压力传感器,通过读取传感器的相关仪表读数(如钢弦频率、L－C 振荡电路的输出信号频率、油压力等)进行间接量测,根据仪器厂家提供的读数—量测参数率曲线换算出相应压力参量值。

微课:围岩压力及两层支护间压力监测

1. 常用量测仪器

压力盒、液压枕。

2. 量测方法

压力传感器(压力盒)埋设后,将电缆逐一编号接出,安放在带锁铁箱内,压力传感器将垂直的力转换为量测信号,用相应的量测设备获取信号并存储数据,每测点量测 3 组数据,做好现场记录。现场记录包括测量时间、设计编号、传感器编号、温度值、传感器的频率值等。

液压枕先在室内组装,经高压密封性试验检验合格后才能埋设使用,根据量测设计的要求,在埋设液压枕的地点,需要在浇筑混凝土前将其位置固定,以便混凝土浇筑作业。埋设液压枕时,首先将液压枕注满机油,排出枕内空气,然后关闭排气阀,在进油嘴上接上高压油管,油管长度以引出工作面到达量测地点为限。为了保护紫铜管,在油管外面再套上一个钢管,然后在油管末端安装油压表、控制阀和油泵。开始宜每天观测一次,以后可减至每周 1～2 次,如果地质条件发生变化,应酌情增减观测次数。根据液压枕内油压前后读数之差,即可从液压枕率定曲线上查得压力的变化,从而判断支护结构的稳定状态。

二 压力盒的布置与埋设

由于测试目的及对象不同,测试前必须根据具体情况做出观测设计,再根据观测设计来布置与埋设压力盒。埋设压力盒总的要求是:接触紧密和平稳,防止滑移,不损伤压力盒及引线,并且需在上面盖一块厚 6～8mm、直径与压力盒直径大小相等的钢板。常见压力盒的布置方式如图 2-26 所示。

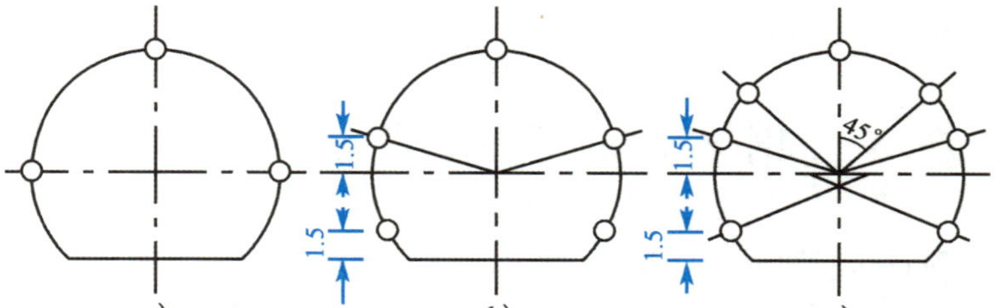

图 2-26 压力盒的布置(尺寸单位:m)

三 量测频率

(1)围岩压力量测从压力传感器埋设到二次衬砌浇筑期间1次/d,之后根据压力变化情况可适当加大量测间隔时间。

(2)支护与衬砌间压力量测频率在脱模后的1周内为1次/d,之后可根据实际情况调整量测频率,最大不得超过1次/周。

(3)数据采集及整理。为防止偶然误差的出现,每测点每次量测3组数据,再用厂家提供的与压力传感器配套的标定曲线或公式计算出压力值。

四 量测数据处理

可在监测横断面图上按不同的施工阶段,以一定的比例把压力值点画在各压力盒分布位置,并以连线的形式将各点连接起来,绘制结构围岩压力分布状态图,由结构围岩压力分布状态图可知结构所受围岩压力的一般规律。

如果围岩压力大,表明喷层受力大,这可能有两种情况:一种情况是围岩压力大但围岩变形不大,表明支护施作或封闭时间过早,需延迟支护和封闭时间,让原岩释放较多的应力;另一种情况是围岩压力大,且围岩变形也很大,此时应加强支护,以限制围岩变形;当测得的围岩压力很小但变形量很大时,则还应考虑是否会出现围岩失稳。

五 注意事项

(1)根据所测压力的大小,选择合适量程范围、构造合理的压力传感器(压力盒),监测接触面压力,可采用直径与厚度之比较小的单膜压力盒。钢弦式压力元件和读数仪表因未使用而放置12个月以上时,使用前要重新进行标定。

(2)测点尽量和其他必测项目布置在同一断面。压力盒安装严格按照厂家提供的使用说明书进行,由量测技术人员负责安装、保护,量测工作由量测技术主管全面负责,保证量测数据及时、真实地反映现场情况。

(3)为了保证中长期监测结构应力和围岩压力,测点电缆线在施作二次衬砌时与初期支护和衬砌间测点电缆线同时接出,并编号绑扎。

六 其他应力、应变监测

应力、应变监控量测属于选测项目,具体监控量测内容根据监控量测设计而定,目前应力、应变监控量测主要采用振弦式、光纤光栅等传感器。在一般施工监控量测中主要以振弦式传感器为主。但如果要对重大隧道进行长期监控量测(如海底隧道)或隧道所处地下水腐蚀性较强,则采用光纤传感器进行现场监控量测,光纤传感器相对于传统的振弦传感器具有抗腐蚀性强、无源量测等优点。

振弦式传感器可通过频率接收仪获得频率读数,依据频率—量测参数率定曲线换算出相应量测参量值。光纤光栅传感器可通过光纤光栅解调仪获得读数,换算出相应量测参量值。

钢架应力量测可采用振弦式传感器、光纤光栅传感器。传感器成对埋设在钢架的内、外侧,并应符合下列要求:

(1)采用振弦式钢筋计或应变计进行型钢应力或应变量测时,应把传感器焊接在钢架翼缘内测点位置。

(2)采用振弦式钢筋计进行格栅拱架应力量测时,应将格栅主筋截断并把钢筋计对焊在截断部位。

(3)采用光纤光栅传感器进行型钢或格栅拱架应力量测时,应把光纤光栅传感器焊接(氩弧焊)或粘贴在相应测点位置。

七 爆破振动监控量测

爆破振动速度和加速度监控量测可采用振动速度和加速度传感器,以及相应的数据采集设备。传感器应固定在预埋件上,并应通过爆破振动记录仪自动记录爆破振动速度和加速度,分析振动波形和振动衰减规律。

八 孔隙水压和水量监控量测

孔隙监控量测可采用孔隙水压力计进行。水压计应埋入带刻槽的测点位置,并应采取措施确保水压力计直接与水接触,通过数据采集设备获得各测点读数,并换算出相应孔隙水压力值。

任务九　矿山法隧道监控量测新技术

传统的隧道监控量测,洞内水平位移一般采用钢尺式收敛计进行观测,拱顶下沉,一般采用水准仪、水平仪、钢尺或测杆进行观测。虽然这些方法成本低,操作简单,但随着铁路的发展,隧道断面越来越大,机械化程度越来越高,这些方法在现场受施工干扰影响大,量测误差大,已经难以满足隧道施工监控量测的要求。

因此,隧道的现场监控量测技术从接触式吊测转向非接触式量测(无尺量测),由单一的测量逐渐形成一个有机的监测系统,监测系统也由人工值守监测发展到自动监测,如巴赛特系统、自动化全站仪动态监测系统或者断面仪动态监测系统、GeoAuto 自动化实时监测软件系统,都可以实现数据自动采集和计算结果自动显示。

微课:远程监测 1　　微课:远程监测 2

一 非接触量测技术

1. 非接触量测技术

目前非接触量测技术发展较快,非接触量测技术主要包括:全站仪自由设站非接触量测技术,近景摄影(摄影经纬仪、普通相机、数码相机)量测技术,巴赛特系统,激光断面仪量测技术等,这些非接触量测技术的特点见表 2-18。

隧道位移非接触量测技术特点 表 2-18

非接触量测方法		测量过程	适应性		监测内容	精度(mm)	价格	应用现状
			环境要求	工法适用性				
全站仪自由设站		较简便,对于施工干扰小	要求较低	各种工法	三维绝对位移、净空收敛	≤1	一般	已用于实际工程
近景摄影	摄影经纬仪	复杂,对施工干扰大	要求较高	有局限性	超、欠挖判断	1~5	昂贵	推广难
	普通相机	简便,对施工干扰小			超、欠挖判断	1.5	便宜	推广难,将会被淘汰
	数码相机	简便,对施工干扰小			三维绝对位移、净空收敛	≤1	便宜	实验室研发阶段,技术不成熟
巴塞特系统		仪器安装难度大	无要求	有局限性	自动记录断面变形过程	≤1	昂贵	已实际应用
激光断面仪		较简便,对于施工干扰小	要求较低	多种施工方法	超、欠挖判断	2	一般	已实际应用

2. SAA 围岩监测技术

SAA(Shape Accel Array)是一种灵活的校准三维测量系统,具体有自动、高频、实时测量的功能,内部由三轴微电子机械系统(MEMS)加速度计组成(图 2-27)。成兰铁路隧道针对大变形、断裂破碎带地段,在部分隧道配置了该系统,首次用于隧道实时进行围岩变形预警,取得了较好的监控量测效果,隧道开挖初期支护完成后,布设于隧道初期支护表面。

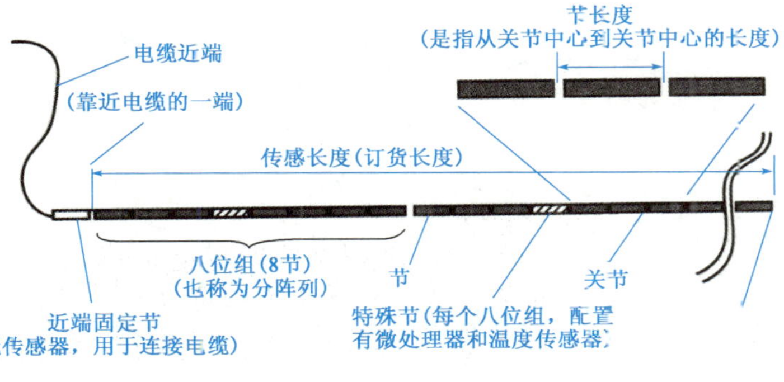

图 2-27 SAA 组成示意图

通过 SAA 在成兰铁路部分隧道中的应用,体现其优点如下:

(1)重复性。SAA 可轻便拆卸后进行其他断面的监测,进行重复使用。

(2)实时性。安装完成启动监测后,系统可最小间隔 30min 监测 1 次,实现高频次、实时监测、预警,及时向管理人员反馈现场监测情况,自动化程度高。

(3)SAA 可以进行数据自动收集、传输和预警,适用于地质复杂地段隧道收敛变形的监测、预警。

(4)抗干扰能力强。不受洞内粉尘及噪声影响;无须占用施工道路,对施工影响小;在量测范围内,只要无外力破坏,可长期免于维护。

SAA 存在不足：采购途径单一，且费用较高。

3. 自动监测技术

新建隧道施工对既有线产生不利影响，采用人工监测难度极大，影响运营安全，目前自动监测技术得到广泛应用。具有工作效率高、误差小等优点，采用自动监测技术既不影响运营安全，也避免了监测人员受到人身伤害。某隧道邻近既有线施工应用自动监测技术，对既有铁路的隧道、车站、桥梁、分区的爆破振动速度及既有隧道内结构位移、爆破振动、结构应力、轨道几何状态等进行实时监测，指导新建隧道爆破施工，确保施工过程中既有线的安全。

二 自动化监测信息系统

中国铁路总公司自 2013 年开始组织“铁路隧道监控量测信息系统”的研发及推广应用，充分利用信息化手段，建立集现场数据采集、实时传输分析、及时预警、远程监控、管理考核于一体的铁路隧道监控量测管理体系，确保隧道施工安全。

铁路隧道监控量测信息系统包括终端采集软件和管理平台两部分。终端采集软件包含手机客户端和 PC 机客户端，管理平台为各级管理层提供监管手段，中国铁路总公司、铁路局（客运专线公司）、监理单位、施工单位可以登录管理平台查看监控量测数据、图线、预警、测点统计等信息。

（一）自动化监测的原理

全站仪自动化监测采用极坐标法进行点位观测，其测量原理如图 2-28 所示（假设测站点为坐标系原点）。

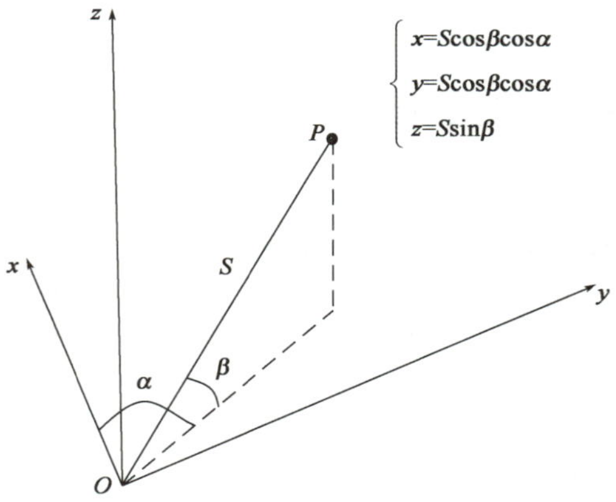

图 2-28 全站仪自动化监测原理

通过极坐标点位测量计算公式可得，极坐标三维坐标分量的精度计算公式，如式（2-9）所示：

$$\begin{pmatrix} m_x^2 \\ m_y^2 \\ m_z^2 \end{pmatrix} = \begin{pmatrix} \left(\dfrac{x}{S}\right)^2 & \left(\dfrac{x}{\rho'}\right)^2 & \left(\dfrac{xz}{D\rho'}\right)^2 \\ \left(\dfrac{y}{S}\right)^2 & \left(\dfrac{x}{\rho'}\right)^2 & \left(\dfrac{yz}{D\rho'}\right)^2 \\ \left(\dfrac{z}{S}\right)^2 & 0 & \left(\dfrac{D}{\rho'}\right)^2 \end{pmatrix} \begin{pmatrix} m_S^2 \\ m_\alpha^2 \\ m_\beta^2 \end{pmatrix} \tag{2-9}$$

点位精度可由式（2-10）计算获得：

$$m_P = \pm\sqrt{m_S^2 + \left(\frac{D}{\rho'}\right)^2 m_\alpha^2 + \left(\frac{S}{\rho'}\right)^2 m_\beta^2} \tag{2-10}$$

假设 $m_S = 1\text{mm} + 1\text{ppm}$，$m_\alpha = m_\beta = 0.5°$，$\alpha = 45°$，$\beta = 10°$，则可得不同观测距离下的观测精度，如表 2-19 所示。

测量精度理论值估计值(mm) 表 2-19

边长 S(m)	50	100	150
m_x	0.4	0.8	1.0
m_y	0.4	0.8	1.0
m_z	0.2	0.3	0.5
点位移精度	0.6	1.2	1.5

(二)自动化监测系统

自动化监测系统主要由监测设备、参考点、监测对象和传输控制设备四个系统组成(图 2-29)。其中,监测设备由高精度全自动测量全站仪、自动化变形监测系统软件组成;参考点由设置在变形影响范围外至少 2 点基准点组成;监测对象由若干个变形监测点组成;传输控制设备由通信网络及远程计算机组成。

自动化监测系统的硬件由以下几部分构成:

(1)自动化监测网络系统的硬件

包括高精度自动全站仪、目标棱镜、信号通信设备与供电装置、计算机及网络设备等。

(2)信号通信设备与供电装置

包括通信电缆、供电电缆、交直流转换器、串口服务器、电源箱等。

(3)传输设备

主要包括计算机部分和网络部分。

(4)目标棱镜

目标棱镜一般选择标准圆棱镜或 L 型微棱镜,当目标较近时可以选择 L 型微棱镜,目标较远时采用标准圆棱镜;通常基准点上采用标准圆棱镜,监测点采用 L 型微棱镜。

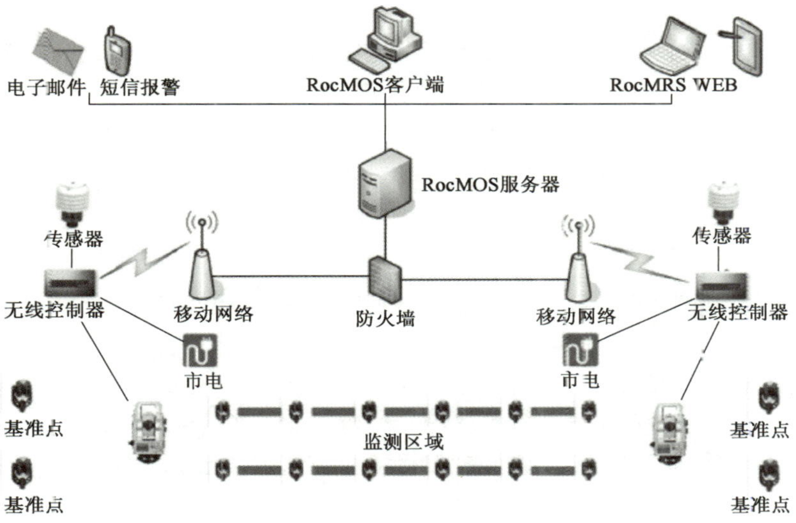

图 2-29 全站仪自动化监测示意图

(三)自动化监测系统软件

(1)包括各分控机上的监测软件和主控机上的数据库管理软件两部分。

(2)分控机上的监测软件用来控制测量机器人按要求的观测时间、测量限差、观测的点组进行测量，并将测量的结果写入主控机上的管理数据库中。

(3)数据库管理软件处理各分控机传输的现场监测数据，运用多重差分技术求解各监测点的空间位置差异，从而揭露变形体的形变量，并且可以通过图表等可视化方式对结果进行直观表达。其主要由中央控制和云服务平台两部分组成。

(四)自动监测系统工作流程

自动监测系统的基本工作思想是：将自动全站仪固定在测站点上，选择合适位置布设基准点和监测点，并将计算机和全站仪连进行数据连接，对监测点进行周期性三维坐标采集，进行数据质量检查修正后得出目标点的三维变形量，从而对目标点的变形趋势、安全性做出分析。

(五)自动化变形监测数据处理

现场安全监测数据处理不只是对数据的简单统计描述，是根据设计或招标技术文件要求获取数据、分析数据，把大量监测进行分类处理，从分类数据中找到监测对象实质形变量或形变速率等，对目前监测对象的安全状态进行评价，然后进行形变量或形变速率归纳总结，找到变形规律，在发展趋势中预测后续施工风险，进而指导后续施工。

(1)首先数据处理的过程也是筛选数据，检查数据的合理性、正确性，去伪存真，确保数据的准确性、合理性、及时性、连续性。

(2)采用一些图、表数据分析手段，使数据直观化、形象化、具体化(差异)，更具可观性。

(3)通过对实际监测数据的处理分析，对在施工程进行客观性描述，对目前在施工程的安全状态给出阶段性评价，预判变形发展趋势，用数据支持评价，提出具体建议性的改进措施。

(4)可用于第三方监测数据获取，与施工方监测数据进行分析比对，检验施工单位监测工作的开展情况。

(5)数据处理结果可作为施工方现场施工的参考，以便于施工方做到有的放矢，有针对性地针对累计变形偏大，数据异常部位做到重点关注，重点加固，重点防范。

(6)通过对同一监测断面上不同位置监测数据变形规律以及相邻断面上相同位置监测点的变形规律进行对比分析，可以反映各监测数据的合理性。

(六)变形分析与预测

数据分析是变形监测中主要的环节，大量的监测数据和资料如果不进行整理、分析、解释和反馈，危害工程安全的灾害预警就无法实现，达不到指导设计施工、保障施工安全的最终目的。变形分析的研究是在监测数据进行粗差探测与消除、数据格式化等处理基础上，分析各监测对象监测项目在施工过程中的变形量、变形速度、累计变形量等信息。根据监测对象结构的特点，研究施工过程和监测项目之间的变形关系，找到监测项目变形规律，从而建立变形分析数序模型，实现施工过程中对变形体安全性、稳定性的科学判断，最终对变形的发展做出预测。变形分析主要集中在变形特征分析和变形预测两个方面。变形特征分析主要进行基准点稳定性分析、监测数据误差处理和精度评定、监测数据质量检测和评估、变形矢量的确定等内容。变形预测主要结合工程结构及水文地质等相关信息研究变形模型的算法，变形预测，以及安全性评估等内容。

1）变形分析

（1）工作基点变形分析原则。仪器设站点的坐标是利用基准点作为起算点，根据极坐标原理通过数学变换进行的平差得到的空间信息三维数据，监测数据及测站的稳定性分析的前提是参考点的稳定的分析；工作基点的稳定性分析根据连续两期计算所得坐标变量与两倍中误差的极限误差值来进行判断，当坐标差值小于极限误差时，可认为工作基点（即仪器架设点）在连续的时间段内稳定较好，当坐标差值大于极限误差时，可认为工作基点（即仪器架设点）在连续的时间段内变动明显；当变形监测时间跨度较大时，虽然相邻观测时间段坐标差值小，但多次累计观测时间段变化值较大时，可认为工作基点（即仪器架设点）在连续的时间段内变动明显。

（2）监测点变形分析原则。将计算的变形速率及累计变形量与软件设定的控制值、警戒值进行比较，当周期变形速率或累计变形值小于警戒值，则为正常状态；当一定时期内的变形速率或累计形变量大于警戒值而小于控制值则为预警状态，当一定时期内变形速率或累计变形值大于控制值则为报警状态；当监测数平台出现报警值信息时，应综合周边环境稳巡查情况、施工措施、工程结构稳定性进行综合判断；另外考虑季节降水、施工操作等造成变形突变情况时，应及时通知各方启动应急预案。

2）预测分析

目前隧道形变分析的方法主要有专家经验分析法、相关理论模型法、试验段现场试验法、数值模拟预测法等。

数值模拟预测法可以对多变的边界条件和复杂的岩土地质进行模拟，也可以进行动态施工的模拟，通过对众多因素进行数值化，从而可以求解变形规律。数值模拟预测方法已经开始应用于地铁受扰动变形的分析和预测，随着计算机技术、力学分析技术和数学科学的发展，数值模拟预测法的应用空间将更加广阔。

三 隧道全寿命安全监测

1. 海底隧道安全监测

对于海底隧道，由于海水的腐蚀作用，支护体系的力学性能会不断降低。因此，为了保证海底隧道结构的长期安全性而进行的长期监测研究已经成为一个紧迫的课题。表2-20为厦门翔安隧道监测项目示例。

厦门翔安海底隧道监测项目 表2-20

隧道名称	厦门翔安海底隧道	监测等级			
		A	B	C	D
施工阶段监测	左线隧道	（1）初期支护周边位移监测； （2）洞内观察	（1）初期支护周边位移量测； （2）洞内观察	（1）地表下沉、洞内观察； （2）初期支护周边位移量测； （3）钢支撑内量测； （4）二次衬砌内力量测； （5）围岩与初期支护间接触压力、初期支护与二次衬砌间接触压力、初期支护与二次衬砌间水压力、初期支护与围岩间水压力量测	（1）洞内观察； （2）初期支护周边位移量测； （3）钢支撑内量测； （4）二次衬砌内力量测； （5）围岩与初期支护间接触压力； （6）初期支护与二次衬砌间接触压力、初期支护与二次衬砌间水压力、初期支护与围岩间水压力量测

隧道名称	厦门翔安海底隧道	监测等级			
		A	B	C	D
运营阶段长期监测	左线隧道	—	—	—	(1)初期支护水压力监测; (2)围岩与初期支护间接触压力监测; (3)钢支撑内力监测; (4)二次衬砌水压力监测; (5)初期支护与二次衬砌间接触压力监测; (6)二次衬砌周边位移监测; (7)二次衬砌内力监测; (8)二次衬砌表面应力监测; (9)地震加速度监测; (10)钢筋、混凝土腐蚀监测

注:海底隧道全寿命监测等级基于风险辨识、模糊数学、层次分析法等理论建立。

2. 岩溶隧道运营安全监测

近年来在岩溶地区修建的铁路隧道由于衬砌背后出现水压力造成了不同程度的结构病害,其主要形式表现为衬砌渗漏水、仰拱上鼓、填充脱离、轨道变形、衬砌边墙垮塌等,严重影响行车安全和铁路正常运营。

工程案例:某线隧道对岩溶隧道运营安全进行监测。监测系统针对岩溶隧道水害的特点,在持续大量降雨期间,通过对隧道衬砌水压力和隧底(仰拱)位移进行监测,根据水压力值和隧底(仰拱)变形数据,判断隧道结构的安全状态及时发送预警信息,以降低岩溶隧道安全风险。监测断面选择在岩溶强烈发育段,可溶岩与非可溶岩接触带,向斜和背斜核部,岩溶水平循环带等。监测项目为:二次衬砌水压力值、仰拱竖向位移值。监测断面如图 2-30所示。

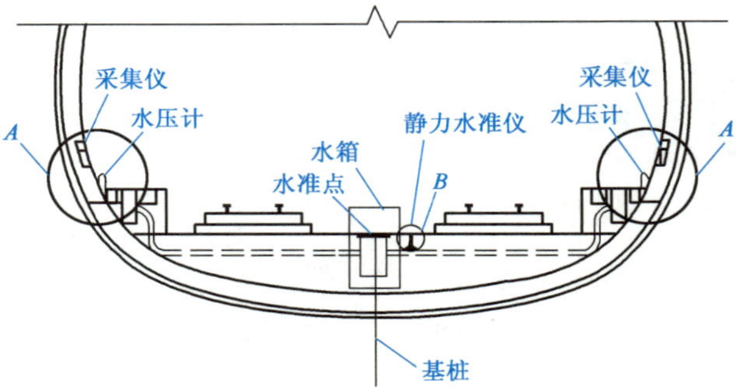

图 2-30　监测断面示意图

任务十　监测数据处理与应用

一、数据处理的目的

微课：监测数据处理

现场量测所得的原始数据，不可避免具有一定的离散性，其中包含着量测误差甚至测点错误，不经过整理和数据处理的量测数据难以直接利用。数据处理的目的是：

（1）将同一量测断面的各种量测数据进行分析对比、相互印证，以确认量测结果的可靠性。

（2）探求围岩变形或支护系统的受力随时间变化规律、空间分布规律，判断围岩和支护系统稳定的状态。

二、数据处理的内容和方法

数据处理方法可分为统计学方法和确定性方法两大类。统计学方法主要是统计回归方法，另有近年来发展起来的灰色系统、模糊数字及神经元网络等方法。确定性方法常用的包括有限元法、边界元法、块体理论法和反分析法等。下面就实际使用过程中常用的监测数据处理方法进行简单地叙述。

（一）散点图法

散点图法指将应力、变形等监测结果与时间、距开挖面的距离等的对应关系绘制成曲线，根据曲线的发展规律，分析应力、变形的发展趋势及其极值，进而判断围岩与支护结构的稳定性及支护结构的可靠性。

通常以纵坐标表示监测结果，横坐标表示时间或距离。图中注明监测时工作面施工工序、支护参数及其他施工条件，如隧道埋深、地质条件等，以便分析不同埋深、地质条件、支护参数等情况下，各施工工序、时间、空间与监测数据的关系。

散点图主要包括以下类型：

（1）位移、应力、应变随时间变化的曲线；

（2）位移速率、应力速率、应变速率随时间变化的曲线；

（3）位移、应力、应变随开挖面推进变化的曲线；

（4）位移、应力、应变随围岩深度变化的曲线；

（5）接触压力、支护结构应力在隧道横断面上分布图。

（二）回归分析法

由于反映围岩收敛变形的各因素之间的相互关系复杂，实际观测数据不可避免地受随机因素的干扰，存在着误差，使得变量之间的因果关系呈现比较复杂的关系，需根据情况利用不同的回归模型建立变量之间的关系。检验量测结果的可靠性，了解围岩应力状态、变形规律和稳定性程度，应对量测数据进行回归分析。

1. 一元线性回归分析

一元线性回归分析是研究两个变量呈线性变化的问题。在对一组监测结果进行数据处理时，通过回归分析找出两个变量的函数关系的近似表达式，即经验公式。首先将实测位移（y轴）与对应的时间（x 轴）列表并作散点图。如果这些点近似在一条直线上，我们就可以认为位移随时间的变化是线性的，即 $y=f(x)$ 是线性函数，可用 $y=a+bx$ 函数进行回归，用最小二乘法求出回归系数 a、b，从而求得位移随时间的线性变化关系。

2. 非线性回归

很多情况下，由于外业观测量的随机性，观测值之间的内在关系是比较复杂的，常表现为非线性关系。实用中，可将非线性回归模型经过适当变换，化为线性回归模型。表 2-21 是几种非线性回归模型的变换方法。如果函数不能变换为线性函数的形式进行回归，也可用最小二乘法进行迭代回归。

几种非线性回归模型的变换方法 表 2-21

曲　线	变　换	变换后的线性式
幂函数 $y=\beta_0 x^{\beta_1}$	$y=\ln y, x'=\ln x$	$x'=\ln\beta_0+\ln\beta_1 x'$
对数函数 $y=\beta_0 e^{\beta_1 x}$	$y'=\ln y$	$y'=\ln\beta_0+\ln\beta_1 x$
双曲函数 $y=\dfrac{x}{\beta_0 x+\beta_1}$	$y'=\dfrac{1}{y}, x'=\dfrac{1}{x}$	$y'=\beta_0+\beta_1 x$
对数函数 $y=\beta_0+\beta_1\ln x$	$x'=\ln x$	$y=\beta_0+\beta_1 x$

3. 常用的回归方程

（1）地表横向沉降回归函数

在统计分析大量不同类型地下工程施工引起的地表沉降实测资料基础上，Peck 在 1969 年提出了地层损失的概念，即在不考虑土体排水固结和蠕变的条件下，得出了一系列与地层有关的沉降槽宽度的近似值回归模型，即 Peck 公式：

$$S(\chi)=S_{\max}e^{-\frac{x^2}{2i^2}} \tag{2-11}$$

$$S_{\max}=\frac{V_1}{\sqrt{2\pi}i} \tag{2-12}$$

$$i=\frac{H}{\sqrt{2\pi}\tan\left(45°-\frac{\varphi}{2}\right)} \tag{2-13}$$

式中：$S(\chi)$——距隧道中线χ处的沉降值，mm；

$S_{\max}$——隧道中线处最大沉降值；

V_1——隧道单位长度地层损失，m^3/m；

i——沉降曲线变曲点；

H——隧道埋深。

（2）位移历时回归方程

对地表沉降、拱顶下沉、净空收敛等变形的历时曲线一般采用如下函数进行回归：

指数模型

$$y=ae^{-\frac{b}{t}} \tag{2-14}$$

对数模型

$$y=a\lg(1+t) \tag{2-15}$$

双曲线模型

$$y = \frac{t}{a + bt} \tag{2-16}$$

式中：t——监测时间，d；

a、b——回归系数。

(3)沉降历程回归方程

由于地下工程开挖过程中地表纵向沉降、拱顶下沉及净空收敛等位移受掌子面的时空效应的影响，采用单个曲线进行回归时不能全面反映沉降历程，通常采用以拐点为对称的两条分段指数函数式(2-9)或指数函数式(2-10)进行近似回归：

$$\begin{cases} S = A[1 - e^{-B(\chi-\chi_0)}] + U_0 & (\chi > \chi_0) \\ S = -A[1 - e^{-B(\chi-\chi_0)}] + U_0 & (\chi \leqslant \chi_0) \end{cases} \tag{2-17}$$

$$S = A(1 - e^{-B\chi}) \qquad (\chi \geqslant 0) \tag{2-18}$$

式中：S——距开挖面χ处的地表沉降；

A、B——回归参数；

χ——距开挖面的距离；

χ_0——拐点χ轴坐标值；

U_0——拐点χ_0处的沉降值。

根据经验，对于地表纵向沉降回归分析一般采用式(2-17)；拱顶下沉、净空收敛变一般采用式(2-18)。对式(2-18)，理论上讲，当χ较小时，S趋于0；若S不趋于0，需要考虑监测结果的可靠性。

4. 数据回归分析案例

1)工程概况

隧道全长115m、净宽10.75m、净高5m，以Ⅳ、Ⅴ级围岩为主，采用台阶法施工。拱部单心半圆，侧墙为大半径圆弧的单曲墙式内轮廓断面，隧道单洞净空断面面积为82.88m^2，单洞净空断面周长为33.23m，满足±3%超高。隧道支护结构采用复合式衬砌，辅助施工措施主要有超前长管棚和超前小导管加固注浆。

2)监测方法

进洞口与出洞口各设置1个监测横断面，用以监测洞口地表下沉量。于洞身选取水平收敛及拱顶下沉的控制断面，洞口进出口段20m范围内每隔5m选取一个量测控制断面，其余每隔10m选取一个量测控制断面。上、下台阶开挖时，首先在拱顶埋置拱顶沉降测点，再根据作业情况埋设上台阶和下台阶收敛测点。当围岩变形速率<0.2mm/d，且变形速率具有逐渐减少之趋势时，则认为围岩支护达到稳定。主要监测项目及方法见表2-22。

隧道主要控制量测项目及方法 表2-22

监测项目	内容	数值			
地表沉降量测	开挖面距离测量断面距离	<2B	<5B		>5B
地表沉降量测	监测频率	1~2次/d	1~次/2~3d		1~2次/周
	按开挖后时间(d)	0~15	16~30	31~90	>90
	与开挖面距离	<2B	(2~5)B	(5~10)B	>10B

续上表

监测项目	内　容	数　值			
水平收敛和拱顶下沉	变形速率(mm/d)	>1	0.5～1.0	0.1～0.5	<0.1
	测量频率	1～3次/d	1次/d	1～2次/周	1～3次/月

采用上下台阶开挖，隧道初始监测断面的地表、拱顶沉降及水平位移观测点布置见图2-31，分别采用水准仪、数显收敛计测得。

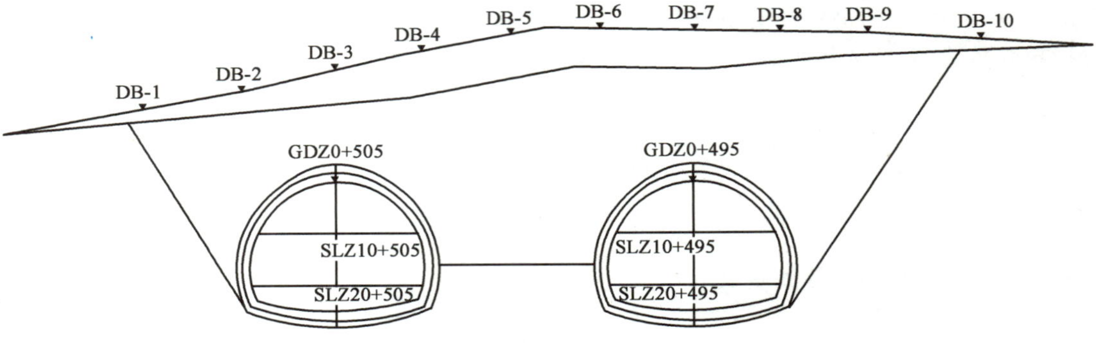

图2-31　地表、拱顶沉降及水平位移观测点布置

选取测点没有被破坏，监测数据较完整的测点做成地表累计沉降量、拱顶累计沉降量和水平收敛累计量随时间变化的曲线，如图2-32～图2-34所示。

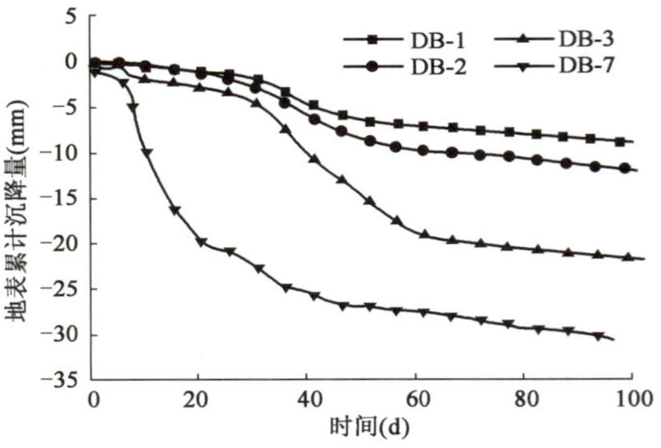

图2-32　地表累计沉降量随时间变化曲线

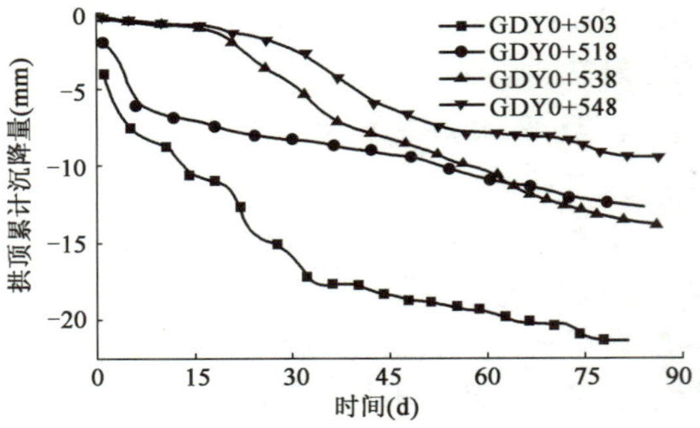

图2-33　拱顶累计沉降随时间变化曲线

3)回归分析

(1)建立回归模型

对观测数据进行回归分析，可以很好地得出隧道围岩变形与时间的关系。当隧道掘进开挖时，其最终的收敛量总是趋于一个数值，综合考虑以下5种收敛函数的拟合效果，选取最优的函数作为实测曲线的回归函数，并对不同函数的适用性和局限性进行讨论。

指数函数：

$$u = ae^{\frac{-b}{t}} \tag{2-19}$$

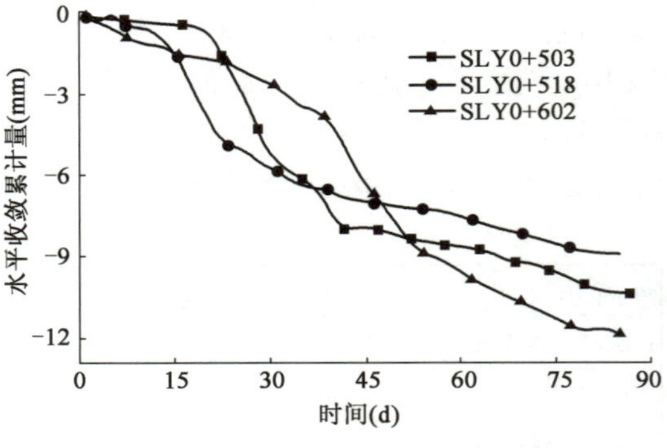

图2-34　水平收敛累计量随时间变化曲线

对数函数：

$$u = a + \frac{b}{l}g(1 + t) \tag{2-20}$$

双曲函数：

$$u = \frac{at}{b + t} \tag{2-21}$$

有理函数；

$$u = \frac{a + bt}{1 + ct + dt^2} \tag{2-22}$$

S 形函数：

$$\frac{1}{a + be^{-x}} \tag{2-23}$$

式中：a、b、c、d——回归常数；

u——位移值，mm；

t——初始位移后的时间。

一般认为，当 $d^2u/dt^2 < 0$ 时，围岩变形稳定。由回归曲线可看出，测点的位移速率逐渐减小且 $d^2u/dt^2 < 0$，说明隧道围岩变形趋于稳定。根据上述得到的回归曲线做出各测点实测曲线和回归曲线的对比图，如图 2-35 ~ 图 2-37 所示。

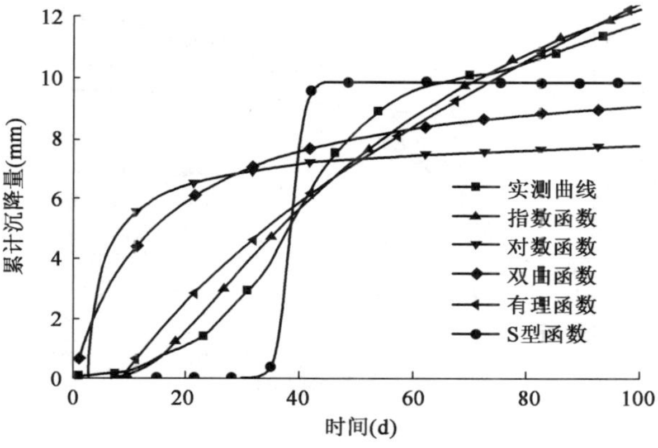

图 2-35 DB-34 测点地表累积沉降量实测曲线和回归曲线对比

(2)精度分析

就具体工程应用而言，回归分析模型必须经过多方面的检验和判断后，才能够用于实际工程预测。一般采用相关系数 R 检验法。回归模型的拟合程度及预报值的精度，检验指标主要为剩余平方和 Q 与相关系数 R。

①剩余平方和 Q 与回归平方和 U，计算方法见式(2-24)、式(2-25)。

$$Q = \sum_{i=1}^{n}[y_i - \hat{y}_l]^2 \tag{2-24}$$

$$Q = \sum_{i=1}^{n}[\hat{y}_l - \bar{y}_l]^2 \tag{2-25}$$

式中：n——观测次数；

y_i——测量值；

$\hat{y}_l$——测量预测值；

$\bar{y}_l$——测量均值。

剩余平方和 Q 越小，说明 y 与 x 的相关性越密切，则所得回归曲线反映 y 与 x 之间的关系效果越好。

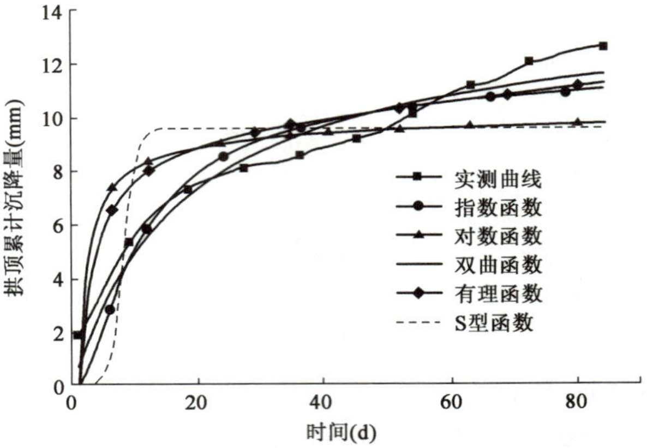

图 2-36　GDY +518 断面拱顶累积沉降量实测曲线和回归曲线对比

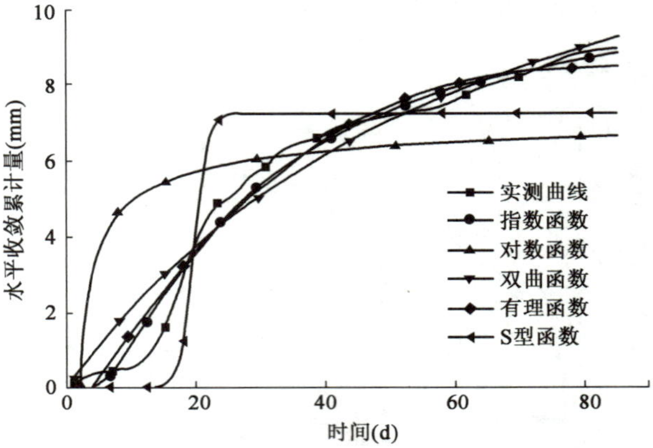

图 2-37　SLY +518 断面水平收敛累积量实测曲线和回归曲线对比

②相关系数 R，R 表示 y 与 x_1、x_2、…、x_k 线性相关的密切程度，数学表达式为：

$$R = \sqrt{U/S_{yy}} \tag{2-26}$$

式中：$S_{yy} = \sum_{i=1}^{n} y_i^2 - n\bar{y}^2$；

R——衡量 U 在 S_{yy} 中的比重。R 越大，Q 越小，说明回归模型拟合程度越高。

下面通过计算，给出上节各回归模型的回归分析结果统计，见表 2-23 ~ 表 2-25。

地表沉降回归分析结果统计　　表 2-23

函数类型	回归函数	Q	R^2
指数函数	$u = 20.57e^{-51.12/t}$	0.3592	0.9982
对数函数	$u = 10.39 - \dfrac{11.98}{\lg(1+t)}$	13.374	0.3235

续上表

函数类型	回归函数	Q	R^2
双曲函数	$u=\frac{1.46t}{0.95+t}$	7.9001	0.6003
有理函数	$u=\frac{-2.41+0.28t}{1+0.014t-0.00003t^2}$	1.1328	0.9457
S形函数	$u=\frac{1}{0.1008-(4.25\times10^{15})e^2}$	2.5182	0.8726

拱顶沉降回归分析结果统计 表2-24

函数类型	回归函数	Q	R^2
指数函数	$u=12.29e^{-8.83/t}$	1.0009	0.8793
对数函数	$u=11.86-\frac{9.13}{\lg(1+t)}$	3.4045	0.59298
双曲函数	$u=\frac{14.25t}{18.94+t}$	0.4529	0.9490
有理函数	$u=\frac{-6.46+5.79t}{1+0.59t-0.0012t^2}$	1.8637	0.7943
S形函数	$u=\frac{1}{0.104-416.2e^2}$	3.8343	0.5416

水平收敛回归分析结果统计 表2-25

函数类型	回归函数	Q	R^2
指数函数	$u=11.56e^{-23.36/t}$	0.1476	0.9837
对数函数	$u=8.64-\frac{8.98}{\lg(1+t)}$	4.8219	0.4658
双曲函数	$u=\frac{16.48t}{65.49+t}$	0.4681	0.9490
有理函数	$u=\frac{-0.943+0.247t}{1-0.00315t-0.00015t^2}$	0.2776	0.9713
S形函数	$u=\frac{1}{0.139-(4.86\times10^{7})e^2}$	1.2015	0.8669

由表2-23～表2-25可以得出以下结论：

①对于“双平台”特征曲线，指数函数和双曲函数的拟合效果较好，而对数函数的拟合效果较差。其中，指数函数对于地表沉降和周边收敛曲线的拟合效果较好；双曲函数对于拱顶沉降曲线的拟合效果较好。

②有理函数能实现对围岩变形曲线的回归分析，并且，当围岩变形曲线的曲率较小时，有理函数能精度较高地反映围岩变形趋势，反之，则误差较大。

③S 形函数不适用于对“多平台”变形曲线的回归分析，由于其函数曲线的特点，当围岩变形曲线较平缓且收敛较慢时，其回归分析效果往往较差。

三 量测数据的应用

根据量测数据及曲线，可以及时判断围岩与支护结构的稳定性及其变化规律，为科学的施工管理提供依据，同时为二次衬砌的合理支护时间提供依据。

微课：监测数据应用

(一)围岩稳定性的判定和施工管理

1. 根据最大位移进行施工管理

隧道初期支护实测相对位移值或预测的总相对位移值可参考表 2-5、表 2-6 所列极限相对位移值，一般应小于表中数值。也可以结合现场量测数据，按表 2-8 进行量测管理和指导施工。

2. 根据位移速率进行施工管理

(1)当位移速率大于 1mm/d 时，表明围岩处于急剧变形阶段，应密切关注围岩动态。

(2)当位移速率在 0.2～1mm/d 时，表明围岩处于缓慢变形阶段。

(3)当位移速率小于 0.2mm/d 时，表明围岩已达到基本稳定，可进行二次衬砌作业。

3. 根据位移与时间的曲线进行施工管理

(1)每次量测后应及时整理数据，绘制位移—时间曲线。

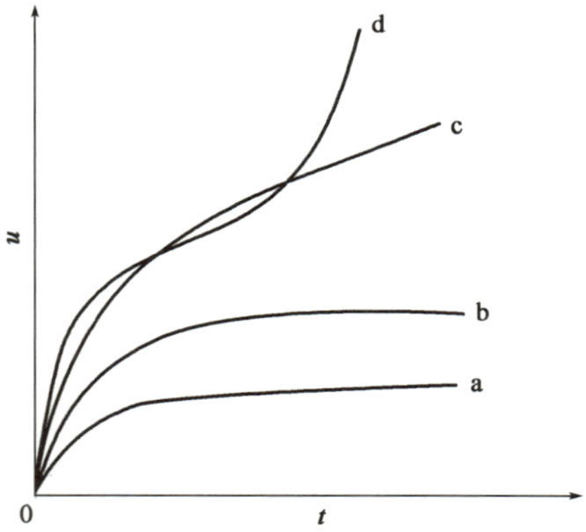

图 2-38　位移时间曲线

(2)当位移速率很快变小，曲线很快平缓，如图 2-38a 线，表明围岩稳定性好，可适当减弱支护。

(3)当位移速率逐渐变小，即 $d^2u/dt^2<0$，曲线趋于平缓，如图 2-38b 线，表明围岩变形趋于稳定，可正常施工。

(4)当位移速率不变，即 $d^2u/dt^2=0$，曲线直线上升，如图 2-38c 线，表明围岩变形急剧增长，无稳定趋势，应及时加强支护，必要时暂停掘进。

(5)当位移速率逐步增大，即 $d^2u/dt^2>0$，曲线出现反弯点，如图 2-38d 线，表明围岩已处于不稳定状态，应停止掘进，及时采取加固措施。

(二)二次衬砌的施作条件

(1)各测试项目的位移速率明显收敛，围岩基本稳定。

(2)已产生的各项位移已达预计总量的 80%～90%。

(3)净空变化速率小于 0.1～0.2mm/d 或拱顶下沉速率小于 0.07～0.15mm/d。

四 量测结果分析与反馈

1. 净空变化的分析与反馈

根据量测数据绘制位移与时间及与距掌子面的距离关系曲线，判定方法同前文“(一)围岩稳定性的判定和施工管理”。

2. 围岩内位移分析与反馈

围岩内位移观测是为了准确判断围岩的变形发展趋势，当总位移量和位移变化率过大时，必须加强支护或调整施工措施，以控制围岩的松动范围，如加密锚杆数量或加大锚杆长度等。

3. 锚杆内力分析与反馈

锚杆内力是检验锚杆效果与锚杆强度的依据，若锚杆轴力超过锚杆的屈服强度时，应改用高强钢材加工锚杆或增加锚杆数量或加大直径。

4. 围岩压力分析与反馈

围岩压力大时，根据变形量有两种：一是变形量也很大时，应加强支护，以限制围岩变形和控制围岩压力的增长。二是变形量不是很大时，表明支护时间和支护封底时间可能过早，或支护尺寸及刚度太大，应适当调整修正支护设计参数。

围岩压力很小但变形量很大时，表明围岩将失去稳定，应立即停止开挖，加强围岩支护和采取辅助施工措施进行加固处理。

围岩压不大，变形量也不大，表明围岩和支护自稳性好。

5. 喷层应力分析与反馈

喷层应力太大，或出现明显裂损或剥落、起鼓等现象时，应做处理，一般是适当增加喷层厚度。

喷层已较厚，仍然出现明显裂损、起鼓等现象时，则不一定再增加喷层厚度，而应采取下列措施：

(1)增强锚杆的长度和直径等；

(2)改变封底时间；

(3)调整施工措施；

(4)选择二次衬砌的最佳时机，并且要继续加强监测。

6. 地表沉降分析与反馈

正常情况是地表沉降量不大，且出现稳定，在没有出现稳定时，应继续进行观测，直至稳定。而地表沉降量较大，或出现增加的趋势时，应采取加强支护和调整施工措施如下：

(1)适当增加喷混凝土厚度；

(2)增加锚杆数量；

(3)加挂钢筋网；

(4)增加钢支撑数量；

(5)超前支护；

(6)缩短开挖循环进尺；

(7)提前封闭仰拱；

(8)预注浆加固围岩。

7. 围岩声波测试分析与反馈

围岩声波波速量测得 V_p-L 关系曲线，既反映围岩动态变化和物理力学特征，又用于确定围岩松动区范围。围岩声波数据分析时与围岩内位移相互结合，综合分析和判断围岩的松弛情况。

如图2-39所示,锚杆长度大于围岩松动区范围时,锚杆才起到加固作用;如果围岩松动区范围大于锚杆长度时,必须加长锚杆,使锚杆长度超过围岩松动圈。

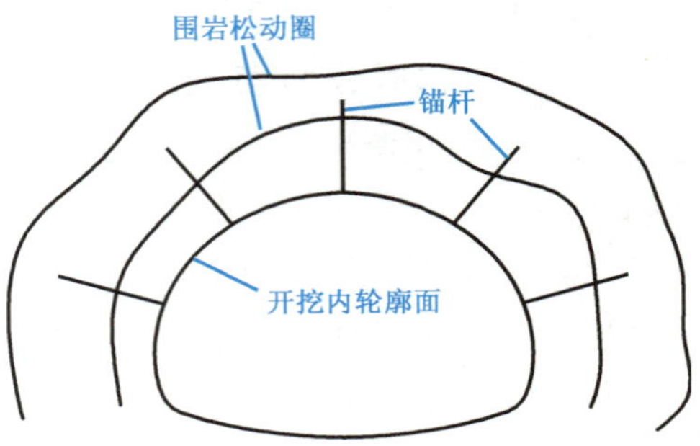

图2-39 岩石松动圈与锚杆的关系

8.爆破震动测试分析与反馈

根据测得的震动波形,确定当次爆破震动峰值速度及其对应的主频率,结合地质和支护状况的观测,定出围岩质点震动速度的安全控制值,控制爆破的最大一段药量。

当隧道向前掘进一段距离,测出震动随距离的衰减趋势时,利用回归分析方法及时寻求震动峰值速度随比例药量的衰减规律,绘制震动峰值速度随比例药量的衰减曲线,优化爆破参数。

a)某高速公路隧道施工监测 b)拱北某隧道施工监测 c)某公路隧道施工监测

监测动画示例

任务十一 矿山法隧道施工监测方案设计实例

一 隧道工程概况

某隧道地质条件较为复杂,隧道围岩有Ⅴ~Ⅱ级,总体稳定性较差,施工过程中洞口段等极易发生冒顶、塌方现象,局部可能会出现不良地质现象。隧道结构特征见表2-26。

隧道结构特征 表2-26

隧道名称	起止桩号	隧道长度(m)	洞门形式		备注
			进口	出口	
某隧道	左洞 ZK33+370~ZK36+645	3275	偏压式	偏压式	
	右洞 YK33+325~YK36+635	3310	端墙式	偏压式	

二 监测的目的、意义

通过监测,评价施工方法的可行性及设计参数的合理性,及时了解围岩级别及其变形特性,为优化设计、指导施工提供准确科学的依据,对二次衬砌的合理施作时间提供依据。

三 监测的内容

根据上述隧道的具体条件,确定以下监测项目:

1. 必测项目

(1) 围岩与支护状态观察;

(2) 净空变化监测;

(3) 拱顶下沉监测。

各项目的断面设置间隔要求为:洞口段 10m,洞身段 30m。隧道左右线共长 6585m,其中洞口 200m,洞身 6385m,洞口监测断面数为 20 个,洞身监测断面数为 212 个,断面总数为 232 个。

2. 选测项目

(1) 洞口浅埋段地表沉降监测;

(2) 围岩与喷层接触压力监测;

(3) 钢支撑(格栅支撑)内力监测。

各项目设置要求为:洞口浅埋段要求测试(1)、(2)、(3)项;在洞身段对应Ⅳ、Ⅴ级围岩各类支护类型要求对(2)、(3)项分别测试 1 ~ 2 个断面。

隧道监测的具体内容与数量见 2-27、表 2-28。

隧道工程监控工作数量要求(含左右线) 表 2-27

序　号	项 目 名 称	数　量	备　注
1	围岩与支护状态观察	464 个断面	必测项目(为确定数)
2	拱顶下沉	232 个断面	必测项目(为确定数)
3	周边收敛	232 个断面	必测项目(为确定数)
4	洞口地表沉降	20 个测点/2 个断面	选测项目(为暂定数)
5	围岩与喷层接触压力	20 个测点/4 个断面	选测项目(为暂定数)
6	钢支撑(格栅支撑)内力	130 个测点/13 个断面	选测项目(为暂定数)

隧道监测项目、仪器及监控目的 表 2-28

测试项目类别	序号	量测项目	仪器设备	监控量测目的
必测项目	1	地质及支护状况观察描述	地质罗盘等	了解岩性、结构面的产状及支护、裂缝的发展和施工实际围岩级别情况
	2	拱顶下沉	水准仪、长卷尺	及时掌握隧道整体的稳定情况,确定二次衬砌的合理施作时间
	3	周边收敛	收敛仪	及时判断围岩的稳定性,确定二次衬砌的合理施作时间
选测项目	4	洞口浅埋段地表沉降	水准仪	与拱顶下沉对比,间接反映洞口浅埋段的稳定及隧道拱部以上围岩的变形状况
	5	围岩与喷射混凝土层之间接触压力	压力盒	判断复合式衬砌中围岩载荷大小的情况
	6	钢支撑内力	钢筋计	监测型钢支撑内应力,确定作用在型钢支撑上的压力大小;判断型钢支撑尺寸、间距及设置型钢支撑的必要性

四 测点布置、量测方法与基本工作量

动画：左线 RK63 +358 断面测点布设示意图

1. 地质及支护状况观察与描述

各掌子面每次爆破和初喷后，通过肉眼观察、地质罗盘和锤击检查，描述和填表记录围岩以下地质情况：岩性、岩层产状、裂隙、地下水情况、围岩完整性与稳定性。及时判断施工围岩级别是否与设计相符，必要时应拍照，测量地下水流量，观察支护效果。每10m 填写一张围岩施工地质与支护效果观察记录表。

2. 拱顶下沉量测

拱顶下沉量测是在隧道拱顶及轴线左右各2m 处布设1 ~3 个带挂钩的锚桩（图2-40），测桩埋设深度30cm，钻孔直径 $\phi42$，用快凝水泥或早强锚固剂固定，测桩头需设保护罩。用水准仪与垂向长钢卷尺通过基准点量测各测点拱顶下沉值。

3. 周边位移量测

在预设断面开挖爆破以后，沿隧道周边部位分别埋设测线、测桩，测桩埋设深度30cm，钻孔直径 $\phi42$，用快凝水泥或早强锚固剂固定，测桩头需设保护罩。台阶法开挖施工时，每断面布设上下2 条水平测线，测桩每断面2 对共4 根（图2-40）；全断面法开挖施工时，则每断面只布设1 条水平测线，测桩每断面1 对共2 根。采用收敛计量测。

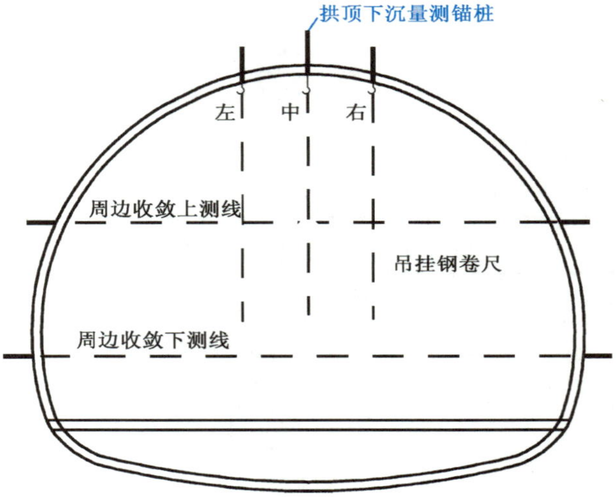

图2-40　台阶法开挖时周边收敛与拱顶下沉量测示意图

地表沉降量测断面布设于隧道洞口浅埋段，左右线至少各布测2 个监测断面，每个断面布置10 个地表沉降监测点。

4. 围岩与喷射混凝土层之间接触压力量测

测点布设在具有代表性的断面的关键部位上（如拱顶、拱腰、边墙等），并对各测点逐一进行编号。用水泥砂浆或石膏把压力盒固定在岩面上，要求压力盒的受压面向着围岩，与围岩紧贴。

五 量测频率

量测频率按表 2-29 要求。对于采用分部开挖的地段，如正台阶开挖，上半断面开挖和下半断面开挖不在同一时间，当量测断面工作状态发生改变时的前后一个星期之内或距离测点一倍洞跨以内时，应按 1 次/d 的频率采集数据。如埋设的测点量测期间遭到破坏，恢复以后应加强频率。

量测项目及要求 表 2-29

序号	项目名称	方法及工具	布置	量测间隔时间			
				1~15 天	16 天~1 月	1~3 月	3 个月以后
1	地质及支护状况观察	围岩地质描述，支护观察，罗盘	开挖后及初期支护后进行，每隔 10m 左右做相关记录	每次爆破后进行			
2	周边水平收敛位移	周边收敛计	酌情布置断面，每断面 1~2 对测点	1~2 次/天	1 次/2 天	1~3 次/周	1~3 次/月
3	拱顶下沉	水准仪、塔尺、钢卷尺	酌情布置断面，每断面 1~3 个测点	1~2 次/天	1 次/2 天	1~2 次/周	1~3 次/月
4	地表沉降	水准仪、塔尺	根据工作需要在各洞口浅埋段地表布置断面和测点	开挖面距量测断面前后 $<3B$ 时，1~2 次/天；$<5B$ 时，1 次/2 天；$>5B$ 时，1 次/周			
5	围岩与喷射混凝土层接触压力	双膜压力盒	酌情布置断面，每断面 5 个测点	1 次/天	1 次/2 天	1~2 次/周	1~3 次/月
6	钢支撑内力	钢筋计	酌情布置断面，每榀型钢断面布设 10 个左右测点	1 次/天	1 次/2 天	1~2 次/周	1~3 次/月

注：B 为隧道开挖宽度。

六 监测信息反馈与预报

根据量测情况，按月提交监测阶段报告，如遇量测数据异常及险情，以紧急报告或异常报告的形式向建设、监理、设计、施工等有关单位通报，同时在施工现场及时将量测信息反馈到施工过程中去，指导施工。

在复杂多变的隧道施工条件下，如何进行准确的信息反馈是本项研究的主要内容之一。信息反馈综合分析可以通过以下途径来实现：

(1) 力学计算法

支护系统是确保隧道施工安全与进度的关键。可以通过力学计算来调整和确定支护系统。力学计算所需的输入数据则根据现场量测数据来推算。

(2)经验法

此法也是建立在现场量测的基础之上的，其核心是根据经验建立一些判断标准，来直接根据量测结果或回归分析数据来判断围岩的稳定性和支护系统的工作状态。在施工监测过程中，数据“异常”现象的出现可以作为调整支护参数和采取相应的施工技术措施的依据。何为“异常”，这就需要针对不同的工程条件(例如围岩地层、埋深、隧道断面、支护、施工方法等)建立一些根据量测数据对围岩稳定性和支护系统的工作条件进行判断的准则：

①根据围岩(或净空变化)量值或预计最终位移值与位移临界值对比来判断。位移临界值的确定需根据具体工程具体确定。预测最大位移值不大于表2-30所列极限相对位移值的2/3，可以认为初期支护已达到基本稳定。

初期支护极限相对位移(%)　　表2-30

围岩类别	埋深(m)		
	≤50	50~300	300~500
拱脚水平相对净空变化			
Ⅱ	0.2~0.5	0.4~2.0	1.8~3.0
Ⅲ	0.1~0.3	0.2~0.8	0.7~1.2
Ⅳ	0.03~0.1	0.08~0.4	0.3~0.6
拱顶相对下沉			
Ⅱ	0.08~0.16	0.14~1.10	0.8~1.4
Ⅲ	0.06~0.1	0.08~0.4	0.3~0.8
Ⅳ	0.03~0.06	0.04~0.15	0.12~0.3

②根据位移变化速率来判断：

当拱脚水平相对位移速度大于10~20mm/d时，表明围岩处于急剧变形状态；当变化速度小于0.2mm/d时，可以认为围岩达到基本稳定(浅埋段不适用)。

③根据现场量测的位移—时间曲线进行如下判断：

当$\frac{d^2u}{dt^2}<0$，表明变形速率不断下降，位移趋于稳定；

当$\frac{d^2u}{dt^2}=0$，表明变形速率保持不变，应发出警告，及时加强支护系统；

当$\frac{d^2u}{dt^2}>0$，则表示已进入危险状态，须立即停工，并尽快采取有效的工程措施进行加固补强。

七　监测组织与管理

1.人员组织

计划在隧道的进口、出口各安排1~2名现场监测技术人员常驻工地工作。

2.质量保证措施

为了保证隧道监测数据的真实可靠及连续性，本项目拟采取以下质量保证措施：

(1)监控人员相对固定;
(2)仪器的管理采用专人使用、专人保管、专人检验的方法;
(3)量测设备、传感器等各种器件在使用前均检查校准合格后方可投入使用;
(4)各量测项目在监测过程中应严格遵守相应的监控项目实施细则;
(5)量测数据均经现场检查与室内复核两次检查后方可上报;
(6)量测数据的存储计算管理均采用计算机系统进行;
(7)各量测项目从设备的管理、使用及量测资料的整理等均设专人负责。

3. 报告的提交

根据隧道量测情况,每周提交周报;每个月向建设单位、监理单位、施工单位各提交一份监测阶段性月报;如遇量测数据异常及险情,以紧急报告或异常报告的形式及时向上述有关单位汇报,同时在施工现场及时将量测信息反馈到施工过程中去,及时指导施工。

隧道主体工程施工完成后及时提交最终监测报告。

任务十二 矿山法隧道施工监测报告实例

一 工程概况

1. 隧道概况

某隧道为上下行左右分离式双洞单线行车隧道,左线隧道长755m,右线隧道长760m。受地形条件限制,左右线大部分处于圆曲线上,小部分处于缓和曲线上,路线纵坡左线+0.4%,右线为-0.6%。

2. 地貌

隧道地貌为低山丘陵区,属岩溶地貌与构造剥蚀地貌。隧道中部和西北部为岩溶地貌,岩石大多裸露,溶蚀洼地、溶洞、溶沟等岩溶地貌发育,植被不太发育。东南部属构造剥蚀地貌,山体多呈浑圆状,坡面较陡,覆盖层较厚,植被发育。纵断面呈不对称的马鞍形。

3. 地层及构造

隧道附近山体地层由泥质粉砂岩、灰岩组成,山坡及低洼处有第四系残坡积层分布。主要岩性有:褐黄色含砾亚黏土,主要分布在山坡及低洼处;褐黄色细粒泥质粉砂岩,主要分布在隧道中部洼地处;浅灰色灰岩分布在隧道大部分区段山体。隧道位于南北瑶山复式背斜的西翼,大桥向斜的东南翼,地层主要以褶皱构造为主。岩层产状明显受褶皱构造的控制。隧道中部以泥质粉砂岩为核部,两翼为灰岩组成的向斜构造。隧道区段以Ⅱ级围岩为主,节理裂隙发育及洞顶围岩较薄段划分为Ⅲ级,软质岩石及节理密集岩溶发育段划分为Ⅳ级,软质岩石受挤压强烈,裂隙杂乱,呈石夹土状划分为Ⅴ级。

4. 水文地质

区段内地下水以岩溶裂隙水为主,地下水位随季节变化大。水质类型为重碳酸盐钾类,pH=7.3,对混凝土无侵蚀性。

二 监测的目的

(1)掌握围岩的动态,对围岩稳定性做出评价;
(2)确定支护结构形式,支护参数和支护时间;
(3)了解支护结构的受力状态和应力分布;
(4)评价支护结构的合理性及其安全性;
(5)合理安排施工程序、进行变更设计及日常的施工管理。

通过现场测试和理论分析,修正补充理论分析中采用的计算模型和计算方法,为设计规范的计算方法提供依据。量测数据及其分析结果可立即与事先预设计支护参数相比较,并对预设计做出正确的评价。尤其是浅埋软弱围岩地段,针对其自稳能力低,开挖后变形快的特点,进行监测是非常必要的。

三 监测的主要内容和方法

1. 监测内容

根据《城市轨道交通工程监测技术规范》(GB 50911—2013)的要求,监测项目分为必测项目和选测项目。必测项目为日常施工管理必须进行的量测,其中包括:地质及支护状况观测、净空变化、拱顶下沉、地表沉降量测;选测项目是为未开挖地段的设计及施工提供数据而进行的量测项目,其中包括:围岩内部位移、围岩压力及两层支护间压力、钢支撑内力、支护与衬砌内应力及表面应力、锚杆内力等。

2. 量测断面及测点布置

(1)断面位置

量测断面应选在典型构造地段及埋深较大或较浅地段。本节重点介绍左线量测断面,左线出口断面的里程为 LK63 +358,位于长管棚工作室扩大断面处,紧邻掌子面(LK63 +357),断面所在处围岩比较破碎,围岩属Ⅳ级,地面高程为 481.5m,上覆岩层厚度约 55m;右线出口断面的里程为 RK63 +497,也紧邻掌子面布置,断面所在处围岩为第四纪土层,围岩类别属Ⅴ级,地面高程为 436.4m,上覆土层厚约 19m。

(2)测点布置

左线出口 LK63 +358 断面测点布置如图 2-41 所示。该监测断面位于长管棚工作室扩大断面处,围岩较破碎,拱顶部为一溶洞,施工采用上下台阶法进行。上台阶拱腰处 B、C 初期支护阶段 5 个测试项目全部进行了布置,5 个测试项目分别为:围岩压力、钢拱架内力、初喷混凝土内应力、围岩内部位移和锚杆内力。拱顶处溶洞未回填而没有布置。

四 量测方法及数据采集

1. 量测方法

围岩内部位移采用百分表进行量测,量测精度 0.01mm,量测断面靠近掌子面。每一测点的每次观测都要进行 3 次,3 次量测数据的平均值作为本次观测的实测值。锚杆内力采用配套的 YJK-4500 静态电阻仪进行量测,通过应变仪上的转换开关,可同时测定锚杆中内置的 6 对 12 个应变片的应变值。

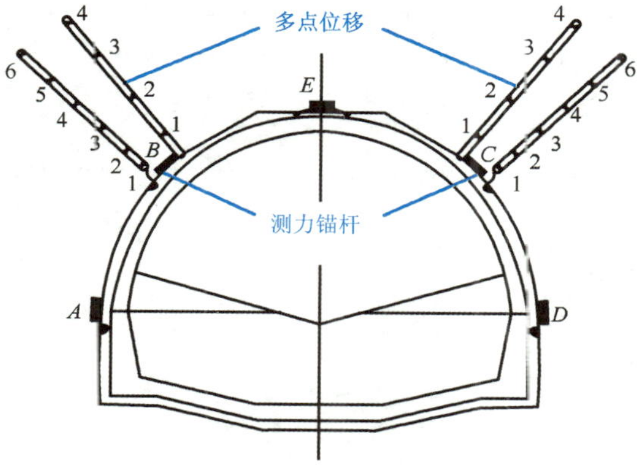

图 2-41　左线 LK63 + 358 断面测点布置示意图

围岩压力(钢弦式压力盒),钢拱架内力(钢弦式钢筋计)和初喷混凝土内应力(钢弦式应变计)3 个测试项目可用相同的二次仪表 SS-2 数显式钢弦频率接收仪进行量测。隧道周边位移是必测项目,沿隧道周边的拱顶、拱腰和边墙部位分别埋设测桩,深度 25cm,钻孔直径 42mm,用快硬性或早强锚固剂固定,测桩需设保护罩。采用数显式收敛仪量测周边收敛变形,量测断面与围岩内部位移相同,并进行对比数据。

2. 数据采集

断面测点布置好后即可通过各种量测仪表进行数据的采集。

五 监测结果

1. 围岩内部位移

围岩内部位移变化如图 2-42 所示,为左线 LK63 + 358 监测断面上台阶拱腰 *C* 点钻孔内各测点相对位移随时间变化曲线,总体呈不均匀缓慢增加,在整个观测时段内,平均变形速率在 0.0165 ~ 0.0196mm/d 之间,局部时段最大变形速率达 0.2mm/d。经过 3 个多月的观测,*C* 点各测点相对位移随时间逐步趋于收敛。总之,通过该断面围岩内部位移监测,表明围岩平均变形速率不超过规范规定的日变形 0.1 ~ 0.2mm,围岩基本稳定。

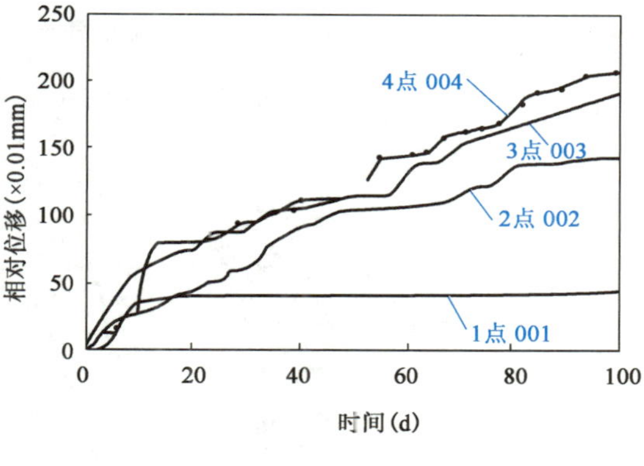

图 2-42　左线 LK63 + 358 断面 *C* 点内部位移随时间变化曲线

2. 围岩压力

监测断面上台阶拱腰 *B* 点和 *C* 点处围岩压力随时间变化趋势比较类似,在前 20d 的观测时间内,有一个比较大的波动,压力盒安装好后,有一定的压力,随即短时间内有一个增量,然后突然降至几乎为零,第 20d 左右压力又突然升到某一定值,随后压力在该值附近波动。该定值 *B* 点比 *C* 点大得多,*B* 点处约 60kPa,*C* 点约 15kPa。从图 2-43 中看出,随着掌子面远离量测断面,围岩压力呈递增趋势,当掌子面距监测断面 8m 时,掌子面停止施工,开始施工长管棚,此时监测断面上的围岩压力只有小幅度的增减或基本不变，这就是空间影响效应，直至掌子面距监测断面足够远，围岩压力随时间缓慢增加，此时的压力为蠕变变形造成的蠕变压力，此压力随着时间的增加，可能收敛，也可能不收敛，不收敛就会导致衬砌的破坏。（通过后续观测，发现是收敛的）

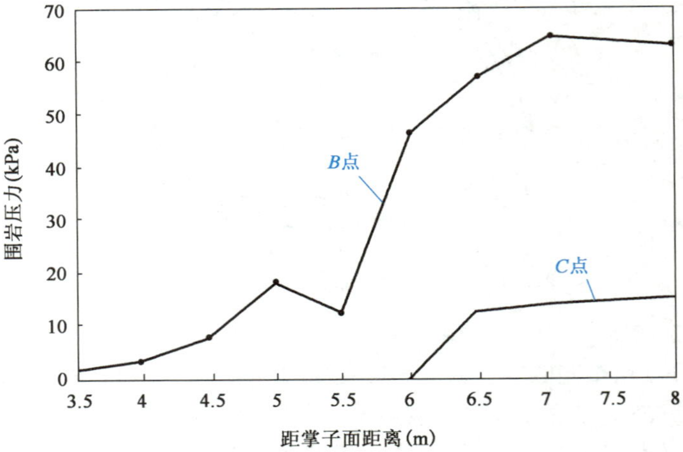

图 2-43　左线 LK63 + 358 围岩压力随距上台阶掌子面距离变化

3. 初喷内应力

如图 2-44 所示为上台阶拱腰 *B*、*C* 处初喷内应力随时间的变化曲线。初喷内应力随时间的变化趋势与该两点处围岩压力随时间变化趋势有些类似，即在设置断面的最初 20d 里，初喷内应力波动较大，从第 10d 到第 20d 期间喷层内应力急剧上升，到达一个较大值后，便在该值上下波动。与围岩压力刚好相反的是，*C* 点处的喷层内应力比 *B* 点处要大得多，*C* 点喷层内应力为 3574.2kPa，而 *B* 点为 845.3kPa，喷层内应力均为拉应力。喷层内应力随距掌子面距离的增加而增大，这同围岩压力的变化情况是一样的。

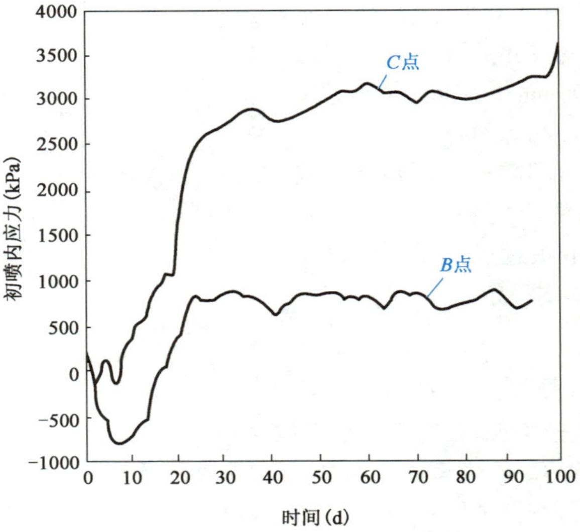

图 2-44　左线 LK63 + 358 初喷内应力随时间变化

六 结论

(1)左线出口从设置 LK63 + 358 监测断面时距掌子面距离为 1m 左右到距掌子面距离 8m,经过 3 个多月的观测表明:围岩最大相对位移为 2.05mm,变形速率为 0.016mm/d;局部时段达 0.2mm/d;围岩压力存在偏压,最大发生在线路方向右侧,约 60kPa,左侧仅为 15kPa,二者都基本趋于收敛;初喷内应力跟围岩压力正好相反,最大发生在线路方向的左侧,约 3574.2kPa,右侧为 845.3kPa,并且也都趋于收敛。断面围岩—支护体系各项受力与变形指标均不是很大,并且趋于收敛,围岩基本稳定,支护结构合理。

(2)右线出口从设置 RK63 + 497 监测断面时距上台阶掌子面 0.5m,距下台阶掌子面 -8.3m("-"表示推进方向掌子面位于监测断面后边)到距上台阶掌子面 24m,下台阶 20.8m,也经过 3 个月的观测,结果表明:该断面围岩压力也存在偏压,沿线路方向右侧靠山体一侧围岩压力较大,最大值为 115kPa,左侧围岩压力仅有几千帕;初喷内力则相反,左侧拱腰处喷层内应力最大为 1597.1kPa,而右侧最大在起拱线处,为 800kPa。综合看虽然围岩压力、钢拱架内力均比左线监测数值大,但与承载结构极限能力相比,仍然很小,且基本趋于收敛,表明围岩基本稳定可施作二次衬砌。

项目小结

本项目以山岭隧道工程为背景,系统介绍了矿山法隧道施工监测的基本知识及相关理论,并就监测方案设计、实施、数据处理与分析、监测报表与报告的编制等问题做了详细介绍。内容主要涉及洞内外观察、净空变化量测、拱顶下沉量测、地表沉降监测、混凝土应力监测、围岩内部位移监测、围岩压力及两层支护间监测等项目。

学习中,应结合在建项目,开展现场教学与教学做一体化学习,重点就各项目的监测仪器、测点布设、监测方法、监测频率、数据计算与填报、曲线绘制、判定基准、信息反馈等问题进行认真学习与训练。

隧道施工监测项分必测项目与选测项目,选测项目较为复杂,量测项目较多,费用较高。除了有特殊量测任务的地段外,一般根据需要选择其中一些必要的项目进行量测。应用中宜结合工程地质条件、施工条件、施工方法等制订切实可行的监测方案,实施中应定期做好监测仪器与监测点的校核工作,及时填报数据,及时分析与反馈。

能力训练

某隧道施工监测方案设计与实施

某隧道长为 1905m,隧道内为 3‰和 12‰的上坡。隧道开挖半径为 7.48m、净空高为 11.91m,处于丘陵缓坡地带,地形起伏较大,围岩大部分为Ⅳ、Ⅴ级弱风化围岩。隧道进口的最小埋深只有 2.1m,由于隧道的进口和出口埋深较浅,所以在进口和出口 45m 施工范围内采用双侧壁导坑法施工。为保证隧道稳定和施工安全,拟对该隧道施工过程进行监测,请完成隧道监测方案设计,并组织实施,及时完成相应报表填报、数据分析及信息反馈工作。

请综合考虑车站地质条件、结构条件、围护结构体系及周边环境条件,完成以下任务:

(1)确定监测项目,并列表表示。

(2)确定各监测项目的测点布置(洞内、洞外)。

(3)确定各监测项目的监测精度、监测仪器。

(4)确定各监测项目的监测周期与频率。

(5)确定各监测项目的控制基准值。

(6)设计一个表格,将监测项目、监测周期与频率、监测精度、监测仪器、控制基准值填入表格。

(7)说明各项目的监测方法与步骤。

(8)说明各项目的数据计算方法与填报方法。

(9)整理以上内容形成监测方案文稿。

(10)利用校内外监测实训基地进行各项目的实操训练。

(11)给定某些项目的监测数据,进行整理、分析,进行日报、周报、月报的编制训练。

项目三

盾构法隧道施工监测

【能力目标】

通过学习，具备盾构施工中地面隆陷、邻近建(构)筑物变形、地下管线沉降、管片变形、衬砌环内力和变形等项目监测能力，同时具备依据工程地质条件及周围环境等条件进行盾构法施工监测方案设计、组织实施、数据处理与分析、监测报表与报告的编制及信息反馈等能力。

【知识目标】

了解盾构法施工监测基本知识及基本理论，熟知各监测项目的监测目的、监测内容、监测仪器、监测频率及监测控制基准，掌握各项目的测点布置、监测实施及数据分析要点。

【素质目标】

通过学习，培养学生严谨认真的工作态度，具备科学分析问题、解决问题的能力。通过盾构机大国重器的了解，激发学生的民族自信心，增强爱国主义情怀。

【项目描述】

某地铁区间工程，单线单洞圆形隧道，设计起止里程为 DK18 + 060.0 ~ DK19 + 161.7m，右线全长 1101.7m。因盾构推进施工将会扰动土体、对地下水产生影响，从而引起地表、地下设施及附近建筑物的变形、沉陷。因此，本工程必须进行跟踪监测，根据监测成果，及时调整及优化盾构推进参数，将盾构施工影响区域内的变形控制至合理范围内，以确保地下设施、建筑物及居民的安全。请完成该盾构区间隧道施工监测方案设计，并组织实施，及时完成相应报表填报、数据分析及信息反馈工作。

任务实施

任务一　盾构法隧道施工监测知识准备

一　盾构法概念及其特点

(一)盾构法的概念

盾构,英文名称为 shield machine,它是一种用于软土隧道暗挖施工的筒状机械,由金属外壳、刀盘、出渣系统、推进系统及导向系统等部分组成,可以同步完成土体开挖、土渣排运、整机推进和管片安装等作业,实现隧道一次开挖成形。"盾"即护盾、保护物,可以理解为支撑开挖面的刀盘及支挡地层的金属外壳,"构"可理解为构筑物,即开挖后所施作的衬砌结构。盾构外形如图 3-1所示。

盾构的基本工作原理是利用全断面刀盘切削土体,使隧道沿设计的轮廓与轴线向前推进。在盾构前端,采取压缩空气、泥浆、土压及机械等方式对开挖面予以支护,以确保开挖面的稳定;在盾构周围,利用封闭的筒状金属外壳承受来自地层的压力,并防止水土入侵;在后端,通过预制或现浇的衬砌构筑物来支撑地层,确保洞室的稳定。因此,盾构法施工隧道较其他的暗挖法更为安全。现代盾构机采用先进的电气、液压、传感及信息技术,实现了作业的机械化与全自动化,使得施工更加精确和快速。

动画:盾构机

(二)盾构的基本构造

盾构是隧道掘进的专用工程机械。现代盾构集机、电、液、传感、信息技术于一体,主要由盾壳、开挖系统、推进系统、导向系统、管片安装系统、壁后注浆系统、出渣系统及后配套系统等部分组成,以土压平衡式盾构为例,其构造如图 3-2 所示。

动画:土压平衡盾构

图 3-1　盾构外形示意图

图 3-2　土压平衡式盾构基本构造

1-盾壳;2-刀盘;3-刀盘驱动马达;4-土仓;5-推进油缸;6-螺旋输送机;7-管片拼装机;8-管片;9-输送带

1. 盾壳

如图1-1中的前端壳体部分，由筒状金属外壳及其加固部件组成，分为前盾（亦称切口环）、中盾（亦称支撑环）及盾尾三部分。盾壳是一个全封闭的壳体，其主要功能是承受来自地层的水土压力，防止水土侵入盾体内部，保证盾体内作业人员与设备的安全。

前盾亦称切口环，位于盾构的最前端，其作用是保持开挖面稳定。前盾与刀盘共同形成渣土仓（气压仓或泥水仓），以平衡开挖面的土压与水压。施工时前盾最先切入地层，部分前盾设有刃口，以减少切入掘进时对地层的扰动。前盾内设有刀盘、搅拌器、螺旋输送机（或吸泥口）及供人进出的闸门等。前盾的长度主要取决于盾构正面支承形式、开挖方法、人员活动及挖土机具所需空间等因素。

中盾亦称支承环，紧接于前盾，位于盾构中部，通常为一个刚性很好的圆筒状结构。中盾是盾构的主体，承受作用于盾构外壳上的全部荷载。中盾末端布置推进油缸，内部布设有刀盘驱动装置、排渣装置及人行加压与减压闸室等。中盾的长度应根据上述设备的空间确定，其结构应有足够的刚度。

盾尾一般由盾构外壳钢板延伸构成，主要用于掩护隧道管片衬砌的安装工作，同时防止水土从盾尾末端侵入。其内部设置管片拼装机，尾部有盾尾密封刷、同步压浆管及密封油膏注入管等。盾尾的长度应根据管片宽度、形状、拼装方式及盾尾密封刷的道数来确定，有时还需考虑施工过程中更换密封刷所需的空间。

2. 开挖系统

开挖系统主要由刀盘、刀具、主轴承及其驱动系统等组成，其主要作用是按照隧道设计断面切削土体，以形成隧道洞室。

刀盘安装于盾构的最前端，其正面装有刀具，刀盘与刀具主要用来开挖土体、稳定支撑掌子面及搅拌切削渣土，改善土体的流动性。刀盘的结构形式主要有面板式与辐条式两种，如图3-3所示。刀具的主要类型有切刀、齿刀、滚刀及各种辅助刀等。刀盘的结构形式、刀具的形状及布置方式等直接影响盾构的切削效果和掘进速度，应依据地层条件及施工条件合理配置。

动画：盾构刀具

a）面板式　　b）辐条式

图3-3　刀盘

主轴承与刀盘连接，为刀盘旋转与开挖提供动力。主轴承的动力来自其驱动系统，常见的驱动系统主要有变频电动驱动和液压驱动等。

3. 推进系统

推进系统主要由液压设备和千斤顶组成，其作用是为盾构向前推进提供动力。

4. 导向系统

导向系统的作用是动态掌握与控制盾构姿态，确保盾构沿着隧道的设计轴线掘进。导向系统由经纬仪、ELS靶、后视棱镜、计算机及数据传输电缆等组成，可以连续不断地提供盾构姿态的动态信息，并可通过参数调整，将盾构控制在设计隧道轴线允许的公差范围内。目前较先进的导向系统是VMT导向系统和PPS导向系统。

图3-4　管片拼装机

5. 管片装运系统

管片装运系统主要由管片拼装机（图3-4）、管片输送车、管片吊装系统及真圆保持器等组成，其功能是完成管片的输送，并按照设计轴线、位置与形状将管片拼装成环。

6. 壁后注浆系统

壁后注浆系统主要由注浆泵与注浆管等组成，在管片拼装后向管片背后注入浆液，以填充管片背后空隙，固结地层，确保管片的位置与稳定。

7. 出渣系统

出渣系统的作用是将掘削的渣土输送到洞外。当前国内外应用最为广泛的盾构为土压平衡式盾构和泥水平衡式盾构两种，二者的出渣系统各不相同，简要介绍如下：

土压平衡式盾构的出渣系统主要包括螺旋输送机、输送带及渣土车等。螺旋输送机是土压平衡式盾构的专用排土装置，其前端与渣土仓底部相连，后端延伸到盾尾末端与输送带相连接。其主要作用是将渣土连续输送给后部的渣土运输设备，同时可以通过调整转速控制出渣速度和出渣量，以保持排土量与切削量的平衡，从而保证土仓内土压的稳定。

泥水平衡式盾构的出渣依靠泥浆循环系统完成，其出渣系统主要由送泥管、排泥管、泥浆泵及地面的泥浆处理系统等组成。

8. 后配套系统

包括渣土改良系统、盾尾密封系统、润滑系统、液压控制系统、电气控制系统、工业风系统、水循环系统等。后配套系统与前述各系统共同保证盾构正常掘进与隧道成形。

动画：壁后注浆　　动画：泥水平衡盾构　　动画：盾构液压系统

（三）盾构法施工的基本工序

采用盾构法施工时，首先要在隧道的始端和终端开挖基坑或建造竖井，用作盾构及其设备的拼装井（室）和拆卸井（室），特别长的隧道，还应设置中间检修工作井（室）。拼装和拆卸用的工作井，其建筑尺寸应根据盾构装拆的施工要求来确定。拼装井的井壁上设有盾构出洞口，井内设有盾构基座和供盾构推进的后座。井的宽度一般应比盾构直径大 1.6 ~ 2.0m，以满足铆、焊等操作要求。当采用整体吊装的小盾构时，则井宽可酌量减小。井的长度，除了满足盾构内安装设备的要求外，还要考虑盾构推进出洞时拆除洞门封板和在盾构后面设置后座，以及垂直运输所需的空间。中、小型盾构的拼装井长度，还要照顾设备车架转换的方便。盾构在拼装井内拼装就绪，经运转调试后，就可拆除出洞口封板，盾构推出工作井后即开始隧道掘进施工。盾构拆卸井设有盾构进口，井的大小要便于盾构的起吊和拆卸。

盾构法施工的基本工序包括土层开挖、盾构推进与纠偏、衬砌拼装、衬砌背后压浆等。这些工序均应及时而迅速地进行，决不能长时间停顿，以免增加地层的扰动和对地面、地下构筑物的影响。

1. 土层开挖

在盾构开挖土层的过程中，为了安全并减少对地层的扰动，一般先将盾构前面的切口贯入土体，然后在切口内进行土层开挖，开挖方式有以下几种：

(1) 敞开式开挖。适用于地质条件较好、掘进时能保持开挖面稳定的地层。由顶部开始逐层向下开挖，可按每环衬砌的宽度分数次完成。

(2) 机械切削式开挖。用装有全断面切削大刀盘的机械化盾构开挖土层。大刀盘可分为刀架间无封板大刀盘和有封板大刀盘两种，分别在土质较好的和较差的条件下使用。在含水不稳定的地层中，可采用泥水加压盾构和土压平衡式盾构进行开挖。

(3) 挤压式开挖。挤压式盾构的开挖方式，有全挤压和局部挤压之分。前者由于掘进时不出土或部分出土，对地层有较大的扰动，使地表隆起变形，因此隧道位置应尽量避开地下管线和地面建筑物。此种盾构不适用于城市道路和街坊下的施工，仅能用于江河、湖底或郊外空旷地区。用局部挤压方式施工时，要根据地表变形情况，严格控制出土量，使地层的扰动和地表的变形减少到最低限度。

(4) 网格式开挖。使用网格式开挖时，要掌握网格的开孔面积。格子过大会丧失支撑作用，过小会产生对地层的挤压扰动等不利影响。在饱和含水的软塑土层中，这种掘进方式具有出土效率高、劳动强度低、安全性好等优点。

2. 盾构推进与纠偏

推进过程中，主要采取编组调整千斤顶的推力、调整开挖面压力以及控制盾构推进的纵坡等方法，来操纵盾构位置和顶进方向。一般按照测量结果提供的偏离设计轴线的高程和平面位置值，确定下一次推进时须由若干千斤顶开动及推力的大小，用以纠正方向。此外，调整的方法也随盾构开挖方式有所不同：如敞开式盾构，可用超挖或欠挖来调整；机械切削开挖，可用超挖刀进行局部超挖来纠正；挤压式开挖，可用改变进土孔位置和开孔率来调整。

3. 衬砌拼装

常用液压传动的拼装机进行衬砌（管片或砌块）拼装。拼装方法根据结构受力要求，可分为通缝拼装和错缝拼装。通缝拼装是使管片的纵缝环环对齐，拼装较为方便，容易定位，衬砌圆环的施工应力较小，但其缺点是环面不平整的误差容易积累。错缝拼装是使相邻衬砌圆环的纵缝错开管片长度的 1/3 ~ 1/2。错缝拼装的衬砌整体性好，但当环面不平整时，容易引起较大的施工应力。衬砌拼装方法按拼装顺序，又可分为先环后纵和先纵后环两种。先环后纵法是先将管片(或砌块)拼成圆环,然后用盾构千斤顶将衬砌圆环纵向顶紧。先纵后环法是将管片逐块先与上一环管片拼接好,最后封顶成环。这种拼装顺序可轮流缩回和伸出千斤顶活塞杆以防止盾构后退,减少开挖面土体的走动。而先环后纵的拼装顺序,在拼装时须使千斤顶活塞杆全部缩回,极易产生盾构后退,故不宜采用。

4.衬砌背后压浆

为了防止地表沉降,必须向盾尾和衬砌之间的空隙及时压浆充填。压浆后还可改善衬砌受力状态,并增进衬砌的防水效果。压浆的方法有二次压浆和一次压浆。二次压浆是在盾构推进一环后,立即用风动压浆机通过衬砌上的预留孔,向衬砌背后的空隙内压入豆粒砂,以防止地层坍塌;在继续推进数环后,再用压浆泵将水泥类浆体压入砂间空隙,使之凝固。因压注豆粒砂不易密实,压浆也难充满砂间空隙,不能防止地表沉降,已趋于淘汰。一次压浆是随着盾构推进,当盾尾和衬砌之间出现空隙时,立即通过预留孔压注水泥类砂浆,并保持一定的压力,使之充满空隙。压浆时要对称进行,并尽量避免单点超压注浆,以减少对衬砌的不均匀施工荷载。一旦压浆出现故障,应立即暂停盾构的推进。

盾构法施工时,还须配合进行垂直运输和水平运输,并配备通风、供电、给水和排水等辅助设施,以保证工程质量和施工进度,同时还须准备安全设施与相应的设备。

(四)盾构法施工的隧道结构形式

盾构法施工的隧道结构主要采用拼装式衬砌,其断面形式取决于盾构刀盘的形状,多为圆形。地铁盾构法隧道衬砌直径约5.8m,衬砌环宽一般为0.8~1.2m,厚度0.3~0.5m,每环由6~8块管片组成。衬砌管片在洞外预制场内生产,在洞内由盾构机衬砌拼装系统拼装成环,各管片之间以螺栓连接,接缝处设置防水。管片拼装完成后向管片背后注浆,以提高管片的稳定性和承载能力。盾构法隧道结构及衬砌管片如图3-5所示。

动画:衬砌管片制作与运输　　动画:衬砌管拼装

a)盾构法隧道结构形式　　b)衬砌管片

图3-5　盾构法隧道结构及衬砌管片

（五）盾构法的优缺点及适应范围

盾构法具有以下优点：

（1）施工安全，掘进速度快；

（2）盾构的推进、出土、拼装衬砌等全过程可实现自动化作业，施工劳动强度低。

（3）不影响地面交通与设施，同时不影响地下管线等设施。

（4）穿越河道时不影响航运，施工中不受季节、风雨等气候条件影响，施工中没有噪声和扰动。

（5）在松软含水地层中修建埋深较大的长隧道时，往往具有技术和经济方面的优越性。

盾构法具有以下缺点：

（1）断面尺寸多变的区段适应能力差。

（2）新型盾构购置费昂贵，对施工区段短的工程不太经济。

盾构法一般主要适用于土层，特别适合浅覆土、不稳定地层和有地下水情况。在非常松散的地层或没有胶结的松散土层、塑性或流塑的软土地层也可以应用。因此，在类似地层的城市地铁、水底隧道、排水污水隧道、引水隧道、公共管线隧道中盾构法均可以应用，尤其适用于人口密集、交通繁忙、对地表沉陷要求严格的大中型城市中。

二 盾构法隧道施工监测目的与意义

城市地铁盾构施工是在岩土体内部进行的，无论其埋深大小，盾构的施工将不可避免地扰动土体，破坏地层原有的平衡状态，而向新的平衡状态转化。无论盾构隧道施工技术如何改进，由于施工技术、工艺质量及周围的环境和岩土介质的特点，其施工引起的地层移动是不可能完全消除的。地铁线路一般都会穿过人口密集、交通繁忙、地面建筑物林立、地下管线密集的繁华地段，这对施工引起的地表沉降和变形控制要求很高。因此，在盾构隧道施工期间，加强对地表与周边环境的变形监测及盾构隧道自身的监测是至关重要的。

在施工期间，对盾构法隧道施工沿线周围重要的地下、地面建（构）筑物、管线、地面及道路的位移实施监测，可为建设单位提供及时、可靠的信息，用以评定隧道施工对周围环境的影响，并对可能发生的危及环境安全的隐患或事故及时、准确预报，让有关各方有时间做出反应，避免事故的发生。监测的目的主要有：

（1）通过监测了解各施工阶段地层与支护结构的动态变化，把握施工过程中结构所处的安全状态。

（2）通过对监测数据的处理、分析，采取工程措施来控制地表下沉，确保地面交通顺畅和地面建筑物的正常使用。

（3）用现场实测的结果弥补理论分析过程中存在的不足，并把监测结果反馈设计，指导施工，以确保建（构）筑物及作业人员和居民的安全。

三 盾构法隧道施工监测项目

《城市轨道交通工程监测技术规范》（GB 50911—2013）规定了地铁盾构法隧道管片结构和周围岩土体监测项目，见表3-1。

盾构法隧道管片结构和周围岩土体监测项目　　表 3-1

序　号	监 测 项 目	工程监测等级		
		一级	二级	三级
1	管片结构竖向位移	√	√	√
2	管片结构水平位移	√	○	○
3	管片结构净空收敛	√	√	√
4	管片结构应力	○	○	○
5	管片连接螺栓应力	○	○	○
6	地表沉降	√	√	√
7	土体深层水平位移	○	○	○
8	土体分层竖向位移	○	○	○
9	管片围岩压力	○	○	○
10	孔隙水压力	○	○	○

注：√-应测项目，○-选测项目。

四 盾构法隧道施工监测频率

盾构法隧道工程施工中对隧道管片结构、周围岩土体和周边环境的监测频率可按表 3-2 确定。

盾构法隧道工程监测频率　　表 3-2

监 测 部 位	监 测 对 象	开挖面至监测点或监测断面的距离	监 测 频 率
开挖面前方	周围岩土体和周边环境	$5D < L \leq 8D$	1 次/(3～5d)
		$3D < L \leq 5D$	1 次/2d
		$L \leq 3D$	1 次/1d
开挖面后方	管片结构、周围岩土体和周边环境	$L \leq 3D$	(1～2 次)/1d
		$3D < L \leq 8D$	1 次/(1～2d)
		$L > 8D$	1 次/(3～7d)

注：1. D-盾构法隧道开挖直径(m)；L－开挖面至监测点或监测断面的水平距离(m)。
2. 管片结构位移、净空收敛宜在衬砌环脱出盾尾且能通视时进行监测。
3. 监测数据趋于稳定后，监测频率宜为 1 次/(15～30d)。

五 盾构法隧道施工监测控制标准

(一) 地表沉降与变形对结构的影响分析

隧道施工引起的地表沉降和变形对结构物的影响因素很多，除地层特征以外，结构物遭受损害的程度与结构物的基础与结构形式、结构物所处的位置以及地表的变形性质和大小有关。

隧道开挖施工引起地表以及建筑设施的损害可以分为直接开挖损害和间接开挖损害两种

情况。位于主要影响范围的对象(结构物、管线、道路等)所受的损害称为直接开挖损害。但是在个别情况下,在主要影响范围以外比较远的地方,也可能发现开挖影响的存在,这种影响也与隧道开挖施工有关,称为间接开挖损害,如开挖引起的大范围的地下水的变化对环境的影响等。常见的开挖损害可以下列形式表现出来:

(1)地表沉降损害

地表的均匀沉降使结构物产生整体下沉。一般来说,这种均匀下沉对于结构物的稳定性和使用条件不会产生太大的影响,但是过量的地表下沉,即使是均匀的,也有可能从另一方面带来严重的问题,如下沉较大、地下水位较浅时,会造成地面积水,不但影响结构物的使用,而且使地基土长期浸水,强度降低。对于市政道路或铁路线路,沉降会使得整个线路方向产生不平顺。

不均匀沉降引起结构物产生结构破坏裂缝,会严重影响工程质量。在砖混结构中,不均匀沉降产生的裂缝较为常见。对于框架结构,结构物的不均匀沉降将使框架产生附加轴力,框架梁产生附加剪力和弯矩。对于运营的既有铁路线路,不均匀沉降产生轨道差异沉降,可能引起列车倾倒,还可能产生轨向变化,引起列车脱轨事故。

(2)地表隆起损害

盾构掘进时,当千斤顶推力大于静止侧压力、机身与地层间的摩擦力之和时,前方土体受到挤压,引起地表隆起。地表的隆起,使坐落在地基上面的结构物产生倾斜和弯曲,危及结构的安全。

(3)地表倾斜损害

虽然地层沉降本身对结构物不至于产生严重的损害,但是地层不均匀的沉降所导致的地表倾斜改变了地面的原始坡度,将可能对结构物产生危害。地表倾斜对于高度大而底面积小的高耸结构物,如烟囱、水塔、高压线塔等的影响较大。它使高耸结构物的重心发生偏斜,引起附加应力重新分布,结构物的均匀荷重将变成非均匀荷重,导致结构内应力发生变化而引起破坏。对于普通楼房,即使不丧失稳定性,过量倾斜会使结构物的使用条件恶化。

(4)地表水平变形损害

地表水平变形有拉伸和压缩两种,它对结构物的破坏作用很大,尤其是拉伸变形的影响,结构物抵抗拉伸变形的能力远小于抵抗压缩变形的能力,压缩变形使墙体产生水平裂缝,并使纵墙褶曲,屋顶鼓起。

由于结构物对于地表拉伸变形非常敏感,位于地表拉伸区的结构物,其基础底面受有来自地基的外向摩擦力,基础侧面受有来自地基的外向水平推力的作用,而一般结构物抵抗拉伸作用的能力很小,不大的拉伸变形足以使结构物开裂。

(二)盾构法隧道施工监测控制标准

盾构法隧道管片结构监测控制标准值应根据工程地质条件、隧道设计参数、工程监测等级及当地工程经验等确定,当无地方经验时,可按表3-3确定。

盾构法隧道管片结构竖向位移、净空收敛监测项目控制值　　表3-3

监测项目及岩土类型		累计值(mm)	变化速率(mm/d)
管片结构沉降	坚硬～中硬土	10～20	2
	中软～软弱土	20～30	3

续上表

监测项目及岩土类型	累计值(mm)	变化速率(mm/d)
管片结构差异沉降	0.04% L_s	—
管片结构净空收敛	0.2% D	3

注:L_s-沿隧道轴向两监测点间距;D-隧道开挖直径。

在实际工程施工中,由于工程的地质条件、施工方法、技术及管理等不同,为了保护地面结构物的安全以及围岩和结构的稳定,还应当针对每一个具体工程提出一个地表下沉控制基准值作为施工监测指标。《城市轨道交通工程监测技术规范》(GB 50911—2013)规定了盾构法隧道地表沉降监测项目控制值(表3-4)。

盾构法隧道地表沉降监测项目控制值 表3-4

监测项目及岩土类型		工程监测等级					
		一级		二级		三级	
		累计值(mm)	变化速率(mm/d)	累计值(mm)	变化速率(mm/d)	累计值(mm)	变化速率(mm/d)
地表沉降	坚硬~中硬土	10~20	3	20~30	4	30~40	4
	中软~软弱土	15~25	3	25~35	4	35~45	5
地表隆起		10	3	10	3	10	3

注:本表主要适用于标准断面的盾构法隧道工程。

(三)周边环境的监测变形控制标准

任何地面及地下结构物均有一定的结构强度,有一定的安全系数,即有一定抵抗地面位移和变形的能力,结构物的容许变形系指结构物在地表变形值的范围内并不影响正常使用,为结构物所容许的数值。各种不同类型的结构物,因其基础形式和上部结构形式不同,它们抵抗变形的能力也各异。

1. 建(构)筑物监测项目控制值

建(构)筑物监测项目控制值应在调查分析建(构)筑物使用功能、建筑规模、修建年代、结构形式、基础类型、地质条件等的基础上,结合其与工程的空间位置关系、已有沉降、差异沉降和倾斜以及当地工程经验进行确定,并应符合现行国家标准《建筑地基基础设计规范》(GB 50007)的有关规定。对风险等级为一级、二级的建(构)筑物,宜通过结构检测、计算分析和安全性评估等确定建(构)筑物的沉降、差异沉降和倾斜控制值;当无地方工程经验时,对于风险等级较低且无特殊要求的建(构)筑物,沉降控制值宜为10~30mm,变化速率控制值宜为1~3mm/d,差异沉降控制值宜为$0.001L \sim 0.002L$(L为相邻基础的中心距离)。

2. 桥梁监测项目控制值

桥梁监测项目控制值应在调查分析桥梁规模、结构形式、基础类型、建筑材料、养护情况等的基础上,结合其与工程的空间位置关系、已有沉降、差异沉降和倾斜以及当地工程经验进行确定,并应符合现行行业标准《城市桥梁养护技术标准》(CJJ 99)的有关规定。桥梁的沉降、差异沉降和倾斜控制值宜通过结构检测、计算分析和安全性评估确定。

3. 地下管线监测项目控制值

地下管线监测项目控制值应在调查分析管线功能、材质、工作压力、管径、接口形式、埋置深度、铺设方法、铺设年代等基础上，结合其与工程的空间位置关系和当地工程经验进行确定。对风险等级较高的地下管线，宜通过专项调查、计算分析和安全性评估确定其沉降和差异沉降控制值；当无地方工程经验时，对风险等级较低且无特殊要求的地下管线沉降及差异沉降控制值可按表 3-5 确定。

地下管线沉降及差异沉降控制值 表 3-5

管线类型	沉降		差异沉降（mm）
	累计值（mm）	变化速率（mm/d）	
燃气管道	10～30	2	0.3% L_g
雨污水管	10～20	2	0.25% L_g
供水管	10～30	2	0.25% L_g

注：1. 燃气管道的变形控制值适用于 100～400mm 的管径。
2. L_g-管节长度。

4. 高速公路与城市道路监测项目控制值

高速公路与城市道路监测项目控制值应在调查分析道路等级、路基路面材料、道路现状情况和养护周期等的基础上，结合其与工程的空间位置关系和当地工程经验等进行确定，并应符合现行行业标准《公路沥青路面养护技术规范》（JTG 5142）和《公路水泥混凝土路面养护技术规范》（JTJ 073.1）的有关规定。对风险等级较高或有特殊要求的高速公路与城市道路，宜通过现场探测和安全性评估等确定其沉降控制值；当无地方工程经验时，对风险等级较低且无特殊要求的高速公路与城市道路，路基沉降控制值可按表 3-6 确定。

路基沉降控制值 表 3-6

监测项目		累计值（mm）	变化速率（mm/d）
路基沉降	高速公路、城市主干道	10～30	3
	一般城市道路	20～40	3

5. 城市轨道交通既有线监测项目控制值

城市轨道交通既有线监测项目控制值应在调查分析地质条件、线路结构形式、轨道结构形式、线路现状情况等的基础上，结合其与工程的空间位置关系、当地工程经验，进行必要的结构检测、计算分析和安全性评估后确定。城市轨道交通既有线路结构及轨道几何形位的监测项目控制值应符合现行国家标准《地铁设计规范》（GB 50157）的有关规定，并应满足线路维修的要求；当无地方工程经验时，城市轨道交通既有线隧道结构变形控制值可按表 3-7 确定。

城市轨道交通既有线隧道结构变形控制值 表 3-7

监测项目	累计值（mm）	变化速率（mm/d）
隧道结构沉降	3～10	1
隧道结构上浮	5	1
隧道结构水平位移	3～5	1

续上表

监测项目	累计值(mm)	变化速率(mm/d)
隧道差异沉降	0.04% L_s	—
隧道结构变形缝差异沉降	2～4	1

注:L_s-沿隧道轴向两监测点间距。

6. 既有铁路监测项目控制值

既有铁路线路结构及轨道几何形位的监测项目控制值应符合现行行业标准《铁路轨道工程施工质量验收标准》(TB 10413)的有关规定,并应满足线路维修的要求;当无地方工程经验时,对风险等级较低且无特殊要求的既有铁路路基沉降控制值可按表3-8确定,且路基差异沉降控制值宜小于0.04% L_t(L_t为沿铁路走向两监测点间距)。

既有铁路路基沉降控制值 表3-8

监测项目		累计值(mm)	变化速率(mm/d)
路基沉降	整体道床	10～20	1.5
	碎石道床	20～30	1.5

任务二 盾构法隧道施工监测方案设计

一 监测方案的设计

采用盾构法在软土中修建地铁隧道,会引起地层移动而导致不同程度的地面和隧道沉降。引起地表沉降的因素很多,如开挖模式、注浆量、注浆开始时间、土压仓压力、地下水位、盾构姿态、推进速度等。除了这些施工参数外,一些外在与内在荷载,如水压力、隧道自重、上覆荷载等,施工过程中综合考虑这些因素,根据地层情况,制订合适的施工方案,精心施工,把地表沉降控制在规定范围内,保持隧道结构稳定是完全可能的。

1. 监测方案设计原则

施工监测是一项系统工程,监测工作的成效性与选用的监测方法和测点的布置有直接关系。监测方案设计原则如下:

(1)可靠性原则:可靠性是监测方案设计中所考虑的最重要的原则。为确保其可靠性,必须保证监测期间各测点的稳定。

(2)层次原则:有以下四点具体含义。

①在监测对象上,以位移为主,兼顾其他监测项目;

②在监测方法上,以仪器监测为主,并辅以巡检的方法;

③在监测仪器选择上,以机测仪器为主,辅以电测仪器;

④考虑分别在地表、地下管线上布点,以形成具有一定测点覆盖率的监测网。

(3)重点监测关键区的原则:在不同的地质条件和水文地质条件下,周围建筑物及地下管线稳定的标准是不同的。稳定性差的地段应该进行重点监测。

(4)方便实用原则:为减少监测与施工之间的干扰,监测方案的设计应尽量做到方便实用。

(5)经济合理原则:系统设计时考虑实用的仪器,不必过分追求仪器的先进性,以降低监测费用。

2. 监测断面的选择

监测断面根据工程的需求、地质条件以及施工条件进行选择,布置时需注意时空关系,采取重点与一般结合、局部与整体结合,使测网、测面、测点形成一个系统,能控制整个工程的各关键部位。

由于竖井开挖及加固土体对地层已有扰动,盾构推进时这些地段易发生土体坍塌和引起较大的地表沉降,危及地面构筑物和地下管线的安全,特别是盾构始发还没有建立起土压平衡,盾构推进会引起较大变形。从国内外现有资料来看,盾构施工所发生的各种重大事故大多发生在始发和到达处,因此对盾构始发和到达处需重点监测,监测点间距和测试频率应加密。

监测断面可分为主要监测断面和辅助监测断面。主要监测断面可埋设各种仪器,进行多项监测,这样既可以保证监测的重点,又降低了费用。

动画:始发掘进

3. 监测内容

地表沉降监测是监测的主要内容之一,其他监测内容可以提供参考。监测内容如下:

(1)地表隆沉监测

掌握盾构推进时地表沉降规律、盾构推进对地表的影响程度及影响范围,以指导施工和确保施工安全。

(2)地面建筑物的下沉及倾斜监测

在建筑物周围设置测点,观测盾构穿越前后地面建筑物下沉以及倾斜,据以判定建筑物的安全性,以及采用的工程保护措施。允许下沉值及倾斜值可参考国家设计规范。

(3)地下管线监测

施工区段地下管线众多,主要有上下水管、煤气管道、电力管道、通信管道等,由于施工影响范围内地层不同程度的沉陷,可能会引起地下管线的变形、断裂而直接危及其正常使用,甚至引发灾难性事故。

(4)管片衬砌变形监测

监测隧道管片衬砌发生的变形,检验变形(包括拱顶下沉、管片收敛)是否在允许范围内,用来判断采用的结构形式的合理性。

(5)辅助监测项目

除了上述四个主要监测内容外,还要进行一些辅助内容的监测,可以更好地了解施工对周围环境的影响。如土体的水平位移监测,可以掌握盾构穿越前后周围土体的位移规律;地下水位监测,了解盾构施工期间地下水位的变化情况,为确定盾构推力提供参数;围岩压力监测,了解盾构推进过程中土压力的大小和分布情况;联络通道的拱顶下沉、净空收敛监测等。

4. 监测点的布设

监测点布设应遵循以下原则:

(1)点的类型和数量的确定应结合工程性质、地质条件、设计要求、施工工艺以及监测费用等因素综合考虑;

（2）验证设计数据而设的监测点应布置在设计中的最不利位置和断面，为指导施工而设的测点应布置在相同工况下的先施工的部位；

（3）表面变形点的位置除了应确保良好反映监测对象的变形特征外，还要便于采用仪器进行观测以及有利于测点的保护；

（4）深埋监测点不能影响结构的正常受力，不能削弱结构的刚度和强度；

（5）在实施多项监测项目测试时，各类监测点的布置在时间和空间上应有机结合，力求在同一监测部位同时反映不同物理量的变化情况，以便找出其内在的联系和变化规律。

5. 监测控制标准

根据工程的特点、设计要求及有关规范规定，对盾构隧道开挖引起的拱顶隆降、周边收敛位移等建立相应的控制值和预警值。

（1）地表变形限值：一般情况为 -30 ~ +10mm，特殊情况另定。

（2）建（构）筑物沉降控制：根据经验，桩基础建（构）筑物允许最大沉降值不大于10mm，天然地基建（构）筑物允许最大沉降值不大于30mm。各类建（构）筑物允许倾斜或沉降值如表3-9所示。

各类建（构）筑物允许倾斜或沉降值 表3-9

建（构）筑物结构类型	基地土类型	
	中低压缩性土	高压缩性土
砌体承重结构	0.002m	0.003m
工业与民用建筑物相邻接桩基的沉降差		
砖石墙填充边排桩	0.007*L*	0.001*L*
框架结构	0.002*L*	0.003*L*
不均匀沉降时不产生附加力的结构多层、高层	0.005*L*	0.005*L*
高层或多层建筑物的基础倾斜		
$H<24$m	0.004*L*	0.004*L*
24m$\leqslant H<60$m	0.003*L*	0.003*L*
60m$\leqslant H<100$m	0.002*L*	0.002*L*
$H\geqslant 100$m	0.0015*L*	0.0015*L*

注：1. *L*-相邻桩基的中心距离。
2. *H*-自室外地面算起的建筑物高度。
3. 倾斜是指基础倾斜方向两端点的沉降差与其距离的比值。
4. 如有关部门对建筑物的沉降有特殊要求时，以其要求为准。
5. 以上控制标准采用《建筑地基基础设计规范》（GB 50007—2011）基准值。

（3）管线的不均匀沉降和沉降控制参照有关规定执行。

三 地表沉降监测

1. 监测目的

监测和掌握盾构施工过程中地面点的垂直位移变化情况和垂直于盾构轴线方向量测断面

土体沉降的特点。

2. 监测仪器

监测仪器：电子水准仪，变形观测专用铟钢尺。水准仪精度：±0.3mm/km。

3. 测点布设

遵照表3-1执行。地面沉降监测点应穿越表面坚硬土层和道路结构层，设置在天然土体上。地面沉降监测点的形式见图3-6。

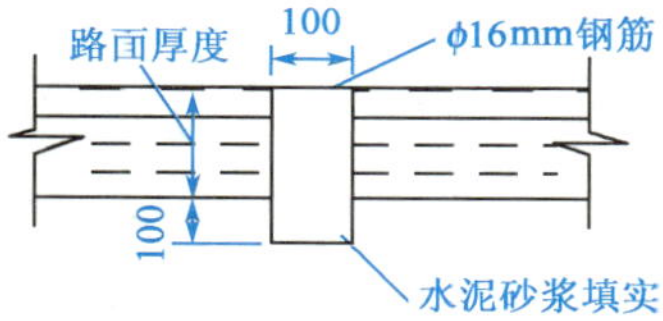

图3-6 地面沉降监测点（尺寸单位：cm）

4. 监测方法

利用水准仪观测测点高程的方法，掌握地表垂直位移变化情况。量测各测点与基准点之间的相对高程差，本次所测高差与上次所测高差相比较，差值即为本次沉降值；本次所测高差与初始高差相较，差值即为累计沉降值。

做到固定人员、固定仪器、固定路线、固定时间"四固定"，以确保测量数据的准确性。

盾构掘进前进行地表沉降点初始值的采集，初始值的采集应不小于三次。量测时间应固定在同一时间段内完成，以消除外界变化对量测结果的影响。施工开挖过程中，根据施工进度对各点的数值进行采集。

5. 数据分析与处理

绘制地表变形-时间变化曲线图、地表变形-开挖深度变化曲线、位移变化速率曲线等。结合开挖进度进行相关的分析，形成阶段性报告。

三 建筑物沉降监测

1. 监测目的

建筑物监测目的是确保建筑物的安全。对基坑周边30m范围内的建筑物施工过程中的沉降和变形进行监测，获得监测数据，及时反馈给掘进值班工程师保证施工的安全性，以便尽早发现问题，合理安排施工，提前对薄弱环节进行支护。

2. 监测仪器

监测仪器：徕卡DNA03电子水准仪，变形观测专用铟钢尺。水准仪精度±0.3mm/km。拓普康自动安平水准仪，精度±0.4mm/km。

3. 测点布设

布设原则如下：

(1)建筑物的四角处；

(2)高低层或新旧建筑物连接处两侧，纵横墙交接处；

(3)建筑物沉降缝、施工缝两侧；

(4)不同的基坑形式交接部的两侧。

根据上述原则对建筑物上的监测点进行布设。同时，平时还应对建筑物进行目测巡检，发现异常情况时，一方面跟踪监测，一方面分析原因，及时上报，以便及时采取有效措施。

测点埋设先用冲击钻在建筑物墙体上钻孔，然后放入沉降测点，测点一般采用长200～300mm膨胀螺栓制成，螺栓顶端配有特制圆头螺母。测点四周用水泥砂浆填实。待测点完全稳定后，即可开始测量。

4. 监测方法

建筑物沉降监测方法同地表沉降监测。

重要建筑物或者离隧道 15m 以内的建筑物，采用事先拍照的方法，以记录建筑物的现状及其裂缝发展的过程。

5. 数据分析与处理

绘制建筑物的沉降-时间曲线、沉降速率曲线，计算建筑物沉降差，分析建筑物的倾斜和局部倾斜特点。提供阶段性的分析和总结报告。发现异常值及时反映给相关的技术负责人。

四 地下管线沉降监测

1. 监测目的

确保盾构施工过程中管线的安全。区间沿地铁线路及两侧地下电缆、通信电缆、供水管道、地下管线、排污管道等，施工中按规定的频率进行管线沉降监测，及时反馈数据，进行分析和预测，确保施工过程中上述管线的安全。一旦发现管线变形量有继续发展趋势，应提前采取措施，避免事故的发生。

2. 监测仪器

监测仪器：电子水准仪，精度 ±0.3mm/km；变形观测专用铟钢尺。

3. 测点布设

地下管线测点重点布设在煤气管线、给水管线、污水管线、大型的雨水管及电力方沟上。测点布置时要考虑地下管线与隧道的相对位置关系。有检查井的管线应打开井盖，直接将监测点布设到管线上或管线承载体上；无检查井但有开挖条件的管线，应开挖暴露管线，将观测点直接布设到管线上；无检查井也无开挖条件的管线，可在对应的地表埋设间接观测点。

管线沉降观测点的设置根据需监测管线的材质不同，采用不同的埋设方法。当管线材料为铸铁管道或者表面有铁箍等，采用直接将顶端磨圆的钢筋焊接在管道顶端，将管道变形引至地表进行测量的方式埋设测点，如图 3-7a）所示。当管道为聚氯乙烯（PVC）、无规共聚聚丙烯（PPR）、混凝土等材质时，采用抱箍式布设时抱箍中部连接筋延长至地表附近，将管线沉降点引至地面，抱箍两端用螺栓拧紧，如图 3-8 所示。当现场条件无法对管线进行挖掘暴露时，可用通过测量管底土体的沉降间接评价管线沉降，如图 3-7b）所示。

动画：抱箍式地下管线观测

动画：直接式与间接式地下管线观测

测量的过程中，对于每次的监测结果根据沉降换算出管线的曲率，对施工起指导作用。

4. 监测方法

沉降监测同地表下沉监测。

水平位移监测采用全站仪测边角法。以观测点为测站测出对应基准线端点的边长与角度，求得偏差值。角度观测测回数与长度的丈量精度要求，应根据要求的偏差值观测中误差确定。

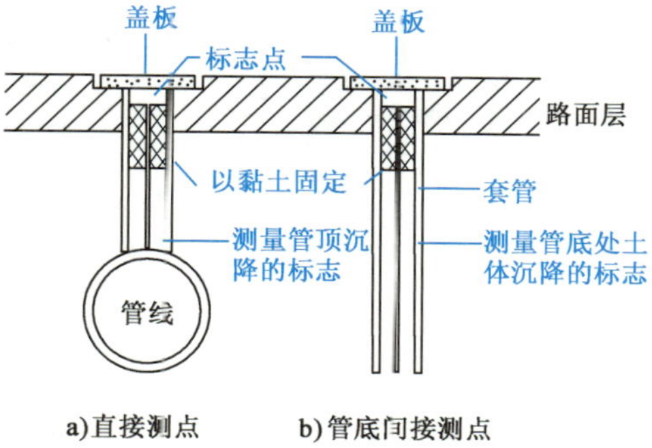

图 3-7　直接式与间接式地下管线观测

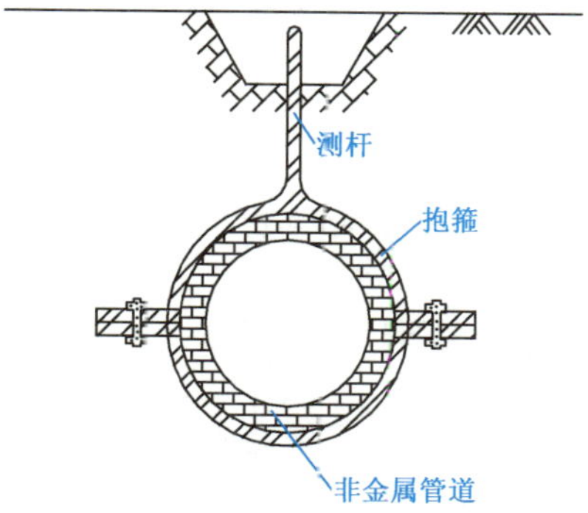

图 3-8　抱箍式地下管线观测

5.数据分析和处理

绘制各条管线水平位移-时间曲线、沉降值-时间曲线、水平位移-沉降关系曲线。结合施工进程,提交阶段性分析报告。

任务三　盾构法隧道施工监测实例

一　工程概况

微课:盾构施工监测案例

某地铁区间圆形隧道,右线全长 933.8m,左线全长 1002.268m。其中设防灾联络通道及水泵房一座。该区间段自南端头始发,以直线推进开始,过渡至直缓,再到缓圆、圆缓、缓直、直缓、缓圆、圆缓、缓直到下一站。隧道沿线均在市区主要道路干线及商业、居民区建筑物下;盾构自南端头始发后,向南推进约 290m 后(即在左 KD16 + 790m 处)进入楼房集中区,楼房集中区域长约 690m;隧道沿线地下设施较为复杂,主要为雨水、污水管线及自来水管等。

因盾构推进施工将会扰动土体、对地下水产生影响,从而引起地表、地下设施及附近建筑物的变形、沉陷。因此,本工程必须进行跟踪监测,根据监测成果,及时调整及优化盾构推进参数,将盾构施工影响区域内的变形控制至合理范围内,以确保地下设施、建筑物及居民的安全。

二　监测依据

(1)《施工设计图》:某设计研究院总院有限责任公司。

(2)《盾构法隧道施工与验收规范》(GB 50446—2017)。

(3)《建筑地基基础设计规范》(GB 50007—2011)。

(4)《城市轨道交通工程测量规范》(GB/T 50308—2017)。

(5)某地铁某号线工程施工监测技术规定。

三　监测目的

(1)通过监测及时反映盾构施工对环境产生的影响。

(2)根据监测成果,为施工方进行盾构施工参数的优化提供参照。

(3)根据前一步的观测结果,预测下一步的沉降对周围建筑物及其他设施的影响,以合理的代价采取保护措施。

(4)检验施工对周围环境所造成的影响是否在允许范围内。

(5)保证工程安全。

四 监测项目

(1)地表隆起及沉降监测。

(2)邻近建筑物沉降、倾斜的监测。

(3)沿线地下管线沉降监测。

(4)环片沉降与收敛监测。

五 监测点的布设

监测点用于隧道上方的地表及地下管线、地面建筑物的沉降监测。测点的埋设和观测初始值在盾构到达前 3d 完成。

1. 试验段(0～25 环)监测点的布设

为适应盾构在新的介质条件下施工,优化施工参数,取得该盾构区间段的沉降控制参数,在盾构初始掘进的 30m 范围内,设立监测试验段。在试验段中地面沉降监测将采取沿中线缩短测点间的距离,增设沉降槽的方法。具体实施方案:在试验段 30m 之内,沿中线每 3m(即 2.5 环)设一个沉降监测点,沿隧道中线上每 12m(即 10 环)设一条横向沉降监测断面,每条沉降槽布设 7 个监测点,其中中线上埋设 1 个监测点,垂直中线两侧各埋设 3 个监测点,试验段设计 3 条沉降槽,共计 28 个沉降监测点。监测点布置示意图及测点编号如图 3-9 所示。

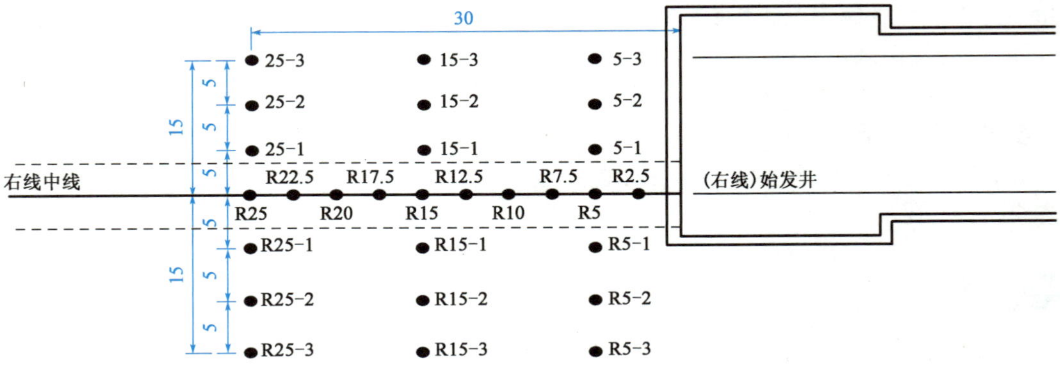

图 3-9　试验段地面沉降监测点布设示意图及测点编号示意图

注:图中标注尺寸单位为 m;图中测点编号与相应环号对应。

2. 正常掘进段监测点的布设

正常掘进段沿隧道中线每 5 环(即 6m)布设一个沉降监测点,每 30 环(即 36m)布设一个沉降监测断面,每个沉降监测断面单线布设 7 个沉降监测点,双线布设 10 个沉降监测点。左右中线上各布设 1 个监测点,两中线之间小于 15m 布设 2 个监测点,若大于 15m 则布设 3 个监测点,垂直轴线两侧各布设 3 个断面监测点,断面监测点距对应中线的距离分别为 5m、

10m、15m。监测点布设示意图及测点编号如图 3-10 所示。

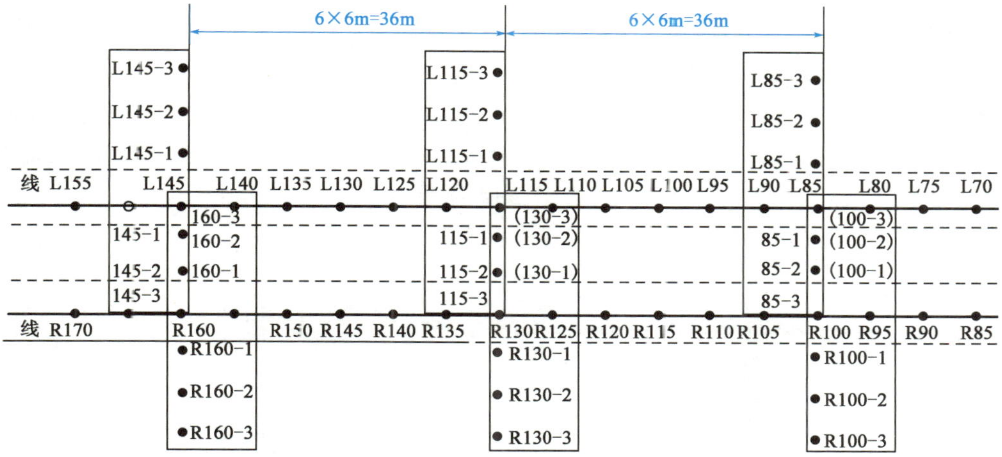

图 3-10　正常掘进段沉降监测点布设示意图及测点编号示意图

3. 地表沉降监测点的埋设

沥青路面监测点埋设 $\phi12\times8$cm 的道钉（图 3-11）；水泥路面监测点埋设：先将水泥路面钻孔，深度为水泥厚度，直径 120～150mm，在圆孔中间打入直径为 10～20cm，长 40～50cm 的钢筋桩，监测点低于地面 5～10cm（图 3-12）。

动画：盾构施工地表沉降监测点设置

动画：沥青路面沉降监测点埋设

微课：盾构施工地表沉降监测案例

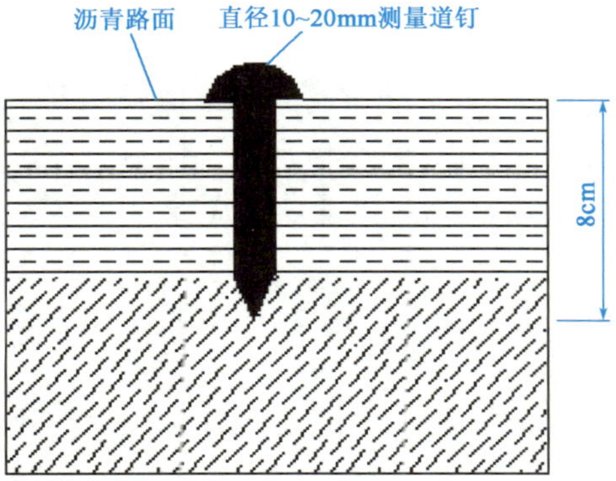

图 3-11　沥青路面沉降监测点埋设示意图

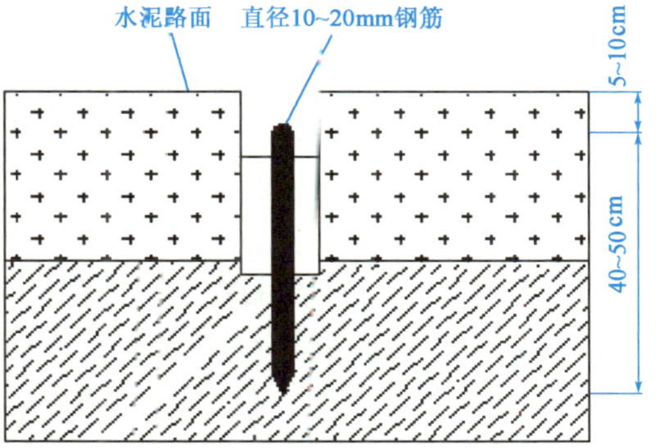

图 3-12　水泥路面沉降监测点埋设示意图

在无路面的场地（或绿化地）布设直径 10～20mm，长 40～50cm 的钢筋桩，直接钉入地下，地面露出 0.5cm，标志周围做保护（图 3-13）。若为绿化带或草地，直接将木桩打入地下并在木桩的顶端嵌入铁钉作为监测点。

动画：无路面的场地沉降监测点埋设

4. 隧道周边建筑物、构筑物的沉降点布设

隧道附近及穿越的建筑物众多，本次监测选择距隧道设计中线 20m 以

内的建筑物为监测对象。

动画：建筑物沉降监测点埋设

建筑物的沉降监测点应根据实际条件布设在能反映建筑物变形特征的位置，如建筑物的立柱、外墙角、大转角处、山墙、高低层建筑物结合部、沉降缝或裂缝处两侧，沿建筑物外墙每隔 8 ~ 15m 设置一个，点位埋设在外墙面正负零以上 100 ~ 150mm 处，点与墙壁间距 30 ~ 50mm，标志长度为 160mm。使用电钻在墙体上打孔，孔的直径与标志的直径相同，孔深度 120mm 左右，然后将标志钉入孔内，如图 3-14 所示。

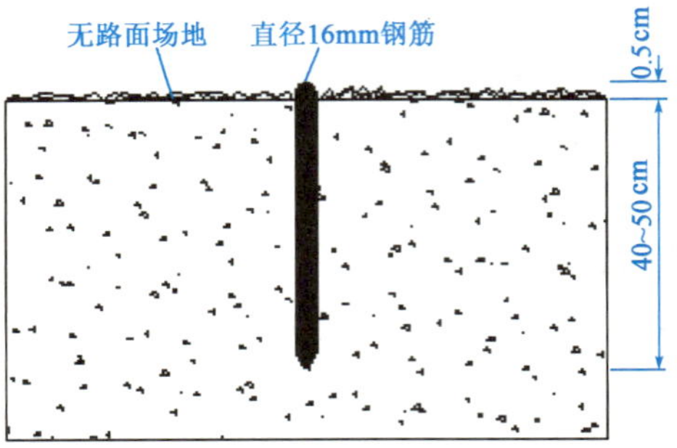

图 3-13　无路面的场地沉降监测点埋设示意图

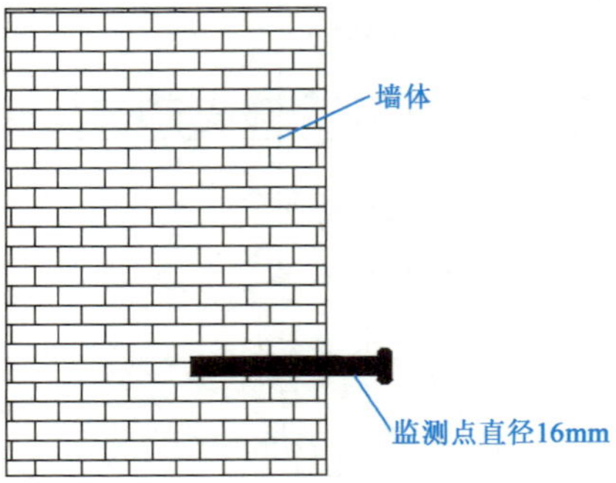

图 3-14　建筑物沉降监测点埋设示意图

5. 地下管线沉降点布设

盾构施工必然引起不同程度的土体扰动，从而造成地下管线产生变形，将隧道穿越的混凝土结构类管线（如雨水、污水管）及压力管线（如自来水、煤气管线）作为监测对象。

6. 管片变形监测

管片拼装完成脱出盾构机 70m 后，对管片进行沉降和管片收敛观测，能直接了解管片受到外部土体压力及管片自重的影响使其产生的变形量。

（1）管片沉降监测

管片沉降监测时，监测点的标志可设置在衬砌环连接螺丝上，既不易破坏又便于观测。水准基点布设在始发井的底台上。每隔 10 环设置一个沉降监测点，通过稳定的工作点来测定监测点的沉降，而工作点再应用水准基点来进行检测。图 3-15 为管片沉降监测点埋设示意图。

（2）管片收敛监测

在拼装完成的管片（管片脱出盾构机 70m 后）上布设管片变形监测点，在变形监测点布设后测得各点的初始值，在盾构机推进时定期观测管片变形。

管片变形监测点布设在上下左右的隧道壁上，测点间距为 10 环。用红油漆在测点位置做好标记。将高精度手持测距仪安放于测点位置上分别进行上下、左右的成对测量。为了提高测量精度，每对测点之间连续观测两次，其平均值作为本次观测值。图 3-16 为管片收敛变形测点位置示意图。

微课：管片变形监测

动画：管片收敛变形测点位置

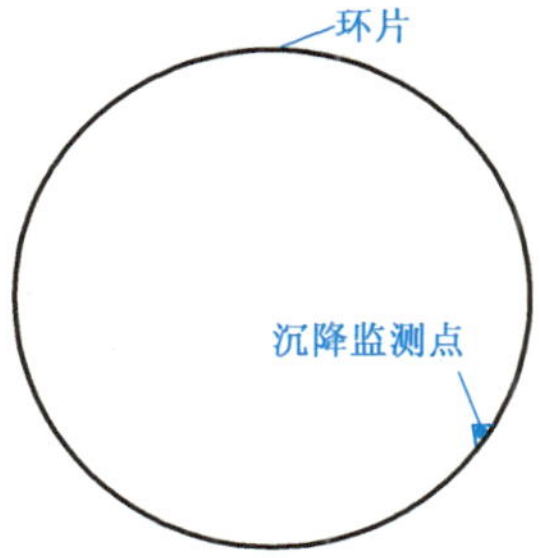

图 3-15　管片沉降点的埋设示意图

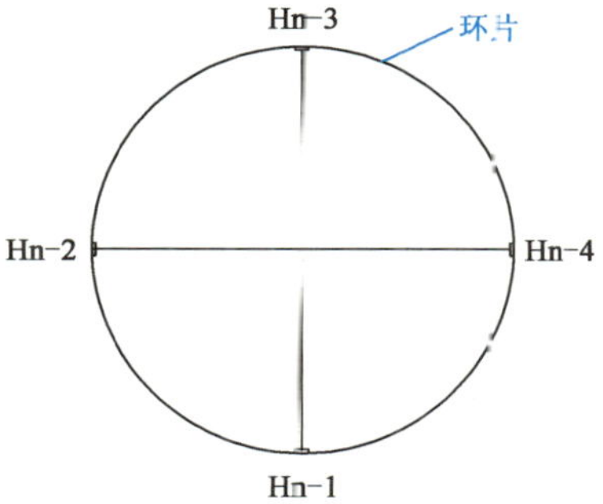

图 3-16　管片收敛变形测点位置示意图

六　监测控制网布设及各项目的监测方法

1. 监测控制网的布设(高程控制网)

鉴于测区内情况复杂,监测高程控制网需预埋若干个水准基点,基点的埋设位置远离隧道施工影响范围,且具有良好的通视条件,并采用国家二等水准的施测要求将各水准基点同已知高程控制点进行联测,组成附合水准路线,并保证基点的精度指标达到表 3-10 中所列举的各项指标。

高程控制点的精度指标　　表 3-10

等级	相邻基准点高差中误差(mm)	每站高差中误差(mm)	往返较差,附合或环线闭合差(mm)	检测已测高差之较差(mm)
Ⅱ	±0.5	±0.15	$\pm 0.3\sqrt{n}$	$\pm 0.5\sqrt{n}$

注:n 为测站数。

在整个监控作业期间内,为确保水准基点的稳定性,需定期对各基点进行复测(每 3 个月复测一次)。同时还需不定期对各水准基点的周围地理环境进行巡查,若发现异常,须及时进行复测,复测成果须达到《国家一、二等水准测量规范》(GB/T 12897—2006)中二等水准测量精度指标的要求。

2. 各项 E 监测方法

区间段内的各建(构)筑物、地下管线及环片沉降的监测均使用 Ni007 高精度自动安平光学水准仪,用光学测微法进行观测,首次观测采用单程双测站观测,其后可采用单程单测站观测,监测点与基点形成闭合环(基点→建筑物沉降监测点→基点)。

其余项目监测方法略。

项目小结

本项目以在建的区间盾构工程施工为背景,系统介绍了盾构施二监测的基本知识及相关理论,并对监测方案设计、实施、数据处理与分析、监测报表与报告的编制等问题做了详细介绍。内容涉及盾构施工中地面隆陷、邻近建(构)筑物变形、地下管线沉降、管片变形、衬砌环内力和变形等监测项目。学习中,应结合附近在建项目,实行教学做一体化的现场教学,重点对盾构施工的地表沉降、邻近建(构)筑物变形、地下管线沉降、管片变形等项目进行认真学习与训练。

盾构施工监测项目繁多,应用中宜结合工程地质条件、周围环境、地下管线等条件综合考虑,认真分析,制订切实可行的监测方案,实施中应定期做好监测仪器与监测点的校核工作,及时填报数据,及时分析与反馈。

能力训练

某输水管线工程盾构施工监测方案设计与实施

工程位于长兴岛上,起点于牛棚圩以北的丁字坝附近,与青草沙水库出水输水闸井相接,终止于永和路以南 120m 左右的上海崇明越江通道东侧绿化带内,与长江原水过江管工作井相连。

输水管线总长约 10563.305m,其中东线长 5280.993m,西线长 5282.312m。全线最小平曲线半径为 $R=450$m,最大纵坡为 8.9‰,具体详见表 3-11。

工 程 简 介 表 表 3-11

区间隧道	起~止里程	区段长度(m)	最小平曲线(m)	最大纵坡(‰)	顶覆土(m)
原水过江管工作井~中间盾构工作井	EDK+280.993~EDK2+830.941	东线 2450.052	500	8.9	11.4~29.7
		西线 2454.118			
中间盾构工作井~水库出水输水闸井	EDK+800.941~EDK0+000	东线 2800.941	450	1	8.0~11.4
		西线 2798.194			

施工工序:第一台盾构自原水过江管工作井始发推进(东线)至中间盾构工作井,进洞后盾构主机解体调头,继续西线隧道推进施工;第二台盾构自中间盾构工作井始发推进(东线)至水库出水输水闸井,进洞后盾构转场回中间盾构工作井,继续进行西线隧道推进施工。总体筹划见图 3-17。

图 3-17 总体筹划

请综合考虑车站地质条件、结构条件、围护结构体系及周边环境条件,完成以下任务:

(1)确定监测项目,并列表表示;

(2)水准基点与监测点的布设与检验;

(3)道路与管线监测点的设置,选择监测仪器;

(4)建(构)筑物沉降监测点设置;

(5)设计一个表格,将监测项目、监测周期与频率、监测精度、监测仪器、控制基准值填入表格;

(6)监测周期及监测报警值的确定;

(7)说明各项目的数据计算方法与填报方法;

(8)整理以上内容形成监测方案文稿。

项目四

边坡工程监测

【能力目标】

通过学习，具备边坡工程地表大地变形、地表裂缝位错、边坡深部位移、边坡地应力、锚杆(索)拉力、孔隙水压力、地下水位监测等作业能力，同时具备依据边坡工程地质条件及周围环境等条件进行边坡工程监测方案设计、组织实施、数据处理与分析、监测报表与报告的编制及信息反馈等能力。

【知识目标】

了解边坡工程监测基本知识及基本理论，熟知各监测项目的监测目的、监测内容、监测仪器、监测频率及监测控制基准，掌握各项目的测点布置、监测实施及数据分析要点。

【素质目标】

通过学习，培养学生依据科学数据，综合分析判断工程实际问题的能力，初步形成科学严谨的职业精神。

【项目描述】

某铁路边坡工程面积约为 7 万 m^2(包括平台面积)，最大坡面高度约为 35m。由于工程范围内山体地质情况复杂，工程勘察资料很难完全揭示场地的工程地质条件，因此，需要建立边坡监测系统，以便及时对设计和施工方案进行调整和修正，确保边坡的安全稳定。请完成该工程的边坡监测方案设计，并组织实施，及时完成相应报表填报、数据分析及信息反馈工作。

任务一　边坡工程监测项目

一、边坡工程监测的意义

从岩土力学的角度来看，边坡工程是通过人为结构给边坡施加外力作用，以改善原有边坡的环境，最终使其达到力学平衡状态。但由于边坡内部岩土力学作用的复杂性，难以获得其真实的力学效应进行准确设计。为了反映边坡岩土真实的力学效应，检验设计与施工的可靠性及边坡的稳定状态，对边坡工程进行监测具有极其重要的意义。

动画：边坡监测

边坡工程监测的主要任务就是通过监测数据反演分析边坡的内部力学作用，检验设计与施工的可靠性，确保边坡安全，同时为其他边坡设计和施工积累参考资料。边坡工程监测的作用在于：

(1)对高边坡进行稳定性监测，实施动态设计、动态施工，确保安全快速施工。

(2)评价边坡施工及其使用过程中的稳定性，并做出有关预测预报，为建设、施工单位及监理单位提供预报数据，跟踪和控制施工过程，合理采用和调整有关施工工艺和步骤，取得最佳的经济效益。

(3)为防止滑坡及可能的滑动和蠕变提供及时支持，预测和预报滑坡的边界条件、规模、滑动方向、发生时间及危害程度，并及时采取措施，以尽量避免和减轻灾害损失。

(4)为滑坡理论和边坡设计方法的研究提供参考依据。

(5)为边坡支护工程的维护提供依据。

边坡工程监测是边坡研究工作中的一项重要内容，随着科学技术的发展，各种先进的监测仪器设备、监测方法和监测手段的不断更新，使边坡监测工作的水平正在不断提高。

二、边坡工程监测的内容与方法

边坡工程监测分为施工安全监测、处治效果监测和动态长期监测。一般以施工安全监测和处治效果监测为主。

施工安全监测是在施工期对边坡的位移、应力、地下水等进行监测，监测结果作为指导施工、反馈设计的重要依据，是实施信息化施工的重要内容。施工安全监测将对边坡体进行实时监控，以了解由于工程扰动等因素对边坡体的影响，及时指导工程实施、调整工程部署、安排施工进度等。在进行施工安全监测时，测点布置在边坡体稳定性差或工程扰动大的部位，力求形成完整的剖面，采用多种手段互相验证和补充。边坡施工安全监测包括地面变形监测、地表裂缝监测、滑带深部位移监测、地下水位监测、孔隙水压力监测、地应力监测等内容。施工安全监测的数据采集原则上采用24h自动实时观测方式进行，以使监测信息能及时反映边坡体变形破坏特征，供有关方面做出决断。如果边坡稳定性好、工程扰动小，可采用8～24h观测一次的方式进行。

边坡处治效果监测是检验边坡处治设计和施工效果、判断边坡处治后的稳定性的重要手段。一方面可以了解边坡体变形破坏特征，另一方面可以针对实施的工程进行监测，例如，监测预应力锚索应力值的变化、抗滑桩的变形和土压力及排水系统的过流能力等，以直接了解工程实施效果。通常结合施工安全和长期监测进行，以了解工程实施后边坡体的变化特征，为工程的竣工验收提供科学依据。边坡处治效果监测时间长度一般要求不少于一年，数据采集时间间隔一般为 7 ~ 10d，在外界扰动较大时，如暴雨期间，可加密观测次数。

边坡长期监测将在防治工程竣工后，对边坡体进行动态跟踪，了解边坡体稳定性变化特征。边坡长期监测一般沿边坡主剖面进行，监测点的布置少于施工安全监测和防治效果监测；监测内容主要包括滑带深部位移监测、地下水位监测和地面变形监测。数据采集时间间隔一般为 10 ~ 15d。

边坡监测的具体内容应根据边坡的等级、地质及支护结构的特点进行考虑，通常对于一类边坡防治工程，建立地表和深部相结合的综合立体监测网，并与长期监测相结合；对于二类边坡防治工程；在施工期间建立安全监测和防治效果监测点，同时建立以群测为主的长期监测点；对于三类边坡防治工程，建立群测为主的简易长期监测点。

监测项目一般包括地表大地变形监测、地表裂缝位错监测、地面倾斜监测、裂缝多点位移监测、边坡深部位移监测、地下水监测、孔隙水压力监测、边坡地应力监测等。表 4-1 为边坡工程监测项目表。

边坡工程监测项目表 表 4-1

监测项目	测试内容	测点布置	方法与工具
变形监测	地表大地变形、地表裂缝位错、边坡深部位移、支护结构变形	边坡表面、裂缝、滑带、支护结构顶部	经纬仪、全站仪、GPS、伸缩仪、位错计、钻孔倾斜仪、多点位移计、应变仪等
应力监测	边坡地应力、锚杆（索）拉力、支护结构应力	边坡内部、外锚头、锚杆主筋、结构应力最大处	压力传感器、锚索测力计、压力盒、钢筋计等
地下水监测	孔隙水压力、扬压力、动水压力、地下水水质、地下水、渗水与降雨关系、降雨、洪水与时间关系	出水点、钻孔、滑体与滑面	孔隙水压力计、抽水试验、水化学分析等

三 边坡工程监测计划与实施

边坡工程监测计划应综合施工、地质、测试等方面的要求，由设计人员完成。监测计划应根据边坡地质地形条件、支护结构类型和参数、施工方法和其他有关条件制订。监测计划一般应包括下列内容：

（1）监测项目、方法及测点或测网的选定，测点位置、量测频率，量测仪器和元件的选定及其精度和率定方法，测点埋设时间等。

（2）量测数据的记录格式、表达量测结果的格式、量测精度确认的方法。

（3）量测数据的处理方法。

（4）量测数据的大致范围，作为异常判断的依据。

（5）利用从初期量测值预测最终量测值的方法，综合判断边坡稳定的依据。

（6）量测管理方法及异常情况对策。

（7）利用反馈信息修正设计的方法。

(8)传感器埋设设计。

(9)固定元件的结构设计和测试元件的附件设计。

(10)测网布置图和文字说明。

(11)监测设计说明书。

四 边坡工程监测的基本要求

边坡监测方法的确定、仪器的选择既要考虑到能反映边坡体的变形动态，又必须考虑到仪器维护方便和节省投资。由于边坡所处的环境恶劣，对所选仪器应遵循以下原则：

(1)仪器的可靠性和长期稳定性好。

(2)仪器有能与边坡体变形相适应的足够的量测精度。

(3)仪器对施工安全监测精度和灵敏度较高。

(4)仪器在长期监测中具有防风、防雨、防潮、防震、防雷等与环境相适应的性能。

(5)边坡监测系统应包括仪器埋设、数据采集、存储和传输、数据处理、预测预报等。

(6)所采用的监测仪器必须经过国家有关计量部门标定，并具有相应的质检报告。

(7)边坡监测应采用先进的方法和技术，同时应与群测群防相结合。

(8)监测数据的采集尽可能采用自动化方式，数据处理须在计算机上进行，包括建立监测数据库、数据和图形处理系统、趋势预报模型、险情预警系统等。

(9)监测设计须提供边坡体险情预警标准，并在施工过程中逐步加以完善。监测单位须半月或一个月一次定期向建设单位、监理单位、设计单位和施工单位提交监测报告，必要时，可提交实时监测数据。

任务二　边坡变形监测

边坡岩土体的破坏，一般不是突然发生的，破坏前总是有相当长时间的变形发展期。通过对边坡岩土体的变形监测，不但可以预测预报边坡的失稳滑动，同时可以运用变形的动态变化规律检验边坡处治设计的正确性。边坡变形监测包括地表大地变形监测、地表裂缝位错位移监测、边坡深部位移监测等内容。对于实际工程应根据边坡具体情况设计位移监测项目和测点。

一 地表大地变形监测

地表大地变形监测是边坡监测中常用的方法，是在稳定地段设置测量标准(基准点)，在被测量地段上设置若干个监测点(观测标桩)或设置有传感器的监测点，用仪器定期监测测点和基准点的位移变化，或用无线边坡监测系统进行监测。

大地变形监测通常应用的仪器有两类：一是大地测量(精度高的)仪器，如红外仪、经纬仪、水准仪、全站仪、GPS 等，这类仪器只能定期监测地表位移，不能连续监测地表位移变化。当地表明显出现裂隙及地表位移速度加快时，使用大地测量仪器定期测量显然满足不了工程需要，这时应采用能连续监测的设备，如全自动全天候的无线边坡监测系统。二是专门用于边坡变形监测的设备，如裂缝计、钢带和标桩、地表位移伸长计和全自动无线边坡监测系统等。

测量的内容包括边坡体水平位移、垂直位移以及变化速率。点位误差要求不超过 ±(2.6 ~ 5.4)mm，水准测量中误差 ±(1.0 ~ 1.5)mm/km。对于土质边坡，精度可适当降低，但要求水准测量中误差不超过 ±3.0mm/km。边坡地表变形观测通常可以采用十字交叉网法，如图 4-1a)所示，适用于滑体小、窄而长、滑动主轴位置明显的边坡；放射状网法，如图 4-1b)所示，适用于比较开阔、范围不大、在边坡两侧或上下方有突出的山包能使测站通视全网的地形；任意观测网法，如图 4-1c)所示，用于地形复杂的大型边坡。

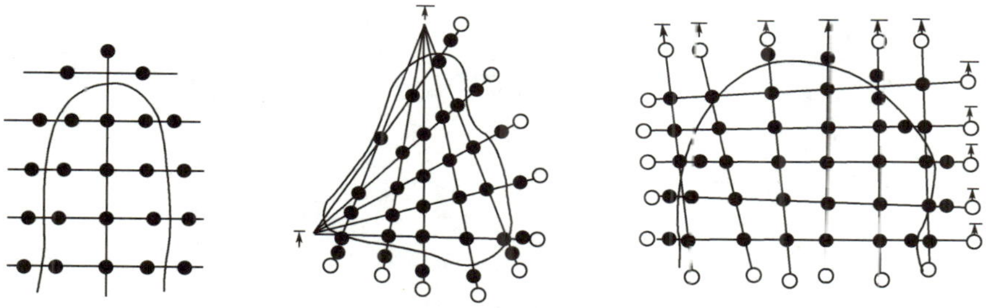

a)十字交叉网　　b)放射状网　　c)任意观测网

动画：边坡表面位移观测网-十字交叉网

动画：边坡表面位移观测网-放射状网

动画：边坡表面位移观测网-任意观测网

图 4-1　边坡表面位移观测网

二 地表裂缝位错监测

边坡表面张性裂缝的出现和发展，往往是边坡岩土体即将失稳破坏的前兆，因此这种裂缝一旦出现，必须对其进行监测。监测的内容包括裂缝的拉开速度和两端扩展情况，如果速度突然增大或裂缝外侧岩土体出现显著的垂直下降位移或转动，预示着边坡即将失稳破坏。

地表裂缝位错监测可采用伸缩仪、位错计或千分卡尺直接量测。测量精度 0.1 ~ 1.0mm。对于规模小、性质简单的边坡。在裂缝两侧设桩[图 4-2a)]、设固定标尺[图 4-2b)]或在建(构)筑物裂缝两侧贴片[图 4-2c)]等方法，均可直接量得位移量。

三 边坡深部位移监测

边坡深部位移监测是监测边坡体整体变形的重要方法，将指导防治工程的实施和效果检验。传统的地表测量具有范围大、精度高等优点，裂缝测量也因其直观性强、方便适用等特点而广泛使用，但它们都有一个无法克服的弱点，即它们不能测到边坡岩土体内部的蠕变，因而无法预知滑动控制面。而深部位移监测能弥补这一缺陷，它可以了解边坡深部，特别是滑带的位移情况。

边坡深部位移监测手段较多，目前国内使用较多的主要为钻孔引伸仪和钻孔测斜仪两大类。钻孔引伸仪(或钻孔多点伸长计)是一种传统的测定岩土体沿钻孔轴向移动的装置，它适用于位移较大的滑体监测。例如，武汉岩土力学所研制的 WRM-3 型多点伸长计，这种仪器性能较稳定，价格便宜，但钻孔太深时不好安装，且孔内安装较复杂，其最大的缺点就是不能准确地确定滑动面的位置。钻孔引伸仪根据埋设情况可分埋设式和移动式两种，根据位移测试表的不同又可分为机械式和电阻式。埋设式多点位移计安装在钻孔内以后就不再取出，由于埋设投资大，测量的点数有限，因此又出现了移动式。有关多点位移计的详细构造和安装使用可参阅有关书籍。

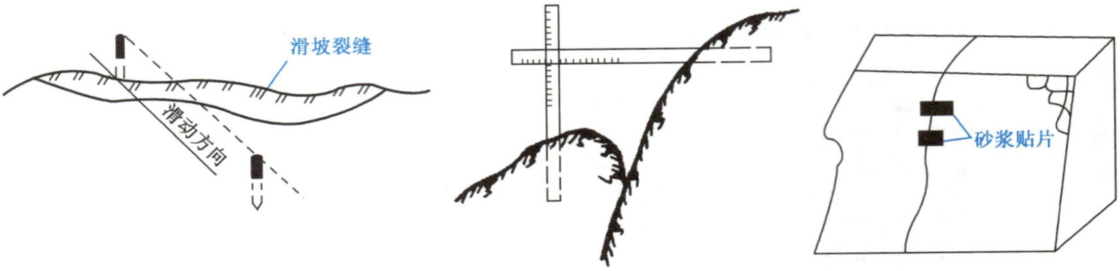

a)打桩观测裂缝　　b)用固定标尺观测裂缝　　c)设片观测裂缝

动画：裂缝观测-设桩观测　　动画：边坡观测-设尺观测　　动画：边坡观测-设片观测

图 4-2　裂缝观测示意图

钻孔测斜仪运用到边坡工程中的时间不长，用来测量垂直钻孔内测点相对于孔底的位移（钻孔径向）。观测仪器一般稳定可靠，测量深度可达百米，且能连续测出钻孔不同深度的相对位移大小和方向。因此，这类仪器是观测岩土体深部位移、确定潜在滑动面和研究边坡变形规律较理想手段，目前在边坡深部位移量测中得到广泛采用。如大冶铁矿边坡、长江新滩滑坡、黄蜡石滑坡、链子崖岩体破坏等均运用了此类仪器进行岩土深层位移观测。

钻孔测斜仪由四大部件组成：测量探头、传输电缆、读数仪及测量导管，其结构如图 4-3 所示。其工作原理：利用仪器探头内的伺服加速度，测量埋设于岩土体内的导管沿孔深的斜率变化。由于它是自孔底向上逐点连续测量的，所以，任意两点之间斜率变化累计反映了这两点之间的相互水平变位。通过定期重复测量可提供岩土体变形的大小和方向。根据位移-深度关系曲线变化规律可以很容易地找出滑动面的位置，同时对滑移的位移大小及速率进行估计。图 4-4 为一个典型的钻孔测斜仪成果曲线，从图中可清楚看到，在深度 10.0m 处变形加剧，可以断定该处就是滑动控制面。

动画：钻孔倾斜仪原理　　动画：钻孔倾斜仪成果曲线

四　边坡变形监测资料的处理与分析

边坡变形测量数据的处理与分析，是边坡监测数据管理系统中一个重要的研究内容，可用于对边坡未来的状况进行预报、预警。边坡变形数据的处理可以分为两个阶段，一是对边坡变形监测的原始数据的处理，该项处理主要是对边坡变形测试数据进行干扰消除，以获取真实有效的边坡变形数据，这一阶段可以称作边坡变形量测数据的预处理。边坡变形数据分析的第二阶段是运用边坡变形量测数据分析边坡的稳定性现状，并预测可能出现的边坡破坏，建立预测模型。

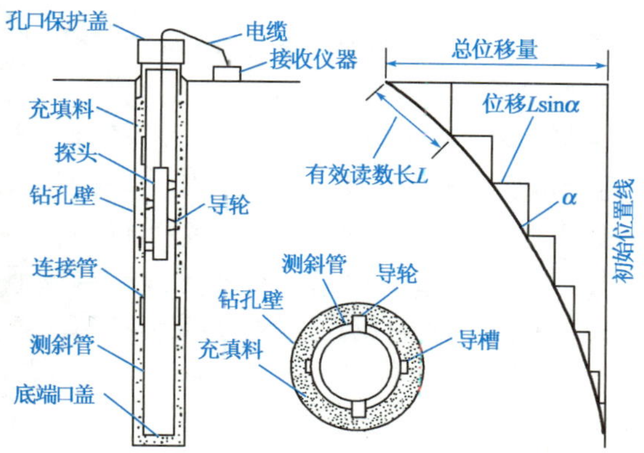

图 4-3　钻孔测斜仪原理图

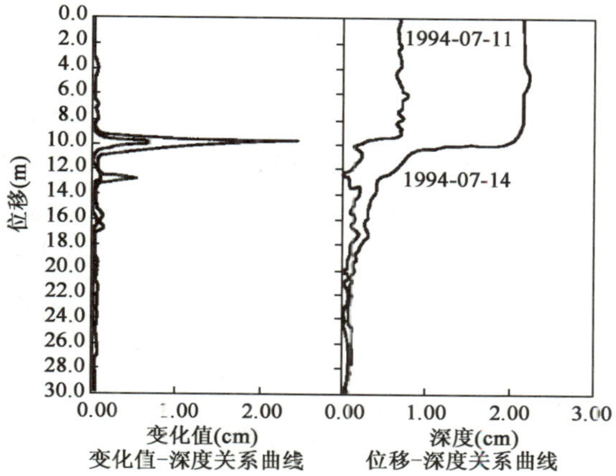

图 4-4　钻孔倾斜典型曲线

1. 边坡变形量测数据的预处理

在自然及人工边坡的监测中，各种监测手段所测出的位移历时曲线均不是标准的光滑曲线。由于受到各种随机因素的影响，例如测量误差、开挖爆破、气候变化等，绘制的曲线往往具有不同程度的波动、起伏和突变，多为振荡型曲线，使观测曲线的总体规律在一定程度上被掩盖，尤其是那些位移速率较小的变形体，所测的数据受外界影响较大，使位移历时曲线的振荡表现更为明显。因此，去掉干扰部分，使具有突变效应的曲线变为等效的光滑曲线显得十分必要，它有利于判定不稳定边坡的变形阶段及进一步建立其失稳的预报模型。目前在边坡变形量测数据的预处理中较为有效的方法是采用滤波技术。

在绘制变形测点的位移历时过程曲线中，反复运用离散数据的邻点中值进行平滑处理，使原来的振荡曲线变为光滑曲线，而中值平滑处理就是取两相邻离散点的中点作为新的离散数据。如图 4-5 所示，点 1′、2′、3′、4′为点 1、2、3、4、5 中值经平滑处理后得到的新点。

平滑滤波过程是先用每次监测的原始值算出每次的绝对位移量，并做出时间-位移过程曲线，该曲线一般为振荡曲线，然后对位移数据作 6 次平滑处理后，可以获得有规律的光滑曲线（图 4-6）。

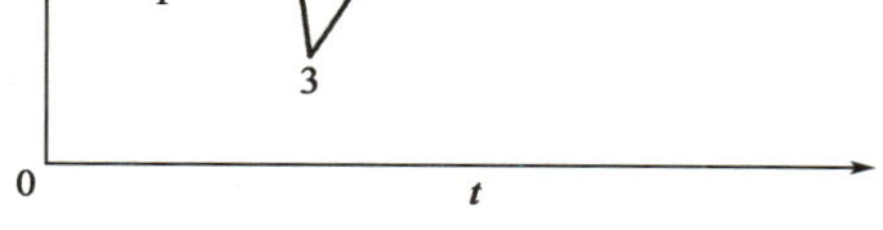

图 4-5　平滑滤波处理示意图

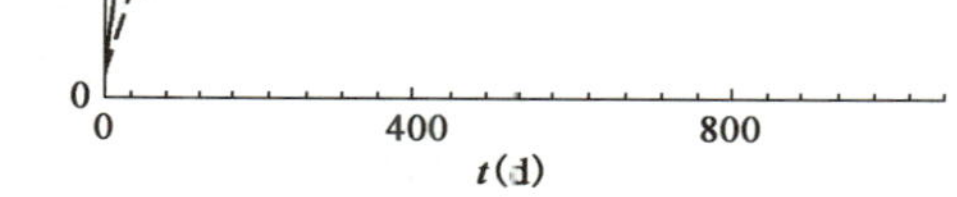

图 4-6　某实测曲线的平滑滤波处理曲线

2. 边坡变形状态的判定

一般而言，边坡变形典型的位移历时曲线为如图 4-7 所示，分为以下三个阶段：

第一阶段为初始阶段（*AB* 段），边坡处于减速变形状态；变形速率逐渐减小，而位移逐渐增大，其位移历时曲线由陡变缓。

第二阶段为稳定阶段（*BC* 段），又称为边坡等速变形阶段；变形速率趋于常值，位移历时曲线近似为一直线段。直线段切线角及速率近似恒值，表征为等速变形状态。

第三阶段为非稳定阶段（*CD* 段），又称为加速变形阶段；变形速率逐渐增大，位移历时曲线由缓变陡，因此曲线反映加速变形状态，同时亦可看出切线角随速率的增大而增大。

可以看出，位移历时曲线切线角的增减可反映速度的变化。若切线角不断增大，说明变形速度也不断增大，即变形处于加速阶段；反之，则处于减速变形阶段；若切线角保持一常数不变，亦即变形速率保持不变，处于等速变形状态。根据这一特点可以判定边坡的变形状态。具体分析步骤如下：

首先将滤波获得的位移历时曲线上每个点的切线角分别算出，然后放在如图 4-8 所示的坐标中。

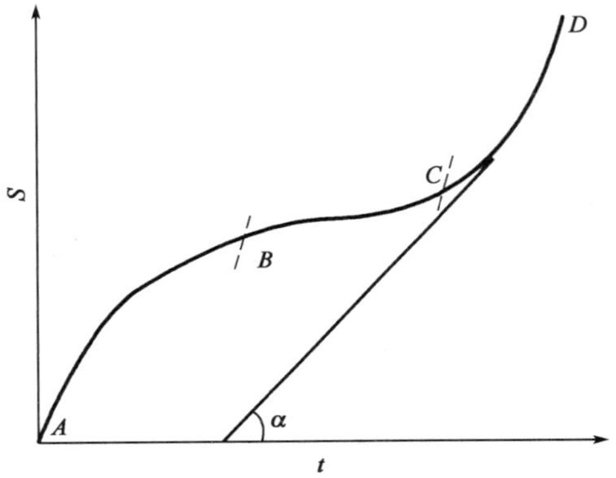

图 4-7　边坡变形典型的位移历时曲线

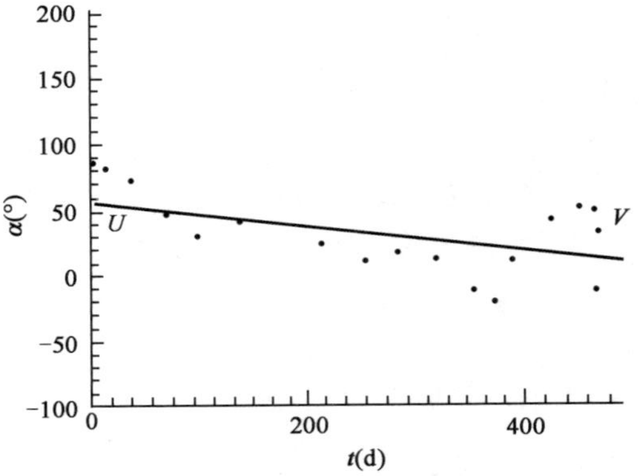

图 4-8　切线角-时间线性关系图

纵坐标为切线角，横坐标为时间。对这些离散点进行一元线性回归，求出能反映其变化趋势的线性方程：

$$\alpha = At + B \tag{4-1}$$

式中：α——切线角；

A、B——待定系数。

当 $A<0$ 时，上式为减函数，随着 t 的增大，α 变小，变形处于减速状态；当 $A=0$ 时，α 为一常数，变形处于等速状态；当 $A>0$ 时，上式为增函数，α 随 t 的增大而增大，变形处于加速状态。

A 值由一元线性回归中的最小二乘法得到：

$$A = \frac{\sum_{i=1}^{n}(t_i - \bar{t})(\alpha_i - \bar{\alpha})}{\sum_{i=1}^{n}(t_i - \bar{t})^2} \tag{4-2}$$

式中：i——时间序数，$i=1,2,3,\cdots,n$；

t_i——第 i 点的累计时间；

$\bar{t}$——各点累计时间的平均值（$\bar{t}=\frac{1}{n}\sum_{i=1}^{n}t_i$）；

α_i——滤波曲线上第 i 个点的切线角；

$\bar{\alpha}$——各切线角的平均值（$\bar{\alpha}=\frac{1}{n}\sum_{i=1}^{n}\alpha_i$）。

3. 边坡变形的预测分析

经过滤波处理的变形观测数据，除可以直接用于边坡变形状态的定性判定外，更主要的是可以用于边坡变形或滑动的定量预测。定量预测需要选择恰当的分析模型。通常可以采用确定性模型和统计模型，但在边坡监测中，由于边坡滑动往往是一个极其复杂的发展演化过程，采用确定性模型进行定量分析和预报是非常困难的。因此目前常用的手段还是采用传统的统计分析模型。

统计模型有两种，一种是多元回归模型，另一种是近年发展起来的非线性回归模型。多元回归模型的优点是能逐步筛选回归因子，但对除了时间因素以外的其他因素的分析仍然非常困难和少见。非线性回归模型在许多的情况下能较好拟合观测数据，但使用非线性回归的关键是如何选择合适的非线性模型及参数。

对于多元线性回归，即：

$$y=a_0+\sum\alpha_i t^i \tag{4-3}$$

式中：α_i——待定系数。

对于非线性回归分析，应根据实际情况选择回归模型，如朱建军（2002）选择了生物增长曲线形模型，即：

$$y=y_{\mathrm{m}}[1-\mathrm{e}^{-atb}]+c \tag{4-4}$$

式中：a、b、c——待定参数；

y_{m}——可能的最大滑动值；

t——时间变量。

在对整个边坡的各监测点进行回归分析、求出各参数后，就可以根据各参数值对整个边坡状态进行综合定量分析和预测。通常情况下，非线性回归比线性回归更能直观反映边坡的滑动规律和滑动过程，并且在绝大多数情况下，非线性回归模型更有利于对边坡滑动的整体分析和预测，这对变形观测资料的物理解释有着十分重要的理论与实际意义。

任务三　边坡应力监测

边坡应力监测包括边坡内部应力监测、边坡地应力监测及锚杆（索）锚固应力监测等。

动画：边坡应力监测

一　边坡内部应力监测

边坡内部应力监测可通过压力盒量测。压力盒根据测试原理可以分为液压式（图 4-9）和电测式两类（图 4-10），液压式的优点是结构简单、可靠，现场直接读数，使用比较方便；电测式的优点是测量精度高，可远距离和长期观测。目前在边坡工程中多用电测式压力盒。电测式压力盒又可分为应变式、钢弦式、差动变压式、差动电阻式等。表 4-2 归纳了国产常用压力盒类型、使用条件及优缺点。

动画:液压式压力盒　　动画:钢弦式压力盒

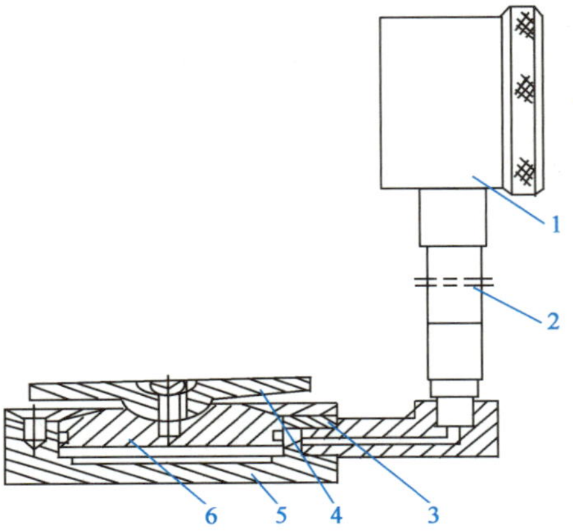

图 4-9　液压测力计结构

1-压力表;2-高压胶管;3-压盖;4-调心盖;5-油缸底座;6-活塞

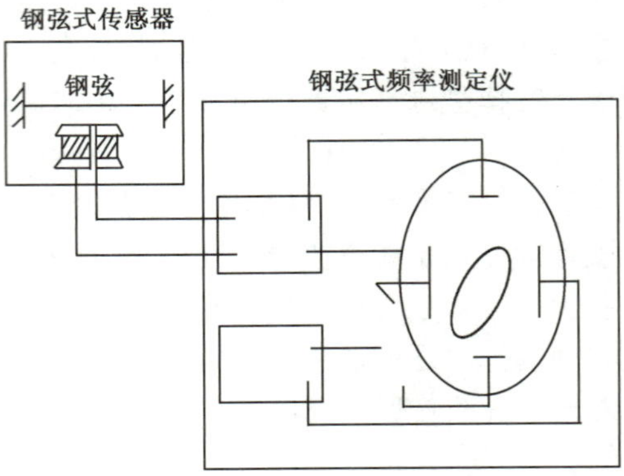

图 4-10　钢弦式测试系统

国产常用压力盒类型及使用条件　　表 4-2

工作原理	结构及材料	使用条件	优缺点
单线圈 激振型	钢丝卧式 钢丝立式	测土压力 测岩土压力	1. 构造简单; 2. 输出间歇非等幅衰减波,不适用动态测量和连续测量,难以实现自动化
双线圈 激振型	钢丝卧式	测水压力 测土、岩压力	1. 输出等幅波,稳定,电势大; 2. 抗干扰能力强,便于自动化; 3. 精度高,便于长期使用
钨丝 压力盒	钢丝立式	测水压力 测土压力	1. 刚度大,精度高,线性好; 2. 温度补偿好,耐高温; 3. 便于自动化记录
钢弦摩擦 压力盒	钢丝卧式	测井壁与土 层间摩擦力	只能测与钢筋同方向的摩擦力

在现场进行实测时,为了增大钢弦压力盒接触面积,避免由于埋设接触不良而使压力盒失效或量测值很小,有时采用传压囊增大其接触面积。囊内传压介质一般使用机油,因其传压系数接近 1,而且油可使负荷以静水压力方式传到压力盒,也不会引起囊内锈蚀,便于密封。钢弦压力盒与传压囊装配情况如图 4-11 所示。

压力盒的性能好坏,直接影响压力测量值的可靠性和精确度。对于具有一定灵敏度的钢弦压力盒,应保证其工作频率,特别是初始频率的稳定,使其压力与频率关系的重复性能良好,因此在使用前应对其各项性能进行试验。埋设压力盒总的要求是接触紧密和平稳、防止滑移、不损伤压力盒及引线。

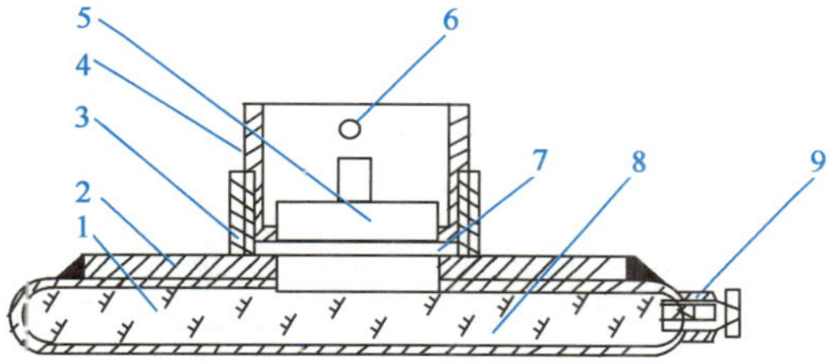

图 4-11　钢弦压力盒与传压囊装配图

1-机油;2-底板;3-连接套管;4-压紧套管;5-钢弦压力盒;6-拧紧插孔;7-密封圈;8-油囊;9-注油嘴

动画:钢弦压力盒与传压囊装配图

二 边坡地应力监测

边坡地应力监测主要是针对大型岩石边坡工程,为了了解边坡地应力或在施工过程中地应力变化而进行的一项重要监测工作。地应力监测包括绝对应力测量和地应力变化监测。绝对应力测量在边坡开挖前和边坡开挖中期以及边坡开挖完成后各进行一次,以了解三个不同阶段的地应力场情况,采用的方法一般是深孔应力解除法。地应力变化监测即在开挖前,利用原地质勘探平洞埋设应力监测仪器,了解整个开挖过程中地应力变化的全过程。

对于绝对应力测量,目前国内外使用的方法,均是用各种探头量测在钻孔、地下开挖或露头面上刻槽而引起岩体中应力的扰动,通过产生的各种物理量变化的方法来实现测量目的。总体上可分为直接测量法和间接测量法两大类。直接测量法是指由测量仪器所记录的补偿应力、平衡应力或其他应力量直接决定岩体的应力,而不需要知道岩体的物理力学性质及应力-应变关系,如扁千斤顶法、水压致裂法、刚性圆筒应力计以及声发射法均属于此类。间接测量法是指测试仪器不是直接记录应力或应变变化值,而是通过记录某些与应力有关的间接物理量的变化,然后根据已知或假设的公式,计算出现场应力值,这些间接物理量可以是变形、应变、波动参数、密度、放射性参数等,如应力解除法、局部应力解除法、应变解除法、应用地球物理方法等均属于间接测量法一类。关于绝对应力测量读者可参阅有关岩石力学的书籍。

对于地应力变化监测,由于要在整个施工过程中实施连续量测,因此量测传感器长期埋设在量测点上。目前应力变化监测传感器主要有 Yoke 应力计、国产电容式应力计及压磁式应力计等。

1. Yoke 应力计

Yoke 应力计为电阻应变片式传感器,该应力计在三峡工程船闸高边坡监测中使用。它由钻孔径向互成 60°的 3 个应变片测量元件组成,其结构如图 4-12 所示。根据读数可以计算测点部位岩体垂直于钻孔平面上的二维应力。

动画:Yoke 应力计结构示意图-1　　动画:Yoke 应力计结构示意图-2

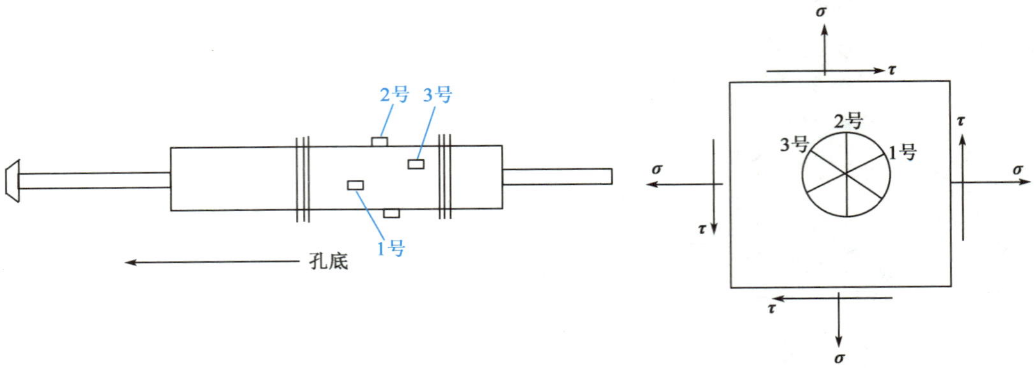

图 4-12　Yoke 应力计结构示意图

2. 电容应力计

电容式应力计最初主要用于地震测报中监测地应力活动情况。其结构与 Yoke 压力计类似，也是由垂直于钻孔方向上的 3 个互成 60°的径向元件组成。不同之处是 3 个径向元件安装在 1 个薄壁钢筒中，钢筒则通过灌浆与钻孔壁固结合在一起。

3. 压磁式应力计

压磁式压力计由 6 个不同方向上布置的压磁感应元件组成，即 3 个互成 60°的径向元件和 3 个与钻孔轴线成 45°夹角的斜向元件组成。其结构如图 4-13 所示。从理论上讲，压磁式应力计可以量测测点部位岩体的三维应力变化情况。

动画：压磁式应力计结构示意图-1　　动画：压磁式应力计结构示意图-2

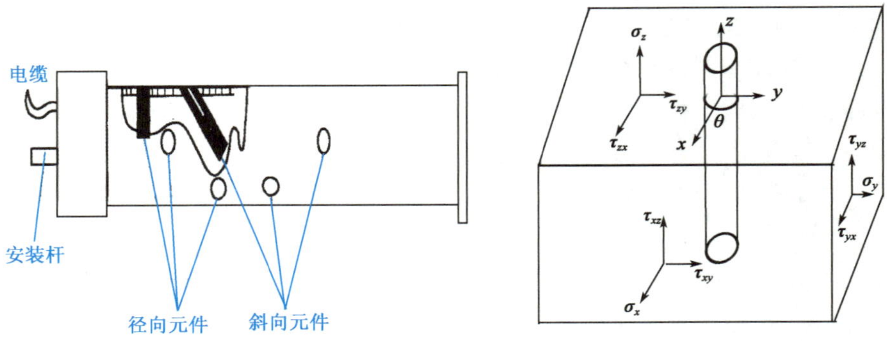

图 4-13　压磁式应力计结构示意图

三　锚杆(索)锚固应力监测

在边坡应力监测中除了边坡内部应力、结构应力监测外，对于边坡锚固力的监测也是一项极其重要的监测内容。边坡锚杆锚索的拉力变化是边坡荷载变化的直接反映。

锚杆轴力量测的目的在于了解锚杆实际工作状态，结合位移量测，修正锚杆的设计参数。

锚杆轴力量测主要使用的是量测锚杆。量测锚杆的杆体是用中空的钢材制成,其材质与锚杆一样。量测锚杆主要有机械式和电阻应变片式两类。

机械式量测锚杆:在中空的杆体内放入4根细长杆(图4-14),将其头部固定在锚杆内预定的位置上。量测锚杆一般长度在6m以内,测点最多4个,用千分表直接读数。量出各点间的长度变化,计算出应变值,然后乘以钢材的弹性模量,便可得到各测点间的应力(图4-15)。通过长期监测,可以得到锚杆不同部位应变随时间的变化关系(图4-16)。

动画:量测锚杆结构与安装示意图

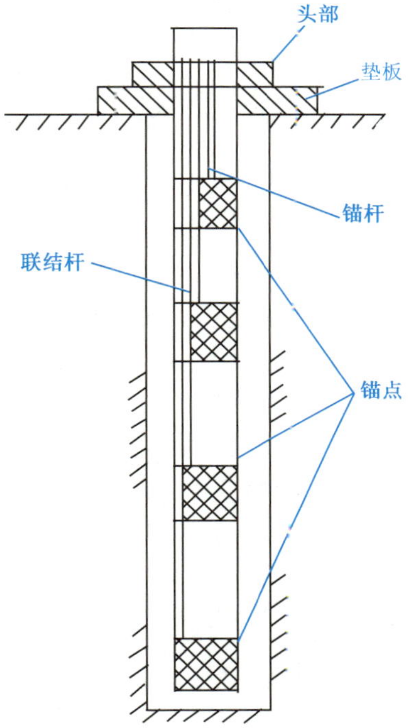

图4-14　量测锚杆结构与安装示意图

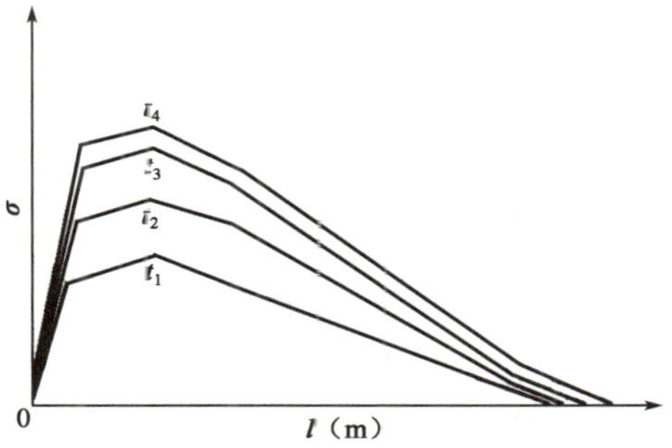

图4-15　不同时间锚杆应力随深度变化曲线

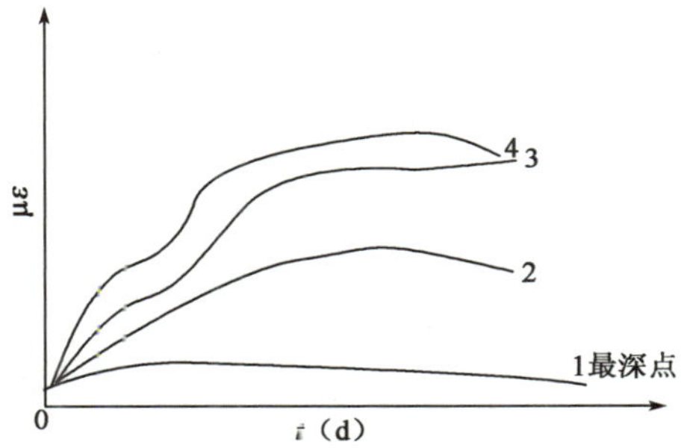

图4-16　不同点锚杆应变随深度变化曲线

电阻应变片式量测锚杆是在中空锚杆内壁或在实际使用的锚杆上轴对称贴4块应变片,以4个应变的平均值作为量测应变值,测得的应变再乘以钢材的弹性模量,得到各点的应力值。

对预应力锚索应力监测,其目的是分析锚索的受力状态、锚固效果及预应力损失情况,因预应力的变化将受到边坡的变形和内在荷载变化的影响。通过监控锚固体系的预应力变化可以了解被加固边坡的变形与稳定状况。通常一个边坡工程长期监测的锚索数,不少于总数的5%。监测设备一般采用圆环形测力计(液压式或钢弦式)或电阻应变式压力传感器。

锚索测力计的安装是在锚索施工前期工作中进行的,其安装全过程包括测力计室内检定、现场安装、锚索张拉、孔口保护和建立观测站等。锚索测力计安装示意图如图4-17所示。

动画:边坡预应力锚索　　动画:锚索测力计安装示意图-无加传力柱

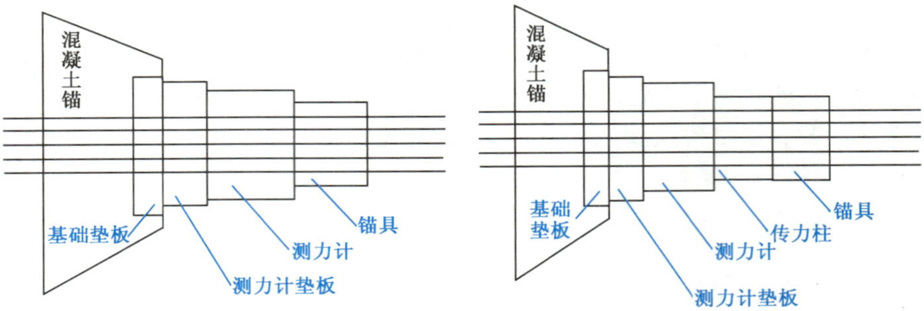

a)未加传力柱　　b)加传力柱

图 4-17　锚索测力计安装示意图

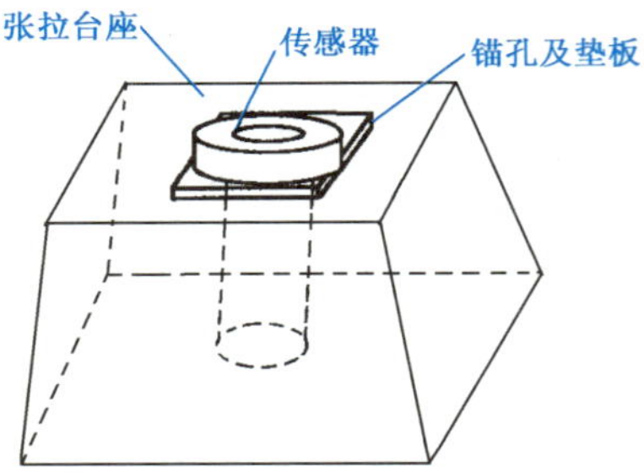

图 4-18　传感器埋设示意图

如果使用传感器，传感器必须性能稳定、精度可靠，一般轮辐式传感器较为可靠，其安装如图 4-18 所示。

监测结果为预应力随时间的变化关系，通过这个关系可以预测边坡的稳定性。目前采用埋设传感器的方法进行预应力监测，一方面由于传感器的价格昂贵，一般只能在锚固工程中个别点上埋设传感器，存在以点代面的缺陷；另一方面由于须满足在野外的长期使用，因此对传感器性能、稳定性以及施工时的埋设技术要求较高。如果在监测过程中传感器出现问题无法挽救，这将直接影响对工程整体稳定性的评价。因此研究高精度、低成本、无损伤并可进行全面监测的测试手段，已成为目前预应力锚固工程中亟待解决的关键技术问题。针对上述情况，已有人提出锚索预应力的声测技术，但该技术目前仍处于应用研究阶段。

任务四　边坡地下水监测

地下水是边坡失稳的主要诱发因素。对边坡工程而言，地下水动态监测也是一项重要的监测内容，特别是对于地下水丰富的边坡，应特别引起重视。地下水动态监测以了解地下水位为主，根据工程要求，可进行地下水位监测、孔隙水压力监测等。

动画：边坡地下水监测

一　地下水位监测

我国早期用于地下水位监测的定型产品是红旗自计水位仪，它是浮标式机械仪表，因多种原因现已很少应用。近十几年来国内不少单位研制了压力传感式水位仪，均因各自的不足或缺陷而未能在地下水监测方面得到广泛采用。目前在地下水监测工作中，几乎都是用简易水位计或万用表进行人工观测。

我国在 20 世纪 90 年代初成功研制了 WLT-1020 地下水动态监测仪，后又经过两次改进，现在性能已日趋完善。该仪器将进口的压力传感器和国产温度传感器封装于一体，构成水位-

温度复合式探头，采用特制的带导气管的信号电缆，水位和温度转变为电压信号，传至地面仪器中，经放大和模数变换，由液晶屏显示出水位和水温值，通过译码和接口电路，送至数字打印机打印记录。仪器的特点是小型轻便、高精度、高稳定性、抗干扰、微功耗、数字化、全自动，不受孔深孔斜和水位埋深的限制，专业观测孔和抽水井中均可使用。

孔隙水压力监测

动画：封闭双水管型孔隙水压力计

在边坡工程中的孔隙水压力是评价和预测边坡稳定性的一个重要因素，因此需要在现场埋设仪器进行观测。目前监测孔隙水压力主要采用孔隙水压力计(图4-19)，其根据测试原理可分为以下四类：

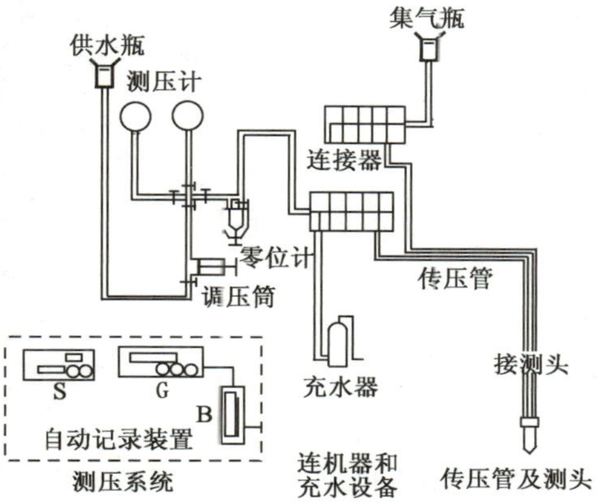

图4-19　封闭双水管型孔隙水压力计

(1)液压式孔隙水压力计：土体中孔隙水压力通过透水测头作用于传压管中液体，液体即将压力变化传递到地面上的测压计，由测压计直接读出压力值。

(2)电气式孔隙水压力计：包括电阻、电感和差动电阻式三种。孔隙水压力通过透水金属板作用于金属薄膜上，薄膜产生变形引起电阻(或电磁)的变化。查率定的电流量-压力关系，即求得孔隙水压力的变化值。

(3)气压式孔隙水压力计：孔隙水压力作用于传感器的薄膜，薄膜变形使接触钮接触而接通电路，压缩空气立即从进气口进入，以增大薄膜内气压，当内气压与外部孔隙水压平衡薄膜恢复原状时，接触钮脱离、电路断开、进气停止，量测系统量出的气压值即为孔隙水压力值。

(4)钢弦式孔隙水压力计：传感器内的薄膜承受孔隙水压力产生变形，引起钢弦松紧同步改变，从而产生不同的振动频率，查阅振动频率-压力曲线，即可求得孔隙水压力值。

孔隙水压力观测点的布置视边坡工程具体情况确定。一般原则是将多个仪器分别埋于不同观测点的不同深度处，形成一个观测断面，以观测孔隙水压力的空间分布。

埋设仪器可采用钻孔法或压入法，以钻孔法为主，压入法只适用于软土层。用钻孔法时，先于孔底填少量砂，置入测头之后再在其周围和上部填砂，最后用膨胀黏土球将钻孔全部严密封好。由于两种方法都不可避免改变土体中的应力和孔隙水压力的平衡条件，需要一定时间才能使这种改变恢复到原来状态，所以应提前埋设仪器。

观测时测点的孔隙水压力应按下式求出：

$$u = \gamma_w h + P \tag{4-5}$$

式中：γ_w——水的重度；

h——观测点与孔隙水压力计基准面之间的高差；

P——压力计读数。

任务五　边坡工程监测实例

一、工程概况

某边坡工程，边坡面积约为 12 万 m^2（包括平台面积），最大坡面高度约为 75m。本工程边坡根据重要性和相应规范规程分类为Ⅰ级边坡，由于工程范围内山体地质情况复杂，地质勘察资料不能完全揭示场地的工程地质条件，必须采用信息化施工和动态优化设计，以确保边坡的安全和及时对设计和施工方案进行调整和修正。为达到信息化施工、动态设计的目的，对高危边坡在施工期间建立边坡监测系统，用监测信息来指导施工、反馈设计，监测项目主要包括坡顶水平位移和垂直位移监测、土体内部水平位移和垂直位移监测、水位水压监测、支护结构变形监测、锚索监测（预应力锚索）应力监测及裂缝观测等。

二、监测方案

1. 监测目的

略。

2. 监测项目

依据设计要求，本工程根据现场实际情况及动态化设计和信息化施工的监测要求，主要选择坡顶水平位移和垂直位移监测、土体内部位移和垂直位移监测、水位水压监测、支护结构变形监测、锚索（预应力锚索）监测和裂缝观测等项目进行监测。

（1）坡顶水平位移和垂直位移监测：在各级边坡顶部设置观测标志，用精密水准仪配合 2m 铟钢水准尺进行沉降监测，用全站仪进行坡顶水平位移监测，通过观测各测点的累计沉降量、沉降速率和累计位移量、位移速率变化来分析边坡顶部的变形情况。

（2）土体内部水平位移监测：采用钻孔测斜仪和钻孔位移计。本工程边坡高度较大、地质情况较复杂，在各级边坡的平台上依据监控网的需要布置深浅不一的测斜孔和多点位移计，分别监控边坡的深层滑动和浅层滑动。

（3）土体内部垂直位移监测：在坡面上钻孔埋设分层沉降磁环，用精密水准仪联合分层沉降仪进行沉降监测，通过观测各磁环的沉降速率和累计沉降量来分析边坡土体内部垂直变形情况。

（4）水位水压监测：在边坡适当位置根据现场实际情况布设观察孔，监测调查地下水、渗水与降雨关系，分析边坡变形与时间及降雨的关系，进而分析和判断边坡变化情况。

（5）支护结构变形监测：在支护结构上布置监测点，用全站仪和水准仪分别测量各监测点的位移和沉降情况，进而分析支护结构的变形情况。

（6）预应力锚索应力监测：选择一些具有代表性的锚索，在锚头安装锚索测力计，通过监测张拉过程中及张拉完成后锚索应力的变化，来分析张拉过程中及张拉完成后的预应力变化规律，进而讨论加固效果和应力稳定变化规律。

（7）裂缝观测：裂缝观测以人员巡视为主，将有裂缝出现的断面作为重点观测断面，结合深层水平位移和坡面位移观测成果综合分析。

3. 监测网的布设

在项目监测前，首先要建立监测控制网，以及时准确反映监测项目、测点的变化情况：

(1) 平面位移监测控制布设独立的控制网，控制点埋设在变形区外，针对水平位移观测精度要求较高的特点，设置观测墩实施定点强制对中观测。

(2) 垂直位移监测控制采用工程高程控制网，在变形观测中定期对高程控制网点进行检测。

4. 监测控制标准

(1) 累计位移量、累计沉降量小于或等于 50mm。

(2) 日均位移量、日均沉降量小于或等于 2.5mm/d。

(3) 锚索预应力损失小于设计张拉值 10%。

5. 主要监测设备

主要监测设备见表 4-3。

主要监测设备 表 4-3

设备名称	设备型号	使用部位
全站仪	PENTAX R-322	支护结构水平位移、坡顶水平位移
水准仪	DSZ2 + FS1 测微器	支护结构、坡顶垂直位移
测斜仪	CX-01	土体内部水平位移
振弦式多点位移计	XB-190 型	土体内部垂直位移
小钢尺、游标卡尺、测缝塞尺	—	坡面地表裂缝
水位计	—	地下水位
锚索测力计	XB-110 型	锚索预应力
分层沉降仪	XBHV-10	土体内部垂直位移

6. 监测工程量统计

依据边坡工程监测技术要求及本工程边坡情况，设置 14 条监测线，共布置地表位移监测点 43 个，深层测斜孔 20 个，多点位移计 12 套，分层沉降孔 20 个，水位观察孔 14 个，锚索测力计 16 个。

三 监测点布置及监测方法

1. 坡顶水平位移和垂直位移监测

(1) 监测网的布设

本边坡工程位移监测网分基准网、工作基点和监测点三级布设。基准网在远离边坡的稳定位置布设，从该工程的建筑基准网导出，坐标系统与高程系统与建筑基准网一致，用于检核工作基点的稳定性。工作基点在边坡体附近布设，用于观测边坡体各级坡面上的监测点。

(2) 监测点埋设与监测要求

①在边坡顶按设计要求均匀布设位移(沉降)监测点，共布置 43 个测点。

②在开始监测前，用全站仪对各测点反复测量多次，待数值稳定后取平均值作为初始坐标值，以后每次测量时用全站仪强制对中测出各个观测点的即时坐标，记录在专用观测表内，与

初始坐标相比，计算出累计位移量。前后两次累计位移量之差，即得前后两次的位移量。观测结果当天处理，按规定格式报监理、建设和施工方，根据实测结果及时提供边坡顶时间—水平位移曲线在开始监测前，用高精度水准仪配合因瓦尺，对各测点反复测量多次，待数值稳定后取平均值作为初始高程值，以后每次测量时用高精度水准仪配合因瓦尺，用观测高程的方法测出各个观测点的高程，记录在专用观测表内，与初始高程相比，计算出累计沉降量。前后两次累计沉降量之差，即得前后两次的沉降量。观测结果当天处理，按规定格式报监理、建设和施工方，根据实测结果及时提供边坡顶时间-沉降曲线。

③监测频率。观测时间应根据位移速率、施工现场情况、季节变化情况确定，原则上每月观测4次，雨季每10d观测2次，暴雨前后应增加观测次数，在边坡顶沉降位移加速期间和发现不良地质情况时逐日连续观测。

④观测数据整理。每次外业观测结束后按规范进行内业整理，按时提交监测成果资料。

⑤观测数据应用。边坡变形按一级边坡控制，水平位移和垂直位移累计值不大于50mm，日均位移速率不大于2.5mm/d；当坡顶沉降、水平位移观测数据出现预警值后，监测人员应立即向建设、设计、监理和施工单位汇报，以便各方及时进行原因分析，商讨和提出解决措施，确保边坡的安全。

2. 土体内部水平位移监测

(1)深层水平位移（测斜仪）监测

采用CX-01型测斜仪。直接在预埋位置钻孔，钻孔偏斜率不大于1%，钻孔深度以测斜管打入相对硬土层3m为控制标准（具体深度依据钻探资料中测斜管所在边坡横断面的滑裂深度确定），测斜管的其中一组导槽应平行于边坡轴线方向。

测斜管应在正式测读5d以前安装完毕，并在3～5d内重复测量3次，以连续3次无明显差异的测试结果平均值作为初始值。测斜结果稳定之后，开始正常测量工作。观测频次与地表位移同步。

每次量测后，提交孔深-绝对位移曲线、孔深-相对位移曲线；与相近的坡面位移点的监测结果相对比，提高监测数据的合理性；根据相对位移曲线，对比分析潜在滑动面的深度位置，较准确地判断边坡的稳定性。

(2)多点位移计观测

采用振弦式多点位移计。直接在预埋位置钻孔，在已钻好孔的孔口用砂浆扫平。传感器定位座与不锈钢测杆及其保护管连接，把不锈钢测杆按点数与每点的设计测量长度用测杆连接螺丝连接好（沾胶），测杆的最上端拧上小连接螺母（$\phi10\times30$，一般出厂前都已连接好）。在测杆上套上外护管，并用外护管接头逐节（沾胶）把外护管接到小于测杆20～25cm的长度，然后把密封接头（内放O形圈，出厂前的锚固头、测杆及外护管都已连接好）从测杆底端套上并和外护管底端连接（沾胶）；再把锚固头拧紧在测杆底端（沾胶）；最后在外护管的上端套上活络螺母和护管接头（沾胶）。把测杆顶端（带小螺母接头）从定位座底面的接头孔中穿入定位座内，并从定位座上端安放传感器的孔中拧上定位螺钉（M10），定位螺钉应和测杆上的小连接螺母拧紧；然后再把外护管上的活络螺母与定位座上的接头拧紧。按以上步骤把设计数量的测杆和保护管一一连接好，所有连接部位都应可靠不至于脱落，并把所有的管子可靠定位并扎紧成一束，并对每一根测杆对应的位置做好编号。拧下注浆孔与排气孔上的封头螺丝，穿入注浆管与排气管，如果从外部注浆则不必拧下封头螺丝。将注浆管和排气管随同扎好的测杆、保护管放入孔中，安放时应小心，以防把外护管擦坏。

测杆安装结束后，用膨胀螺栓把定位法兰固定好后开始注浆，按相应的程序注浆到一定的高度即可。待孔内所注砂浆基本凝固后，脱下保护罩，用扳手调节并帽，边拧可边用频率读数仪测量传感器的读数，一直拧到频率读数仪的读数产生变化，并对传感器的安装初值做出预调。依此类推，直至余下的仪器安装完毕，记录好每个传感器所编号对应的测杆编号。记录好输出电缆芯线的颜色与传感器编号，以便今后测量时区分传感器所测点的深度。在护罩的端口拧上盖板，并拧紧电缆接头，做好防尘、防渗工作。

用频率读数仪测读不同深度测点的位移变化。观测频次与坡顶位移同步。每次量测后，提交测点-深度-绝对位移曲线、测点-深度-相对位移曲线；与相近的坡面位移点的监测结果相对比，提高监测数据的合理性。

3. 土体内部垂直位移监测

采用磁环式分层沉降仪进行监测。根据设计要求结合现场实际情况，在各级边坡顶设置钻孔。用钻机钻孔至硬土层以下3.0m，将封好底盖的沉降管逐节下放，每个孔按间隔2m埋设磁环。沉降管和钻孔之间的孔隙用中粗砂回填。沉降环埋好后，待沉降管稳定后用沉降仪测量1~2次，对磁环的位置、数量进行校对，同时用水准仪对管口高程进行测量。对磁环进行编号，将初始各个磁环至管口距离、管口高程作为初始读数记录在表格里。以后每次观测时，水准仪测出管口高程，用沉降仪测出管口以下各沉降环的深度，数据记录在分层沉降观测表内，根据测得的深度与管口高程算出各沉降环的即时高程，通过高程对比，计算出地表下不同土层的沉降值及压缩量。

4. 水位水压监测

在各级边坡平台坡脚处布设水位水压观测孔，将水位管预埋在观测孔内。观测孔为钻机成孔，观测孔深度在10m左右的透水层中，然后将带有进水孔直径50mm的水位管（钢管或PVC管）放入孔中，从管外回填净砂至地表50cm，管口设必要的保护装置。用水位计量测得到水位至管顶的距离，测出水位管的高程，推算出水位的高程。通过对水位的监测，可以监测调查地下水、渗水与降雨的关系，分析边坡变形与降雨之间的关系，进而分析和判断边坡稳定性情况。观测次数为每月2次，降雨频繁时适当加大观测频率。

5. 支护结构变形（沉降和位移）观测

按要求在支护结构顶部设置观测点，观测要求与方法同坡顶水平位移和垂直位移观测。

6. 锚索（预应力锚索）监测

采用XB-110系列预应力锚索测力计。

测力计的安装是伴随锚索施工进行的，包括钻孔、编锚索钢绞线、穿索、内锚段注浆和张拉等工序。锚索测力计安装在张拉端或锚固端，安装时钢绞线或锚索从测力计中心穿过，测力计处于钢垫座和工作锚之间，整个张拉过程采用油压表控制加载，分级张拉，拉力达到设计值时进行锁定。在分级张拉过程中，应随时对测力计进行现场监控，并从中间锚索开始向周围锚索逐步加载，以避免测力计偏心受力或过载。张拉完成后取下千斤顶，裁除多余的锚索，理出监测电缆测头后用混凝土封住锚头，继续进行读数监测，监测预应力锚索张拉后预应力长期变化情况，对边坡开挖的稳定性进行判断。

把锚索应力监测结果与深层水平位移、坡面位移监测结果联合分析，做应力与位移的时程对比曲线。

7. 裂缝监测

裂缝监测以人工巡视为主，对于坡面地表发现的裂缝应分条进行编号，每条裂缝的两端、拐弯、中部和最宽处的两侧，应设立成对观测标志，并编号；用钢尺测定成对标志间的距离，变换尺位两次读数，读至0.5mm，其差值不应大于1mm，裂缝的观测周期视裂缝的发展情况而定，一般每月观测1次，当裂缝发展较快时，应增加观测次数。

四 监测标准及监测频率

1. 监测标准

边坡稳定性主要根据以下几点进行综合判断：

(1)累计位移量和累计沉降量小于50mm，最大位移、沉降速率小于2.5mm/d；

(2)边坡开挖停止后位移、沉降速率呈收敛趋势；

(3)坡面、坡顶有无开裂，裂缝的变化趋势；

(4)锚索预应力的变化是否存在突变现象，预应力损失是否在设计允许范围之内。

在实际监测过程中如果出现上述一点或几点现象时，都应引起注意，并通过其他项目的监测资料相互对照、比较分析，以进一步讨论边坡的稳定性，以便及早发现安全隐患，采取相应的补救措施。

2. 监测频率

测点埋设稳定后即开始监测，一般来说监测过程持续至边坡加固工程完成后6个月内或当年雨季结束后3个月无明显位移即可结束。在此期间的监测频率按表4-4控制。

边坡监测频率　　表4-4

时间		地表位移观测	深层水平位移	水位水压监测	锚索预应力
开挖期间、暴雨期和雨后数天内		1次/3d	1次/3d	1次/3d	1次/3d
正常观测		1次/7d	1次/7d	1次/7d	1次/7d
开挖完成后	前3个月	1次/10d	1次/10d	1次/10d	1次/10d
	后3个月	1次/30d	1次/30d	1次/30d	1次/30d
竣工后2年内		2次/60d	2次/60d	2次/60d	2次/60d

五 监测工作程序

1. 监测程序

边坡的监测程序按图4-20所示进行。

说明：

(1)施工单位将边坡开挖到可以埋设监测仪器的位置时，监测单位进行监测仪器的埋设。

(2)在施工单位进行边坡开挖的同时，监测单位对边坡进行监测，满足稳定标准，继续进行开挖，不满足标准则停止开挖。

(3)边坡开挖完毕后对边坡继续进行稳定监测，可以以此评价加固措施和加固效果，满足标准则停止观测，不满足稳定标准的要重新加固。

2. 监测资料的报送程序

边坡的监测资料按图4-21的程序进行报送。

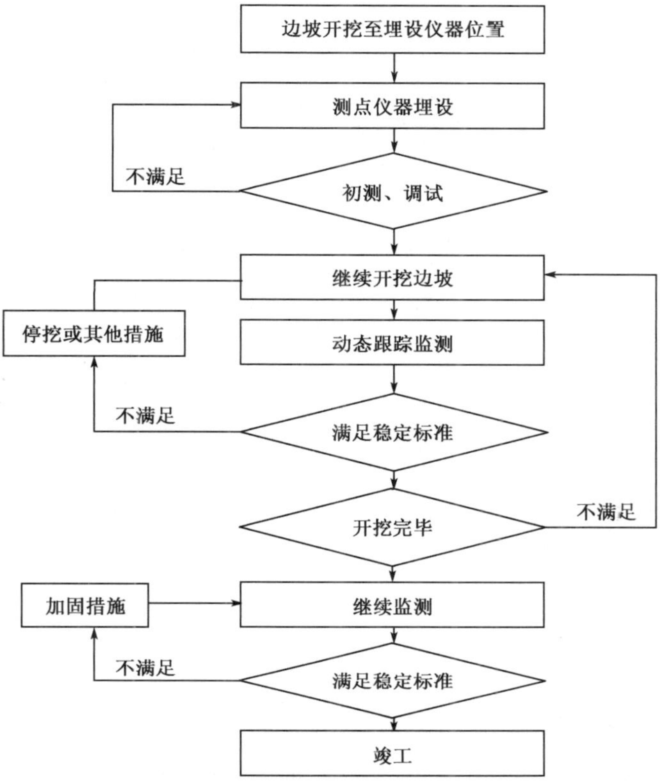

图 4-20　边坡的监测程序图

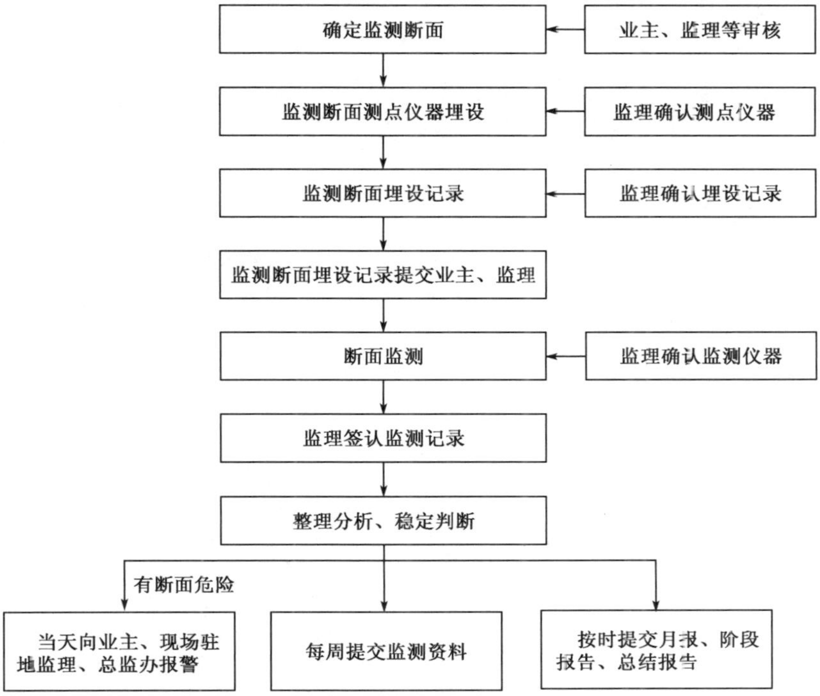

图 4-21　边坡的监测资料送报程序图

说明：

(1)监测单位按照监测方案和合同规定的频率、精度对监测断面进行监测。

(2)测点仪器、仪器埋设记录、监测仪器、监测资料经驻地监理签认。

(3)当天进行资料整理分析及稳定性判断。

(4)如有监测指标超过控制标准，监测单位当天向驻地监理、建设工程部提交报警报告，如时间紧迫，报警可以先电话通知，随后书面通知。

也可根据工程施工进度情况，按建设单位的要求及时提供阶段分析报告。

项目小结

本项目系统介绍了边坡工程施工监测的基本知识及相关理论，并对监测方案设计、实施、数据处理与分析、监测报表与报告编制等问题做了详细介绍。内容涉及地表大地变形、地表裂缝位错、边坡深部位移、支护结构变形、边坡地应力、锚杆(索)拉力、孔隙水压力、地下水水位水压监测等项目。学习中，应结合附近类似在建项目，开展现场教学与教学做一体化学习，重点对地表大地变形、地表裂缝位错、边坡深部位移、锚杆(索)拉力等监测内容进行认真学习与训练。

能力训练

某公租房南侧山体支护监测方案设计与实施

某公租房位于济南市旅游路以南，龙洞路以西，孟家水库以西至西蒋峪村之间，场区南侧因平整场地开挖形成了一个高5.2～18.0m，总长约418m的边坡。本工程边坡根据重要性和相应规范规程分类为Ⅰ级边坡。

请综合考虑边坡规模及周边环境条件，完成以下任务：

(1)确定监测项目及内容，选择监测仪器；

(2)绘图布设各项目监测点，说明测点埋设方法；

(3)说明各项目监测方法；

(4)确定监测频率与监测控制基准；

(5)设计一个表格，将监测项目、监测周期与频率、监测精度、监测仪器、控制基准值填入表格；

(6)整理以上内容形成监测方案文稿。

项目五

高速铁路路基变形监测

【能力目标】

通过学习,具备依据路基工程地质条件及周围环境等条件进行路基工程监测方案设计、组织实施、数据处理与分析、监测报表与报告的编制及信息反馈等能力,具备一般路堤变形监测、堆载预压段路基变形监测、土质路堑变形监测及路基沉降初步评估能力。

【知识目标】

了解高速铁路路基基本构造及其监测知识,熟知各种类型路基监测项目、监测内容、监测仪器、监测频率及监测控制基准,掌握各项目的测点布置、监测实施及数据分析要点,熟知路基沉降评估基本知识。

【素质目标】

通过学习,培养学生综合运用监测技术判断高铁变形实际问题的能力,培养干一行、爱一行、钻一行,精益求精的工匠精神。

【项目描述】

某高速铁路经过关中平原黄土地区,设计速度350km/h,沿线以路基为主,路基设计为双线标准断面。为了有效控制路基工后沉降,为轨道铺设创造条件,确保线路运营期间的安全平稳,拟在该铁路路基地段实施监测。请完成该路基的监测方案设计,并组织实施,及时完成相应报表填报与数据分析,并对施工后的路基沉降做出初步评估。

任务一　认识高速铁路路基

一　高速铁路路基设计原则

高速铁路路基是一种土工结构物。对其设计应考虑路基结构的受力及变形要求、填筑材料类型要求、结构尺寸要求、压实标准要求等。

路基结构的受力及变形：在列车荷载作用下，路基表层最大动应力和动变形值，以及经地基处理后满足高速铁路路基平顺性要求的路基工后沉降值。

路基结构形式及尺寸：路基表层、路基底层、路基本体、路肩等部分组成的路基断面形式，以及路基结构厚度、路基宽度、路肩宽度、边坡坡度等尺寸。

路基填筑材料类型：对路基不同结构部位填筑材料的要求，如级配碎石，A、B、C 组土及改良土等。

路基压实标准：对路基不同结构部位的填筑材料提出的压实标准，如压实系数 K、地基系数 K_{30} 及动刚度值等。

《高速铁路设计规范》（TB 10621—2014）规定，高速铁路路基基床由表层和底层组成，见图 5-1。基床表层厚度，有砟轨道 0.7m，无砟轨道 0.4m；基床底层厚度 2.3m。基床表层应填筑级配碎石，压实标准应符合：压实系数≥0.97，地基系数 K_{30}≥190MPa/m，动态变形模量 E_{vd}≥55MPa。基床底层应填筑 A、B 组填料或改良土，压实标准应符合：压实系数≥0.95，地基系数 K_{30}≥130～150MPa/m，动态变形模量 E_{vd}≥40MPa。

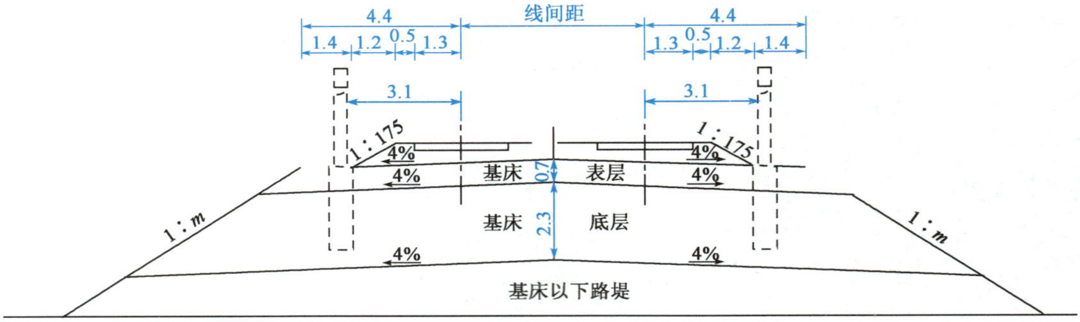

图 5-1　高速铁路有砟轨道双线路堤标准横断面示意图（尺寸单位：m）

基床以下路堤宜选用 A、B 组填料和 C 组碎石、砾石类填料，其粒径级配应满足压实性能要求，压实标准应符合：压实系数≥0.92，地基系数 K_{30}≥110～130MPa/m。

规范对台尾过渡段的设置结构形式、填筑材料及压实标准也提出了要求。路桥台过渡段采用纵向倒梯形断面形式，如图 5-2 所示。过渡段长度为 $L=a+(H-h)\times n$（式中：L 为过渡段长度；H 为台后路堤高度；h 为基床表层厚度；a 为倒梯形底部沿线路方向长度，取 3～5m；n 为常数，取 2～5）。过渡段采用级配碎石分层填筑，压实标准应满足压实系数≥0.95，K_{30}≥150MPa/m，E_{vd}≥50MPa。

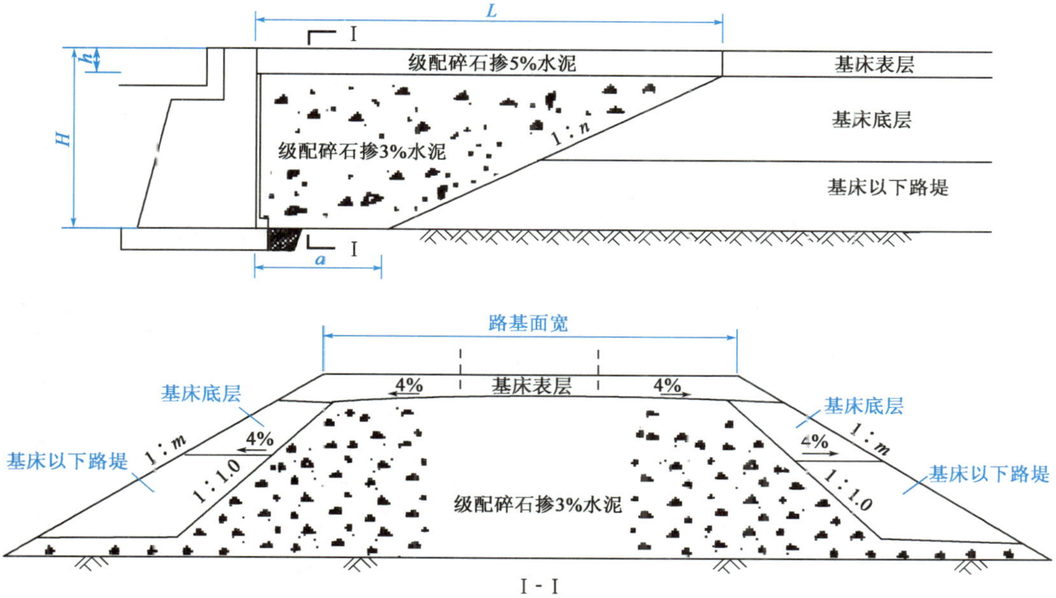

图 5-2　台尾过渡段设置图

二 我国高速铁路路基的发展情况及技术特点

路基工程是铁路工程建设项目中所占比例较大的工程，在线下工程中占有举足轻重的地位。随着铁路向高速化发展，路基标准及施工状况直接影响列车高速、平稳、舒适和安全的技术指标。

我国高速铁路路基的技术标准及主要参数，是 20 世纪 90 年代以来在高速铁路“八五”“九五”研究成果的基础上，吸收了国外高速铁路路基施工和建设的经验，在设计过程中借鉴、消化、吸收了国外铁路设计新方法和新标准，并经有关部门多次组织国内专家的论证而最终确定的。

高速铁路路基工程有如下技术特点：

（1）路基填筑质量标准高

高速铁路提出路基填筑采用双控压实标准的新概念。高速铁路路基施工标准比普通铁路标准提高了很多，根据路基填筑不同部位，提出了压实系数 K、地基系数 K_{30} 及动态变形模量 E_{vd} 等控制标准。为此，要求各施工单位在正式进行路基施工前必须做路基填筑试验段的压实工艺试验。针对不同土质，在试验室得出最大干密度和最佳含水率的基础上，控制现场含水率范围、虚铺厚度，并采用重型压实机械压实，得到压实度和碾压遍数的关系，以指导大面积施工。

（2）路基基床表层采用级配碎石强化结构

铁路路基的基床表层是路基直接承受列车动荷载的部分，是路基设计中最重要的部分之一。基床表层级配碎石结构的主要作用是：①增强线路强度，使路基更加坚固、稳定，并具有一定的刚度；②均匀扩散作用到基床土面上的动应力，使其不超出下部基床土的容许强度；③隔离作用，防止道砟压入基床及基床土进入道砟层；④防止雨水浸入使基床软化，防止发生翻浆冒泥等基床病害；⑤满足基床防冻等特殊要求。

为保证级配碎石的施工质量，施工技术细则中对级配碎石的材料质量、颗粒粒径级配范围、含水率、拌和、摊铺及碾压工艺和压实质量控制方法等提出了技术要求，施工过程中应进行严格控制。

(3)严格控制路基变形和工后沉降

高速铁路对路基工后沉降提出了严格要求，无砟轨道路基工后沉降不宜超过15mm，有砟轨道路基工后沉降应满足表5-1要求。

有砟轨道路基工后沉降控制标准 表5-1

设计速度(km/h)	一般地段工后沉降(cm)	桥台台尾过渡段工后沉降(cm)	沉降速率(cm/年)
250	10	5	3
300、350	5	3	2

为保证施工期间松软、软土地基满足工后沉降控制的要求，针对强度低、压缩性大、渗透系数小的软土地基，采用排水固结法和复合地基法进行地基加固处理，以保证施工过程中尽量完成沉降变形。在工期紧，标准高的情况下，在部分地段的基床底层填筑时采用土工格室(栅)加筋垫层和堆载预压的方法进行处理，以加快沉降和保证地基的稳定。

(4)路基动态设计

为了有效控制工后沉降量及沉降速率，应开展动态设计。在每个松软、软土地基工点及台尾过渡段均于路基中心、两侧路肩及边坡坡脚之外设置沉降和位移观测设备，并提出观测控制标准和随施工进程而定的观测频次及观测精度，及时绘制填土-时间-沉降曲线。一方面控制填土速率，保证路基在施工过程中的安全与稳定，避免施工控制不当而产生过大附加沉降。同时，根据沉降观测资料及沉降发展趋势、工期要求等，采取相应的措施，如调整预压土高度，确定预压土卸荷时间，提出基床底层顶面抬高值，铺轨前对路基进行评估及合理确定铺轨时间，以确保铺轨后路基工后沉降量与沉降速率控制在允许范围内。

(5)路基质量评估

针对高速铁路箱梁运架过程中的路基安全稳定问题及铺轨前路基质量状况进行路基质量评估工作。高速铁路大部分桥梁为预制梁，梁体结构尺寸及重量均较大，其中24m双线整孔箱梁质量达540t，加上运架设备总质量已超过800t。通过路基的运架重量远超过路基设计荷载，为保证通过运架梁段的路基安全稳定，特对高填方、桥头及软基地段进行安全监测评估，确保箱梁运架顺利完成。

三 高速铁路路基特点

1.控制路基变形

高速铁路对轨道的平顺性提出了更高的要求，对轨道不平顺管理标准要求非常严格。路基是铁路线路工程的一个重要组成部分，是承受轨道结构重量和列车荷载的基础，也是线路工程中最薄弱、最不稳定的环节，路基几何尺寸的不平顺，自然会引起轨道的几何不平顺。因此，高速铁路路基除应具备一般铁路路基的基本性能之外，还需要满足高速铁路轨道对基础提出的性能要求。不仅要求静态平顺，而且要求动态条件下平顺。

一般铁路路基是以强度控制设计，而对于高速铁路，变形控制是路基工程设计的主要控制因素。因为在强度破坏前，可能已出现不容许的过大变形。日本东海道新干线的设计速度为220km/h，由于在设计中仅仅采取了轨道的加强措施，而忽略了路基的强化，以致从1965年开始，因为路基严重下沉，路基病害不断，线路变形严重超限，不得不对线路以年均30km以上的速度大举整修，10年内中断行车200多次，列车的平均速度也降到100～110km/h。

2. 路基刚度的均匀性

列车速度越高，要求路基的刚度越大，弹性变形越小。弹性变形过大，高速运行就得不到保证，就像车辆在松软的沙滩上无法快速行驶一样。当然，刚度也不能过大，过大了会使列车振动加大，也不能做到平稳运行。路基刚度的不平顺则会给轨道造成动态不平顺。研究表明，由刚度变化引起的列车振动与速度的平方成正比。列车速度越高，刚度变化越大，引起列车振动越强烈，轻则使旅客舒适度降低，重则影响列车运行安全。所以，要求路基在线路纵向做到刚度均匀、变化缓慢，不允许刚度突变。

3. 在列车运行及自然条件下的稳定性

在列车运营时，路基不仅承受轨道结构和附属构筑物的静荷载，还要承受列车荷载的长期反复作用。同时，由于路基直接暴露在自然条件下，需要抵抗气温变化、雨雪作用、地震破坏等不良因素的影响。在这些条件的长期作用下，路基工程必须做到强度不会降低，弹性不会改变，变形不会加大，真正做到长寿命、少维修。只有这样，才能高速行车，减少维修费用，并提高运行的安全性。

以上几点要求，目前的普通铁路路基是不能满足的。而高速铁路必须在路基结构、路基材料及路基施工工艺等方面采取一系列与普通铁路路基不同的技术标准才能实现。具体表现在有强度高、刚度大的路基基床，沉降很小或没有沉降的地基以及沿线路方向平缓变化的刚度等三个方面。

任务二　路基沉降变形监测的目的及技术要求

一　沉降变形监测的目的

高速铁路无砟轨道要求构筑物应具有足够的强度、刚度、稳定性，满足耐久性要求，并强调与相邻建(构)筑物的变形与刚度协调、统一，满足高速列车平稳、安全运营，以及旅客乘坐的舒适度要求。针对高速铁路的以上特点，无砟轨道对路基、桥涵、隧道等线下工程的工后沉降要求十分严格。虽然设计中对土质路基、桥梁墩台基础等均进行了沉降变形计算，采取了相应的设计措施，但设计的沉降分析、计算受勘测、设计、施工、质量监测等众多环节的影响，其精度仅能达到估算程度，不足以控制无砟轨道工后沉降和差异沉降。为确保线下土建工程满足无砟轨道铺设要求，施工期必须按设计要求进行系统的沉降变形动态观测。通过对沉降观测数据系统综合分析评估，验证或调整设计措施，使路基、桥涵、隧道工程达到规定的变形控制要求，分析、推算出最终沉降量和工后沉降，合理确定无砟轨道开始铺设时间，确保高速铁路无砟轨道结构铺设质量。同时，观测数据还可作为竣工验交时控制工后沉降量的依据。

二、沉降变形监测的原则

为确保最终沉降量和工后沉降受控，合理确定无砟轨道的铺设时间，应按照以下原则组织实施沉降变形观测：以路基为重点，兼顾桥；立体监控；信息化施工；数据真实；成果可控。通过对路基、桥涵沉降观测点的精密测量，全面收集沉降观测数据，系统、综合分析沉降变形规律，验证或调整设计措施，使路基、桥涵工程达到规定的变形控制要求。

1. 高速铁路无砟轨道变形控制原则

高速铁路无砟轨道路基变形控制十分严格，工后沉降一般不应超过无砟轨道铺设后扣件允许的沉降调高量15mm，路桥或路隧交界处的差异沉降不应大于5mm，过渡段沉降造成的路基与桥梁的折角不应大于1/1000。无砟轨道路基施工中应进行沉降变形动态监测，在路基填筑完成或施加预压荷载后应有不少于6个月的观测和调整期，分析评估沉降稳定满足无砟轨道铺设要求后，方可铺设无砟轨道。

2. 路基沉降观测原则

（1）监测点的设置原则

对于基底压缩层较薄且填筑高度小于5m的路堤及路堑地段，以路基面沉降监测为主，主要在路基面布设沉降监测桩进行路基沉降监测；路堤填筑较高时加强路堤填筑层沉降监测，在填筑层增设单点沉降计监测填土层沉降；对于地基压缩层厚的较高路堤地段进行路基基底、路堤填筑层及路基面沉降监测，在基底设单点沉降计、沉降板、剖面沉降管，在填土层布设单点沉降计，在路基面布设沉降监测桩进行各部位沉降监测。观测点应设在同一横断面上，这样有利于测点看护，便于集中观测，统一观测频率，更重要的是便于观测数据的综合分析。当路基基底或下卧压缩层为平坡时，路堤主监测点为线路中心，辅监测点为路肩；当地表横坡或下卧土层横坡大于20%时，主监测点为线路中心，辅监测点为左右线中心以外2m；基底沉降监测与路堤本体沉降监测点布置于路基基底和基床底层顶面；同时用软土及松软土路基填筑时，沿线路纵向每隔30～50m在距坡脚2m处设置位移边桩，以控制填土速率。

（2）监测断面设置原则

由于变形（沉降和鼓起）大小及分布情况取决于沿线的不同地基条件及工程结构，因此一般来说，路堑、涵洞路堤及桥梁处的变形大小及分布会有很大的区别。此外，因为不同土工建（构）筑物的接合处及过渡区存在刚度变化及变形差异，会潜在影响列车运营的稳定及舒适度。沉降监测断面的间距一般不大于50m；对于地势平坦、地基条件均匀良好、高度小于5m的路堤或路堑可放宽到100m；对于地形、地质条件变化较大地段应适当加密。

三、监测内容

根据高速铁路无砟轨道路基变形控制的要求及工后沉降的组成，路基变形监测应主要监测路基本体填料间的沉降以及地基土的压密或固结沉降，且监测范围应涵盖所有有沉降发生的路基地段。

路基上的工后沉降，包括地基的沉降和路堤的沉降变形，综合反映在路基面上，因此，路基面沉降的观测非常重要。但单纯观测路基面的变形不利于对沉降原因和机理的分析，同时由于缺少施工中的沉降发展所携带的信息，不容易推测荷载变化对沉降的影响，也不利于对沉降进行准确预测。对于不堆载预压的路基或观测期较短、需要以前的信息作为补充或拟采用修正对数或修正双曲线进行沉降预测的路基，地基沉降的观测也是非常必要的。

因此，路基沉降观测应以路基面沉降和地基沉降观测为主。观测内容应根据沉降控制要求、地形地质条件、地基处理方法、路堤高度、堆载预压等具体情况并结合施工工期确定。监测内容主要有路堤及浅挖路基的路基面沉降监测、基底沉降监测、路堤本体沉降监测、过渡段不均匀变形监测，另外，还有软土或松软土地基路堤地段的边桩位移监测，桩网结构的加筋（土工格栅）应力、应变监测等。可设置沉降板、观测桩或剖面沉降观测装置等。

四 沉降变形测量等级及精度要求

《高速铁路路基工程施工技术指南》（铁建设〔2010〕241 号）要求：沉降变形测量等级及精度要求按表 5-2 规定执行。

沉降变形测量等级及精度要求　　表 5-2

沉降变形测量等级	垂直位移测量(mm)		水平位移观测(mm)
	沉降变形点的高程中误差	相邻沉降变形点的高程中误差	沉降变形点点位中误差
二等	±0.5	±0.3	±3.0

五 变形监测网主要技术要求及建网方式

1. 垂直位移监测网

(1) 垂直位移监测网主要技术要求

垂直位移监测网主要技术要求按照国家二等水准测量标准执行。

(2) 垂直位移监测网建网方式

路基工程垂直位移监测一般按国家二等水准测量施测，根据沉降变形测量精度要求，以及标志的作用和要求不同，垂直位移监测网布设方法分为三级：

①基准点。要求建立在沉降变形区以外的稳定地区，同大地测量点，要求具有更高的稳定性，其平面控制点一般应设有强制对中装置。基准点使用全线二等精密高程控制测量布设的基岩点、深埋水准点。每个独立的监测网应设置不少于 3 个稳固可靠的基准点。

②工作基点。要求这些点在观测期间稳定不变，测定沉降变形点时作为高程和坐标的传递点，同基准点一样，其平面控制点应设有强制对中装置。工作基点除使用普通水准点外，按照国家二等水准测量的技术要求，进一步加密水准基点或设置工作基点至满足工点垂直位移监测需要。对观测条件较好或观测项目较少的项目，可不设立工作基点，在基准点上直接测量沉降变形观测点。

③沉降变形点。沉降变形点直接埋设在要测定的沉降变形体上。点位应设立在能反映沉降变形体沉降变形的特征部位，不但要求设置牢固、便于观测，还要求形式美观、结构合理，且不破坏沉降变形体的外观和使用。沉降变形点按路基、桥涵、隧道等各专业布点要求进行。

监测网由于自然条件的变化、人为破坏等原因，不可避免有个别点位会发生变化。为了验证监测网点的稳定性，应对其进行定期检测。

对于技术特别复杂、垂直位移监测沉降变形测量等级要求二等以上的重要桥隧工点，应独立建网，并按照国家一等水准测量的技术要求进行施测或进行特殊测量设计。

2. 水平位移监测网

(1)水平位移监测网主要技术要求

水平位移监测网主要技术要求按表5-3执行。

水平位移监测网主要技术要求 表5-3

等级	相邻基准点的点位中误差(mm)	平均边长(m)	测角中误差(″)	最弱边相对中误差	作业要求
二等	±3.0	<300	±1.0	≤1/120000	国家二等平面控制测量
		<150	±1.8	≤1/70000	国家三等平面控制测量

(2)水平位移监测网建网方式

水平位移监测网一般按独立建网考虑,根据沉降变形测量等级及精度要求施测,并与施工平面控制网进行联测,引入施工测量坐标系统,实现水平位移监测网坐标与施工平面控网坐标的相互转换。

六 监测频率

《高速铁路设计规范》(TB 10621—2014)规定路基沉降监测频率应符合表5-4中规定。

路基沉降监测频率 表5-4

填筑或堆载	一般	1次/d
	沉降量突变	2~3次/d
	两次填筑间隔时间较长	1次/3d
堆载预压或路基填筑完成	第1~3个月	1次/周
	第4~6个月	1次/2周
	6个月以后	1次/月
轨道铺设后	第1个月	1次/2周
	第2~3个月	1次/月
	3个月以后	1次/3月

七 变形监测测量工作基本要求

(1)水准基点使用时应进行稳定性检验,并以稳定或相对稳定的点作为沉降变形的参考点,应有一定数量、稳固可靠的点以资校核。

(2)每次观测前,对所使用的仪器和设备应进行检验校正,并保留检验记录。

(3)每次沉降变形观测时应符合:

①严格按水准测量规范的要求施测。首次观测每个往返测均进行两次读数。

②参与观测的人员必须经过培训才能上岗,并固定观测人员。

③为了将观测中的系统误差减到最小,达到提高精度的目的,各次观测应使用同一台仪器和设备,前后视观测最好用同一水平尺,必须按照固定的观测路线和观测方法进行,观测路线必须形成附合或闭合路线,使用固定的工作基点对应沉降变形观测点进行观测。

④观测时要避免阳光直射，且在基本相同的环境和观测条件下工作。
⑤成像清晰、稳定时再读数。
⑥随时观测、随时检核计算，观测时要一次完成，中途不中断。
⑦对工作基点的稳定性要定期检核，在雨季前后要联测，检查水准点的高程是否有变动。
⑧数据计算方法和计算用工作基点一致。

任务三　路基沉降变形监测实施方案

一　沉降监测断面和观测点的设置

沉降观测装置应埋设稳定，观测期间应对观测装置采取有效的保护措施。根据经验，埋设的观测设施的有效性以及对其保护是否得力是决定整个观测工作成败的关键。各部位观测点应设在同一横断面上，这样有利于测点看护，便于集中观测，统一观测频率，更重要的是便于各观测项目数据的综合分析。

路基上铺设无砟轨道前，应对路基变形进行系统评估，确认路基的工后沉降和变形符合设计要求。路基填筑完成或施加预压荷载后应有不少于6个月的观测和调整期，观测数据不足以评估时，应继续观测；工后沉降评估不能满足设计要求时，应采取必要的加速完成沉降或控制沉降的措施。路基沉降观测应以路基面沉降和地基沉降观测为主，并有针对性地对路桥过渡段的差异进行重点观测。

1.路基沉降监测断面布置

路基沉降监测断面根据不同的地基条件、不同的结构部位等具体情况设置。沉降监测断面的间距一般不大于50m，对于地势平坦、地基条件均匀良好、高度小于5m的路堤或路堑可放宽到100m；对于地形、地质条件变化较大地段应适当加密。路堤与不同结构物的连接处应设置沉降监测断面，每个路桥过渡段在距离桥头5m、15m、35m处分别设置一个沉降监测断面，每个横向结构物每侧各设置一个监测断面。

2.监测断面类型及组成

监测断面的设置及监测断面的观测内容、元件的布设应根据地形、地质条件、地基压缩层厚度、路堤高度、地基处理方法、堆载预压等具体情况，结合沉降预测方法和工期要求具体确定。代表性监测断面如图5-3所示。

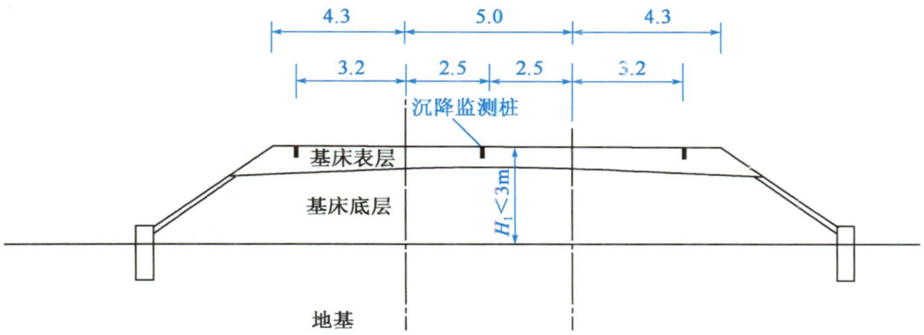

图5-3　沉降监测断面示意图(尺寸单位:m)

(1)路堤填高<3m,地基压缩层厚<5m地段,沉降监测断面元件布置见表5-5。

沉降监测断面元件布置(A-1型)　　表5-5

序号	观测内容	观测元件	观测点数量	断面间距	附注
1	路基面沉降观测	观测桩	3个/断面	50m	地势平坦、地基条件良好地段可100m

(2)路堤下地基压缩层厚≥5m地段及路堤填高≥3.0m地段,沉降监测断面元件布置如表5-6、图5-4、图5-5所示。

沉降监测断面元件布置　　表5-6

序号	观测内容	观测元件	观测点数量	断面间距	附注
1	路基面沉降观测	观测桩	3个/断面	50m	地势平坦、地基条件良好地段或高度小于5m路堤地段可100m
2	路堤基底沉降观测	沉降板	1~2个/断面	50~100m	地基面横坡大于1:5时,每个断面埋设2个
3	路堤基底全断面沉降观测	断面沉降管	1个/断面		一般地段25%的监测断面、各类过渡段路基50%的断面埋设断面沉降管作校核断面,校核断面基底,同时布置沉降板与断面沉降管
4	改良土填土沉降观测	单点沉降计	1个/断面	200m	改良土路堤填高大于5m时设,每个工点不少于1处

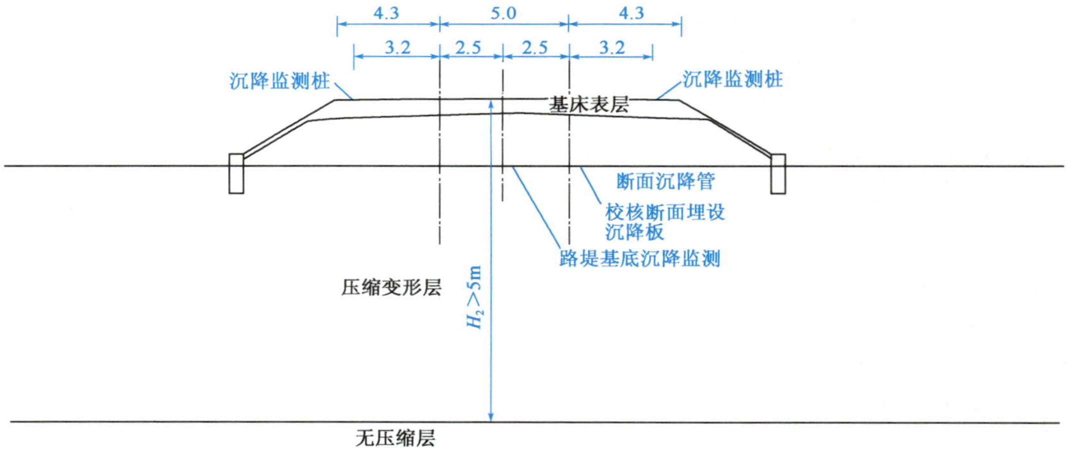

图5-4　沉降监测断面元件布置示意图(B-3型)(尺寸单位:m)

(3)路堤加载预压地段。

路堤加堆载预压地段按图5-6布设断面及测点,其中路基面沉降观测在路堤填筑到基床底层表面后,在基床底层表面两侧设观测桩;在路基面中间设沉降板后,加载预压进行沉降观测。待预压卸除基床表层填筑后,在路基面两侧及线路中心设置沉降观测桩。

(4)土质路堑地段。

土质路堑(含基岩全风化层)一般地段只设路基面沉降观测桩2~3个/断面,见图5-7;当地基土为红黏土、膨胀土时,同时在换填底面埋设单点沉降计,见图5-8。

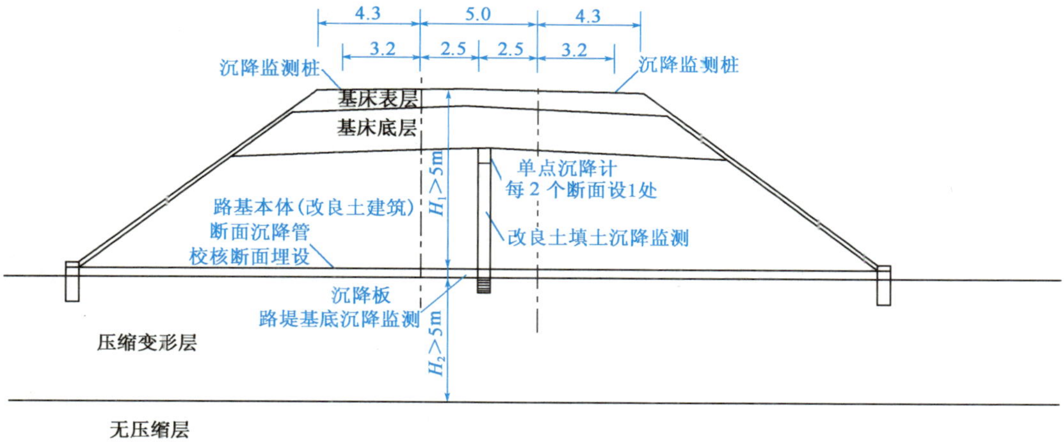

图 5-5　沉降监测断面元件布置示意图(D-1 型)(尺寸单位:m)

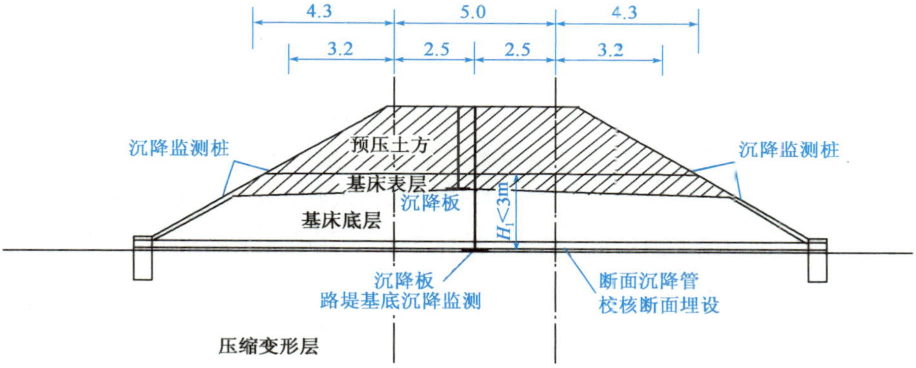

图 5-6　沉降监测断面元件布置示意图(F-3 型)(尺寸单位:m)

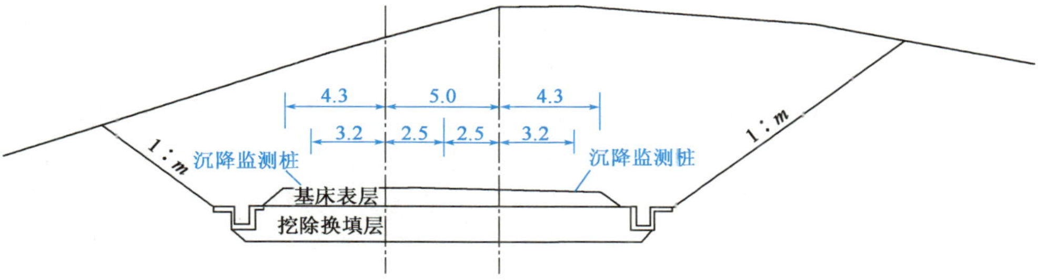

图 5-7　路堑地段沉降监测断面元件布置示意图(尺寸单位:m)

二 监测元件埋设

(1)沉降监测桩:桩体选择 ϕ20mm 不锈钢棒,顶部磨圆并刻画十字线,底部焊接弯钩,待基床表层级配碎石施工完成后,通过测量埋置在监测断面设计位置,埋置深度 0.3m、桩周 0.15m用 C20 混凝土浇筑固定,完成埋设后按二等水准标准测量桩顶高程作为初始读数。

(2)沉降板:由底板、金属测杆(ϕ40mm 镀锌铁管)及保护套管(ϕ75mm 的 PVC 管)组成。底板尺寸为 50cm×50cm,厚 5cm。按二等水准标准测量沉降板高程变化。

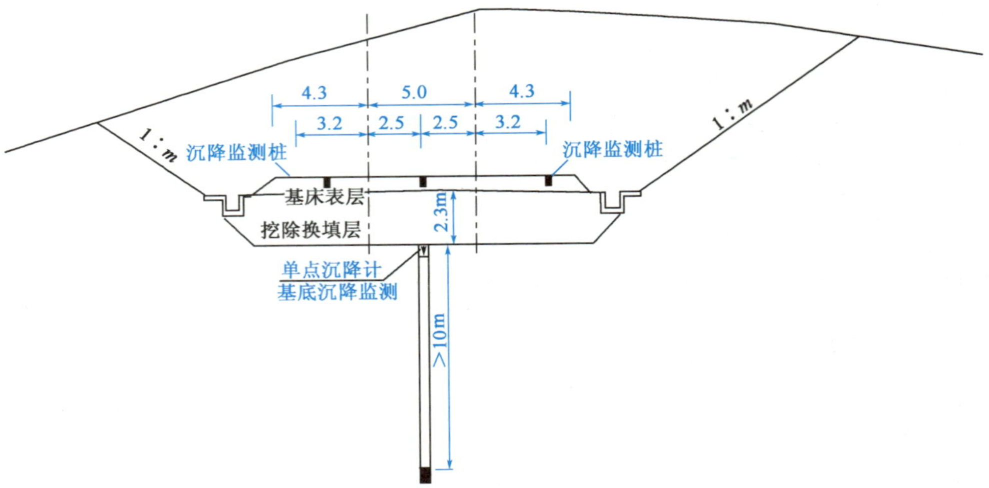

图 5-8　红黏土、膨胀土路堑地段沉降监测断面元件布置示意图(尺寸单位:m)

①沉降板埋设位置应按设计测量确定,埋设位置处可垫 10cm 砂垫层找平,埋设时确保测杆与地面垂直。

②放好沉降板后,回填一定厚度的垫层,再套上保护套管,保护套管略低于沉降板测杆,上口加盖封住管口,并在其周围填筑相应填料稳定套管,完成沉降板的埋设工作。

③埋设就位的沉降板测杆,杆顶高程读数作为初始读数,随着路基填筑施工逐渐接高沉降板测杆和保护套管,每次接长高度以 0.5m 为宜,接长前后测量杆顶高程变化量确定接高量。金属测杆用螺丝套扣连接,保护套管用 PVC 管外接头连接。

(3)位移边桩:在两侧路堤坡脚外 2m 及 12(或 10)m 处各设一个位移观测边桩。位移观测边桩采用 C15 钢筋混凝土预制,断面采用 15cm × 15cm 正方形,长度不小于 1.1m。并在桩顶预埋 ϕ20mm 钢筋,顶部磨圆并刻画十字线。边桩埋置深度在地表以下不小于 1.0m,桩顶露出地面不应大于 10cm。埋置方法采用洛阳铲或开挖埋设,桩周以 C15 混凝土浇筑固定,确保边桩埋置稳定。完成埋设后采用经纬仪(或全站仪)测量边桩高程及距基桩的距离作为初始读数。

(4)剖面沉降管:路基基底剖面沉降管在地基加固及垫层施工完毕后,填土至 0.6m 高度碾压密实后开槽埋设,开槽宽度 20 ~ 30cm,开槽深度至地基加固垫层顶面,槽底回填 0.2m 厚的中粗砂,在槽内敷设沉降管(沉降管内穿入用于拉动测头的镀锌钢丝绳),其上夯填中粗砂与碾压面平齐。Ⅳ型断面中剖面管在涵顶填土 0.6m 厚开槽施工埋设,原则上同基底剖面管埋设方法。沉降管埋设位置挡土墙处应预留孔洞。沉降管敷设完成后,在两头设置 0.5m × 0.5m × 0.95m C20 素混凝土保护墩,并于一侧管口处设置监测桩。监测桩采用 C20 素混凝土灌注,断面采用 0.5m × 0.5m × 1.6m,并在桩顶预埋半圆形不锈钢耐磨测头,监测桩用钢筋混凝土保护盒保护。待上部一层填料压实稳定后,连续监测数日,取稳定读数作为初始读数。

(5)定点式剖面沉降测试压力计:定点式剖面沉降测试压力计底板采用沉降板底板,埋设位置应按设计测量确定;埋设位置处可垫 10cm 砂垫层找平,埋设时确保底板水平,填土至 0.6m高度碾压密实后,开一小凹坑将压力计放入坑内,用细粒土将坑填平后,继续施工路基填土。埋设完成后,将压力计监测线沿水平方向甩到坡脚后,在坡脚处设 C20 素混凝土保护墩(长 × 宽 × 高为 0.5m × 0.5m × 0.95m),墩内预埋剖面管管材,监测线从管内穿出;墩旁设监测桩，监测桩采用 C20 素混凝土灌注，断面采用 0.5m×0.5m×1.6m，并在桩顶预埋半圆形不锈钢耐磨测头，监测桩用钢筋混凝土保护盒保护。待上部一层填料压实稳定后，连续监测数日，取稳定读数作为初始读数。

三 监测方法与要求

1. 监测方法

(1) 横剖面沉降监测方法

采用横剖仪和水准仪进行横剖面沉降观测。每次观测时，首先用水准仪按二等水准精度测出横剖面管一侧的观测桩顶高程，再把横剖仪放置于观测桩顶测量初值，然后将横剖仪放入横剖管内测量各测点。

(2) 沉降板观测方法

采用水准测量方法，按测量精度要求和频次定期观测沉降板测杆顶面测点高程。沉降板观测时应在测杆头上套一个专用的测量帽。测量帽下部以刚好套入测杆为宜，测量帽上部以中心为一半球型的测点。在沉降板测杆接高时应同时测量接高前后的测杆高程。

(3) 路肩沉降观测桩观测方法

采用水准测量方法，按测量精度要求和频次定期观测路肩观测桩顶面测点高程。

(4) 水位观测

沿线路基段落需设置水位井，观测路基填土和堆载预压过程中，地下水水位的变化情况。一般每公里设置一处(每工点至少设一处)，布设在距路基坡脚 20m 外。水位井需设置保护盒保护。

2. 监测测量精度及频率

(1) 监测精度

路基沉降观测水准测量的精度为 ±1.0mm，读数取位至 0.1mm；剖面沉降观测的精度应不低于 ±4mm/30m。

(2) 监测频度

路基沉降监测的频次按有关规定执行。

3. 元件保护要求

(1) 各工程项目部应成立专门试验小组，进行元器件的埋设、测量和保护工作，小组人员分工明确，责任到人。

(2) 元件埋设时应根据现场情况进行编号，有导线的元件，应将导线引出至路基坡脚监测箱内。

(3) 凡沉降板附近 1m 范围内土方，应采用人工摊平及小型机具碾压，不得采用大型机械推土及碾压，并配备专人负责指导，以确保元器件不被损坏。

(4) 各施工队应制定稳妥的保护措施并认真执行，确保元器件不因人为、自然等因素而破坏，元器件埋设后，制作相应的标示旗或保护架插在上方。路堤填筑过程中，派专人负责监督监测断面的填筑。

4. 资料整理要求

(1) 应采用统一的路基沉降监测记录表格，做好监测数据的记录与整理。监测资料应齐全、详细、规范，符合设计要求。所有测试数据必须真实准确，不得造假；记录必须清晰，不得涂改；测试、记录人员必须签名。

(2) 所测数据必须当天及时输入计算机，分析、整理、核对无误后在计算机内保存。

(3) 按照提交资料要求及时对测试数据进行整理、分析、汇总，及时绘制路基面、填料及路基各项监测的荷载-时间-沉降过程曲线。并按有关规定整理成册，报送有关单位进行沉降分析、评估。

(4) 路基填筑过程中应及时整理路堤中心沉降监测点的沉降量，当路堤中心地基处沉降观测点沉降量大于10mm/d时，应及时通知项目部，并要求停止填筑施工，待沉降稳定后再恢复填土，必要时采用卸载措施。

四 路基工程沉降评估

1. 沉降评估方法及判定标准

(1) 评估方法

地基在荷载作用下，沉降将随时间发展，其发展规律可以通过土体固结原理进行数值分析来估算。但是由于固结理论的假定条件和确定计算指标的试验技术上的问题，使得实测地基沉降过程数据在某种意义上比理论计算更为重要。通过大量沉降观测资料的积累，可以找出地基沉降过程的具有一定实际应用价值的沉降变形规律进行曲线回归，以预测其沉降发展规律，因此曲线回归法是路基沉降评估最常用的方法。路基沉降预测常采用曲线回归法有双曲线法、固结度对数配合法(三点法)、抛物线法、指数曲线法、修正指数曲线法、修正双曲线法、沉降速率法等。前期采用修正双曲线法，后期采用双曲线法、指数曲线法。

(2) 评估判定标准

根据《高速铁路路基工程施工技术指南》(铁建设〔2010〕241号)，路基沉降预测应采用曲线回归法，无砟轨道铺设条件的评估判定标准应满足以下要求：

①根据路基填筑完成或堆载预压后不少于3个月的实际观测数据进行多种曲线的回归分析，确定沉降变形的趋势，曲线回归的相关系数不应低于0.92。

②沉降预测的可靠性应验证，间隔不少于3~6个月的两次预测最终沉降的差值不应大于8mm。

③路基填筑完成或堆载预压后，总沉降和预测时的沉降应满足下列条件：

$$\frac{S(t)}{S(t=\infty)} \geq 75\% \tag{5-1}$$

式中：$S(t)$——预测时的沉降观测值；

$S(t=\infty)$——预测的最终沉降值。

④路基沉降的评估应结合路基各监测断面以及相邻桥涵的沉降预测情况进行，预测的无砟路基工后沉降值不应大于15mm。

2. 路基沉降评估

无砟轨道铺设条件的评估结果基于真实、可靠的观测数据，铁路线下工程施工前，对观测人员进行技术指导和培训，统一全线沉降变形观测数据的统计整理形式，观测资料经监理单位确认后提交给建设单位和沉降评估单位。建设单位及时组织进行评估，并将阶段评估成果提交相关勘察设计、施工、监理等单位。评估工作完成后，提交《无砟轨道铺设评估报告》，并负责判定线下基础的沉降变形能否满足无砟轨道铺设条件。

(1)路基沉降评估所需资料要求

①路基沉降观测资料。测量单位要按照观测时间要求,及时进行沉降观测。观测数据按照统一格式填写,所有测试数据必须真实准确,不得造假;记录必须清晰,不得涂改;测试、记录人员必须签名,及时将采集的数据进行整理,以书面及Excel电子表格两种形式同时报送有关单位。

②施工过程、施工核查以及填料、级配、地基和压实检验情况等施工资料,路基施工各节点工期,包括路基填筑进度、堆载预压土、卸载预压土、基床表层施工、轨道板底座施工、铺板时间、轨道板精调时间及铺轨时间。

③施工质量控制过程和抽检情况等监理资料。

(2)沉降评估报告大纲

①概述;

②评估分析依据及方法;

③观测数据整理;

④沉降预测分析(曲线回归相关系数、沉降预测的可靠性验证、已发生沉降大于预测总沉降的75%验证、预测工后沉降分析、沿线路纵向沉降预测情况分析);

⑤沉降预测结论;

⑥需要说明的其他问题;

⑦路基沉降预测附件。

3.线下工程沉降变形观测及评估流程图

路基工程沉降变形观测及评估工作分为准备阶段、观测阶段与评估阶段,其工作流程见图5-9。

4.资料传递程序

(1)准备阶段

①设计单位提交监测断面位置、观测点布置、沉降变形计算等设计资料;

②建设单位将设计资料转给施工单位,施工单位按照设计要求布设测点。

(2)观测阶段

①施工单位将观测结果经监理单位审核后,实时提交给设计单位,设计单位实时对预测的设计沉降进行修正并将修正结果反馈给监理单位、施工单位;

②监理单位将平行观测结果交给施工单位汇总;

③施工单位按照要求格式汇编完成《沉降变形观测报告》,随评估申请一起将电子文档和纸介质文件提交建设单位;

④设计单位将不同阶段的设计沉降与时间的关系曲线,按要求格式将电子文档和纸介质文件提交给建设单位。

(3)评估阶段

①建设单位将施工单位的观测资料和设计单位的设计资料、修正的设计预测沉降资料等交给评估单位;

②评估单位完成《线下工程沉降变形评估报告》提交建设单位;

③评估单位将全线的观测资料形成数据库,提交建设单位;

④建设单位将资料交给咨询单位,咨询单位及时完成专项《咨询报告》并提交建设单位;

⑤建设单位组织专家评审后提出《无砟轨道铺设条件评估报告》。

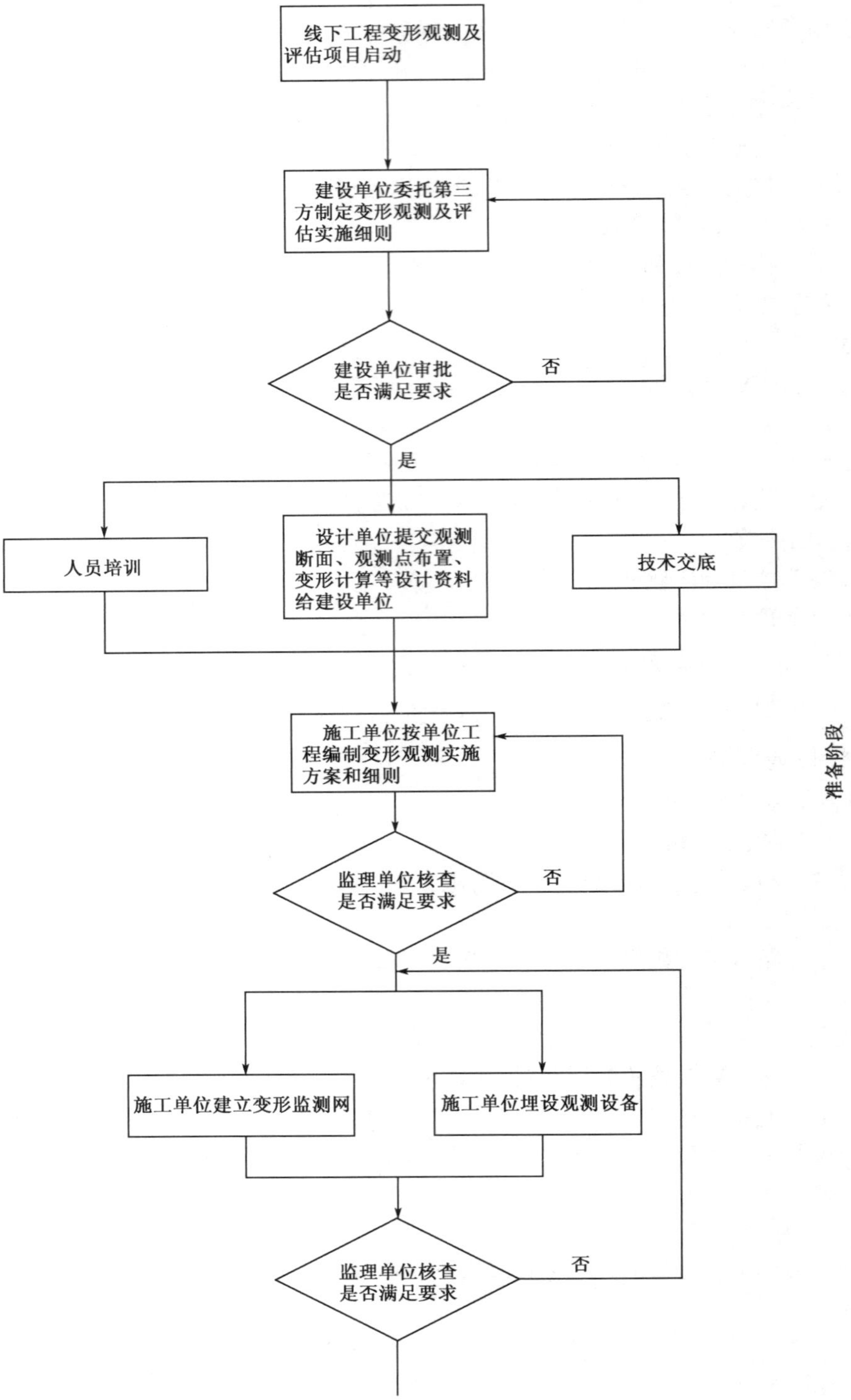
线下工程变形观测及评估项目启动
建设单位委托第三方制定变形观测及评估实施细则
建设单位审批是否满足要求
否
是
人员培训
设计单位提交观测断面、观测点布置、变形计算等设计资料给建设单位
技术交底
施工单位按单位工程编制变形观测实施方案和细则
监理单位核查是否满足要求
否
是
施工单位建立变形监测网
施工单位埋设观测设备
监理单位核查是否满足要求
否
准备阶段

图 5-9

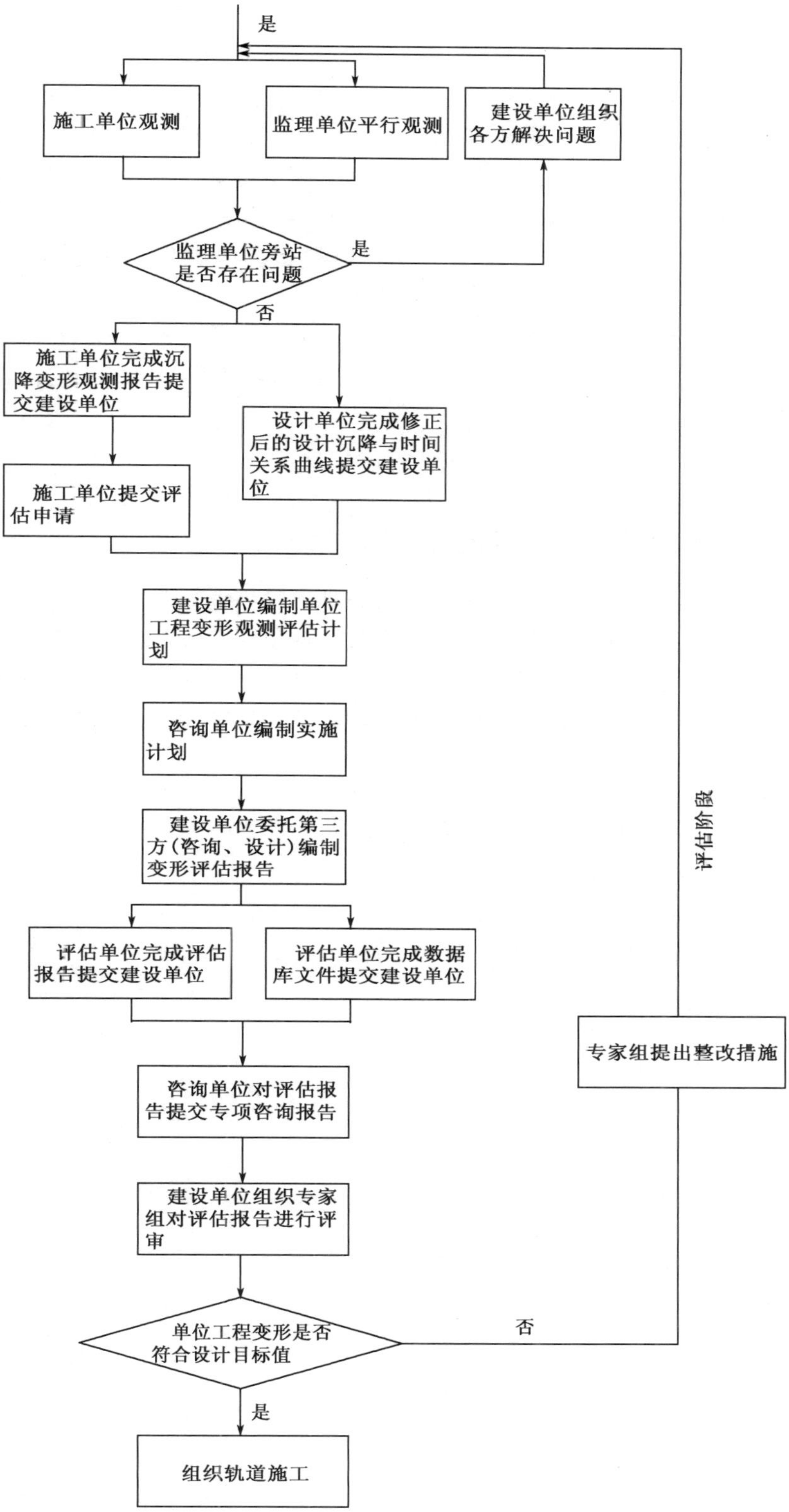

图 5-9 路基工程沉降变形观测及评估工作流程图

项目小结

本项目以在建的铁路路基工程为背景，系统介绍了路基沉降监测的基本知识及相关理论，并对监测方案设计、实施、数据处理与分析、路基沉降评估等问题做了详细介绍。内容涉及一般路堤变形监测、堆载预压段路基变形监测、土质路堑变形监测等。学习中，应结合附近在建项目，开展现场教学与教学做一体化学习，重点对路基面沉降监测、基底沉降监测、路堤本体沉降监测、软土或松软土地基路堤地段的边桩位移监测等问题进行认真学习与训练。

路基沉降监测项目繁多，应用中宜结合工程地质条件及周围环境等条件综合考虑，认真分析，制订切实可行的监测方案，实施中应定期做好监测仪器与监测点的校核工作，及时填报数据，及时分析与反馈。

能力训练

新建铁路工程路基沉降监测方案设计与实施

某新建铁路北起黎湛铁路玉林站Ⅱ场，向南经过玉林市的福绵管理区、陆川县、博白县，钦州市浦北县，以及北海市的合浦县、铁山港区，与地方铁路铁山港支线相连。项目总投资48.52亿元，建设工期三年。铁路等级为国家1级，速度目标值为160km/h。其中DK0+000～DK131+434.12为路基路段。请综合考虑车站地质条件、结构条件、围护结构体系及周边环境条件，完成以下任务：

(1)确定监测项目、监测仪器、监测频率及控制标准，并列表表示；

(2)绘图说明变形监测点的布置；

(3)说明各监测项目的观测方法；

(4)说明路基工程沉降评估方法及标准；

(5)整理以上内容形成监测方案文稿。

项目六

远程监测

【能力目标】

通过学习，具备远程监测作业的能力，同时具备依据工程地质条件、结构条件、支护条件及周围环境等条件进行远程监测方案设计、组织实施、数据处理与分析、监测报表与报告的编制及信息反馈等能力。

【知识目标】

了解远程监测基本知识及基本理论，熟知各远程监测项目的方案设计、组织实施、数据处理与分析、监测报表与报告的编制及信息反馈等内容。

【素质目标】

通过学习，了解新基建、“四新”技术，培养大数据、信息化、智慧化的基本素养，激发学生对新知识的探究与创新精神。

【项目描述】

某车站基坑施工保护等级为一级，车站建址地面下有大量地下管线，车站西侧为其他地铁线路区间地段，距离本基坑有4.5m，局部最窄处仅2.7m；车站东侧中部300m范围内分别混有民房10座9条形基础，下为深层搅拌桩，距基坑0.3～3.0m不等，还混有其他民房4座（箱形基础），距基坑3～4m。工程环境保护等级为一级。全线同类工程非常多，如采用人工监测，工作量是无法想象的，数据可靠性也较低，而且想迅速地从纷繁复杂的监测数据中得到有价值的预测、决策信息难度很大。为此，拟对车站基坑施工过程采用远程自动监测技术进行监测，请完成远程自动监测方案设计，并组织实施，并及时完成相应报表填报、数据分析及信息反馈工作。

任务一　远程监测认识

城市地下空间开发中的工程安全日益受到重视，通过合理的监测手段可以有效预测工程的安全状况，以减少甚至避免事故的发生。本节探讨了城市地下空间开发过程中的远程实时监测预警技术，分析了实现此类技术的条件及若干关键技术，并对城市地下工程施工监测技术的发展加以展望。

随着我国经济的快速发展，城市地下空间的开发利用已经受到广泛重视，地下空间作为城市的重要资源已成为广泛共识。然而，在城市地下工程施工过程中，由于地层沉降等原因引起的人员伤亡、财产损失及环境破坏等现象频频发生。如 2008 年杭州地铁 1 号线坍塌事故造成 21 人死亡，直接经济损失 1.5 亿元；2007 年北京市海淀南路的地铁 10 号线工程苏州街车站东南出入口发生塌方事故，导致 6 名施工者被埋等。为减少此类事故的发生，使用信息化监测手段已经成为必然。但由于国内城市地下空间开发利用的历史不长，相关规范对岩土工程安全问题，尤其是监测系统问题没有明确规定，不能满足地下空间开发长远发展的要求。在相关的地下空间设计规范中建立规范的城市地下空间岩土工程安全技术体系、指标体系及标准迫在眉睫。

一、监测手段及项目

适用于城市地下空间的监测手段可概分为直接几何方法、间接法和物理方法，其中间接法中的巴赛特收敛系统（Bassett Convergence System）早期使用于矿山采矿坑道掘进的安全监测，由于一些地铁开挖与采矿坑道掘进类似，巴赛特收敛系统被用于地铁隧道的安全监测中。巴赛特收敛系统由三大部分组成：①数据量测部分，包括若干组长、短杆件互相连接的电介质（EL）倾角传感器；②数据采集部分，包括数据采集控制器和计算机；③数据处理部分，包括采集控制、标定、计算分析与可视化软件等。

巴赛特收敛系统的一个突出优点是可在现场无人值守的情况下长期自动工作，另一特点是防潮防湿、抗电气干扰。此外，它能在烟雾条件下工作，对环境具有良好的适应能力。该系统用于测量隧道的收敛变形时要确定隧道的实际位移向量，必须与控制点资料相结合。由于传感器的制造及采集系统的开发等技术已经比较成熟，该类监测技术已被广泛用于国内的各类工程实践中，本节所介绍的远程实时监测预警系统也借鉴了巴赛特收敛系统。

工程安全监测项目种类很多，具体到每个工程应根据其工程类型、场地地质和施工情况的不同采用不同的监测项目。按监测物理量的类型一般可以分为变形监测、应力应变监测、渗流监测、温度监测和动态监测等。按监测变量分为原因量监测和效应量监测。原因量即环境参量，由于它们的变化引起建（构）筑物形态的变化。效应量是建（构）筑物对原因量变化而产生的响应。

二、实时监测预警系统的开发

在工程的安全监测中，及时收集和分析现场的监测数据是非常重要的。为了实现在任何时间甚至任何地点都可以采集监测点数据，并根据分析是否预警，组建远程实时监测预警系统是切实可行的措施。远程实时监测预警系统应包括传感系统、数据采集处理系统、数据分析系统、预警系统和远程控制系统五大部分。

(1)传感系统。系统应用各种传感器，将被测量(应变、倾斜度等)转变成便于记录及再处理的电压或电流等信号。由于从传感器输出的电信号一般很弱，通常各种传感器都有与之匹配的信号放大器。其功能是将传感器输出的信号进行放大或转换。传感系统包括加速度计、应变计、位移计、钢筋计、土压力盒、测斜仪、信号放大器等。

(2)数据采集处理系统。该系统的功能是将传感器变换、放大器放大后的信号，直接以模拟量的方式记录下来，或者经过模数转换后以数字量的方式进行记录。另外，为了达到远程实时监测的目的，还要将这些数据通过合理的传输方式传送到监控室。该系统设备包括采集器、发送主机及相应的数据存储和处理设备。

(3)数据分析系统。从数据采集系统获得的数据经初步处理后或在终端上显示，然后直接进入数据库。该子系统的目的是根据各监测项目的特点，使各不同类型的数据通过恰当的组织，被有效存储起来，在保证存储必要信息的前提下，尽量减少数据的冗余度。设备包括高性能计算机及分析软件，必要时进行实时分析和处理。

(4)预警系统。预警系统也可称为评估系统，是对测量的结构状态进行判断、分析评估，对异常测试值进行报警的系统，为施工策略的变动提供参考，确保工程安全。

(5)远程控制系统。在数据采集和远程传输方面，通过有线连接或无线微波远程模拟信号发送及接收系统，也可以采用在商业上取得了巨大成功的客户机/服务器网络系统，实现方便和真正的远程监测。实时监测预警系统简易运行流程如图6-1所示。首先通过远程控制向现场的采集器发送采集命令，采集器以发送激振电压等方式控制传感器反馈传感信息，采集器将反馈信息量化成频率等数值，最后通过一定的传输方式将数据发送至监控室的终端，由终端进行数据处理后再决定是否预警。该流程中有两个环节值得注意，首先是数据远程传输这个环节，它可以有多种选择方式，不同选择将会带来较大的差异，但一般都要根据具体的工程选择合适的传输方式。

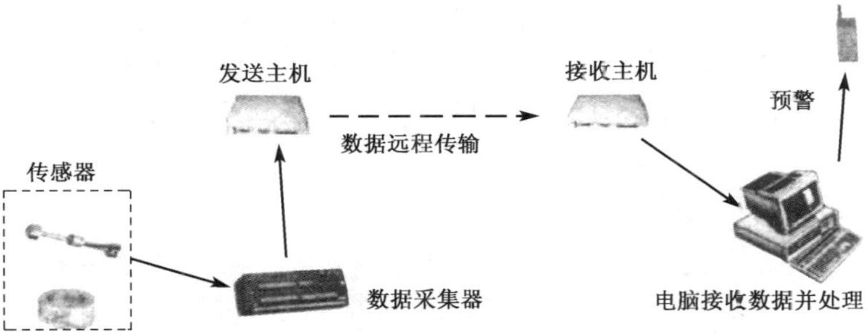

图6-1 实时监测预警系统简易运行流程图

①有线传输。该连接方式可以直接使用电缆线将现场的数据采集器与室内的计算机相连接，其优点是省去了发送或者接收主机及其通信的费用，成本相对较低，而且数据传输方便及时；缺点是连接距离有限，特别是长距离的监测，购置电缆线的成本会增加，而要实现跨地区采集数据几乎不可能，另外施工过程中容易发生连接线被压断或者碾碎等。所以这种方式一般适合工程量较小、监测距离小于1000m的项目。

②无线微波传输系统。该连接方式同时需要发送主机和接收主机，数据由专用的软件接收，其优点是不使用连接线，不耗费网络流量，即计算机是否联网并不影响监测的正常进行，数

据采集后将由发送主机以微波的形式发送出去，接收主机则负责接收数据信号，可以实现在任何时间跨地区监测；缺点是可能出现数据采集或者接收延时，因为控制现场采集和接收数据都以微波信号方式传输，而一旦信号服务遇到高峰期，则很容易出现延时情况，另外就是通信花费较高。这种传输方式适合在无网络地区对工程进行实时监测。

③客户机/服务器网络传输系统。该连接式需要发送主机，数据将由这个发送至网络服务器，室内计算机通过域名访问的方式接收数据。优点是利用了当今流行的 Internet 网络，容易实现数据共享，监测量大时使数据库的开发也变比较方便，而且数据的传输也较为及时，另外流量费相对也较低，缺点就是最先接收数据的网络服务器一旦瘫痪或者发生网络故障都将导致数据无法及时得到分析和处理，网速也可能会成为制约数据及时传输的因素，但随着信息技术的发展，出现这些事故的概率非常小，所以此种传输方式广泛适用，尤其是工程量大、远距离监测的项目。

另一处值得注意的环节就是预警的环节，预警的前提是数据要得到初步处理和判断，由此可以有两个地方选择发送预警信息。首先是数据采集器，因为目前的数据采集中都具有一个以单片机为主的核心处理器及内存储器等，数据完全可以在这里得到处理并决定是否预警，但是目前采用此类方式预警的事例非常少，并不是因为采集器硬件跟不上，主要原因在于软件，而嵌入式研发投入较大，且精通此类技术的人并不多，技术并不成熟。但是如果在这里实现预警，则它的优点是巨大的，可以完全忽略数据传输所出现的各种问题。所以目前广泛采用的还是将预警的地方放在监控室内的接收端计算机上，毕竟计算机已经得到广泛使用，在此基础上开发各种数据接收和处理程序也相对容易得多，软件修改和更新也比较方便，但是数据传输过程中遇到的各种问题也必将影响到预警。

三 关键技术分析

1. 监测点的布置

监测点布置是建立有效的实时监测预警系统的关键，需要丰富的工程经验与扎实的理论知识。在具体工程中，可以通过数值模拟或简单解析法等找出潜在的危险点，并与施工方商讨制订布点方案。一般在隧道拱顶和结构的连接部位应力较为集中，可以优先考虑布置监测点。

2. 监测精度与频率的确定

一般要求精度较高，但是精度过高则使监测工作变得复杂，增加监测费用，但精度过低又会影响数据分析的精确度。实际操作过程中可以根据理论计算出的数值选择合适量程和精度的监测仪器。同时也要求合理的软件浮点运算精度。监测的频率对监测成果有很大影响，一些规范中也明确给出了监测频率，但在监测工作实施过程中，需要根据工程进度、监测对象稳定性分析结果等因素对频率进行调整，尤其当掌子面距离监测点越来越近时需要加大监测频率。

3. 预警系统与警戒值

从现有文献来看，城市地下空间安全预警系统的研究主要集中在变形预测模型、预警系统指标体系、预警指标警戒值、预警系统的结构与实现等方面。不少学者提出了相应的预测模型，如李宏义提出了一个概念，即利用建立的变形灰色预测 GM(1,1) 模型、变形速率灰色预测 Verhulst 模型，预测建筑基坑地表的变形量和变形速率，通过变形量、变形速率与警戒值的比较来实现预警；李惠强尝试基于已有地区实测位移值建立同类地区的神经网络预测位移的方法，与规范规定的变形位移技术指标和警戒值进行比较，以达到预警的目的等。目前所使用的预警系统基本都是将监测数据结合相关理论进行处理，得到变形量或者变形速率等，再将其与警戒值比较来决定是否预警。

警戒值作为地下工程安全控制的一种强制性警示，提醒工程人员注意采取必要的措施阻止事态恶化，警戒值并没有相关的明文规定。由于监测数据最终将量化成变形值等，所以一般将相关规范中的允许值作为参考来制定警戒值。有学者将警戒值分为预警值和报警值，即实现多级预警，预警值取控制值的0.7～0.8，报警值取控制值的0.8～0.9倍，控制值参考相关规范选取。例如，以C30混凝土和HRB335钢筋为监测对象，通过应变值比较来实现预警。根据《混凝土结构设计规范》(GB 50010—2010)、《钢结构设计标准》(GB 50017—2017)，材料强度的标准值是通过试验取得统计数据后，根据其概率分布，并结合工程经验，取其中的某一分位值(不一定是最大值)确定的，而设计值是在标准值的基础上乘以一个分项系数确定的。因此，将通过强度计算出来的应变作为警戒值。其中，预警值由材料的设计强度和其弹性模量确定，报警值由材料的强度的标准值和其弹性模量确定。不同的情况下还可以乘以折减系数。规范中仅考虑了材料的拉压变形预警，而实际上更多采用莫尔-库仑准则及应力路径来判断失稳或者破坏，但实现起来并不容易，首先要求传感器能够测得某点多方向的变形数据，其次要改进实现预警软件的算法。但是对特定的监测项目而言，警戒值的设定还需要结合工程地质、地表、工程结构等情况综合考虑制定。

4. 监测数据分析

监测一旦开展，需要结合工程的特点分析大量的监测数据，预测可能发展趋势，引导施工安全有序进行，确保施工顺利。常用分析方法与模型有回归分析法、时间序列分析模型、灰色系统分析模型、Kalman滤波模型、人工神经网络模型、频谱分析法。目前应用较多的是回归分析法和时间序列分析模型。监测人员应根据分析的结果与施工方或者运行方商讨制定预防措施，保证工程顺利、安全进行。

任务二　远程监测在地铁工程中的应用

杭州地铁一期工程全长68km，点多线长面广，是一般在建地铁线路长度的2～3倍，而且杭州是第一次建设地铁，工程管理经验相对缺乏。因此，充分借助科技手段，通过远程监控全面提升事故防范能力，对于建设“平安地铁”、促进地铁建设顺利推进具有重要的现实意义。

对杭州地铁1号线水文地质条件和周边环境复杂的11座车站、4个盾构区间实施远程监控，杭州成为继上海、南京之后全国第三个在地铁建设中实施远程监控的城市。自2008年4月远程监测系统运行以来，所监控的工点未发生任何安全质量事故，取得的社会效益、经济效益、安全效益十分明显。

一　远程监控项目实施背景

1. 应对地铁建设高速发展的需要

当前国家大力推进地铁建设，截至2020年末，我国开通地铁的城市已经达到39个，线路总长7969.7km，占全球运营总里程的23.92%。地铁建设领域的超常规发展，造成了地铁技术人才紧缺，施工管理力量被摊薄，安全管理力量减弱；另外，地铁建设行业竞争激烈，各单位在招投标过程中竞相压价，在施工过程中往往对安全管理实际投入不足，给安全管理工作造成了巨大压力。

2. 有效防范施工风险的需要

地铁工程具有投资规模大、建设周期长、施工项目多、施工技术复杂、不可预见风险因素多、对社会环境影响大等特点，属于高风险工程。地铁施工还可能会对周边建筑物、道路、地下构筑物及地下管网等造成影响和破坏。

杭州的地下水水位高，土质情况复杂，又富含沼气，存在许多不确定因素，施工难度极大，施工风险难以控制。因此，建立合理的地铁工程风险辨识、分析处理、评估和监控系统，提高地下施工安全科学管理水平以有效应对施工风险具有重要的意义。

3. 创新地铁安全管理机制的需要

在过去的地铁建设工程中，各单位往往仅强调责任制、责任心，只运用传统的经验管理方法，已不能适应增强事故预测能力和防控能力的需要。另外，地铁建设在我国发展历史较短，专家资源有限，加之工程建设数据量大、数据种类多，专家有时无法方便获得数据并进行分析，有时无法及时找出风险隐患点。

因此，地铁工程建设中的当务之急就是创新地铁安全管理机制。而对地铁工程实施远程监控，可有效控制施工风险，最大限度保障人民生命财产安全，促进地铁工程建设的安全稳步推进。

二、远程监控项目实施的基本思路、主要内容及管理目标

1. 基本思路

杭州地铁安全管理的基本思路：依托安全风险管理系统，建立安全风险管理体系，聘请安全风险顾问，提供现场管理咨询、培训、安全风险分析、评估、预案，有效解决在建工程的安全管理问题。

2. 主要内容

（1）远程监控系统

远程监控管理系统是一个基于网络通信传输、无线通信传输、网络数据库、数据分析、预测、决策、预警等高新技术，建立的灵活、智能、高效的轨道交通建设管理系统。

通过相关的管理系列软件，该系统可以把监理、施工、设计相关的各种数据和信息实时上传、汇总、整理、分析，对监测数据的异常情况进行多种形式的自动判定和报警，还可实现对工程文档、进度数据、工程合同等工程相关信息的采集和汇总。监控人员可随时随地通过视频技术直观了解现场的施工及进展状况；后台的专家组可以通过该软件收集所有监控数据，随时分析各种数据，把发现的异常情况及时地反映给高层管理者；管理者可以随时监督工程进展情况，实现真正有层次的远程管理。

（2）实施远程监控的站点

杭州地铁目前实施远程监控的站点包括11座车站（城站站、湖滨站、龙翔桥站、凤起路站、武林广场站、文化广场站、艮山门站、闸弄口站、火车东站、彭埠站、世纪大道站）、4个盾构

区间（滨江站—富春路站区间、武林广场站—文化广场站区间、文化广场站—艮山门站区间、火车东站—彭埠站区间）。

3. 管理目标

地铁工程建设远程监控管理体系提供了一整套安全管理模式，可以实现如下管理目标：

（1）组织管理。

杭州地铁远程监控管理体系明确了各部门的定位和人员定位，划分了所有人员的职责，通过分级授权和责任分担体系，实现工程安全的过程管理。

（2）责任心管理。

通过调动所有人的责任心和积极性，约束所有参与者的行为，形成合理的责任分担体系，有利于发挥所有人的能力和积极性，共同做好安全管理工作。

（3）明晰的奖惩制度。

通过管理平台建立各种奖惩制度，进一步规范各参建单位的施工安全行为，使得远程监控管理体系中的各项要求得到有效落实。

杭州地铁安全管理最终目标：通过各方的共同努力，最终做到主动安全（施工技术水平的提高、安全意识的培养）和被动安全（安全监控、安全管理、应急处置等一系列制度的严格落实）相结合，形成多级管理、多重防御、环环相扣的安全管理体系，全面堵塞可能的安全漏洞，全面降低事故发生的概率。

三 项目实施完成情况

1. 明确了安全管理构架

杭州地铁在远程监控管理平台的基础上，结合自身安全管理思路，形成了杭州地铁建设的安全管理体系框架，将安全管理工作职责与工作流程嵌入平台。

杭州地铁远程监控管理体系由指挥层、中间管理层、现场执行层组成（图 6-2）。其中，指挥层由杭州市地铁集团领导及后台专家组成；中间管理层由质量安全部、工程部、远程监控管理中心组成；现场执行层由各工点建设单位代表、监理单位、施工单位（含施工监测单位）及第三方监测单位共同参与。

各标段现场执行小组以监理单位为第一责任人，负责管理和实施监控系统，负责系统运作相关事宜的组织和协调，负责跟踪记录工况，确保监控数据及时准确上传。

2. 提高了管理效率

通过网络对工地数据进行采集，消除了工程管理的空间距离，实现了分散工程的集中管理，对杭州地铁工程实行全面监控，使管理者足不出户便能及时掌握工程各方面的进展情况，提升了管理效率，见图 6-3、图 6-4。

3. 强化了安全管理手段

管理平台作为各级管理者的交流平台，在处理预警事件的过程中发挥了较大的作用，使得杭州市地铁集团在安全管理方面的手段更加丰富。

4. 增强了现场执行力

杭州地铁远程监控管理体系通过责任分担体系对现场参建各单位进行职责梳理和明确界定，并通过有效的管理制度、考核制度监督执行，提高了现场执行能力。

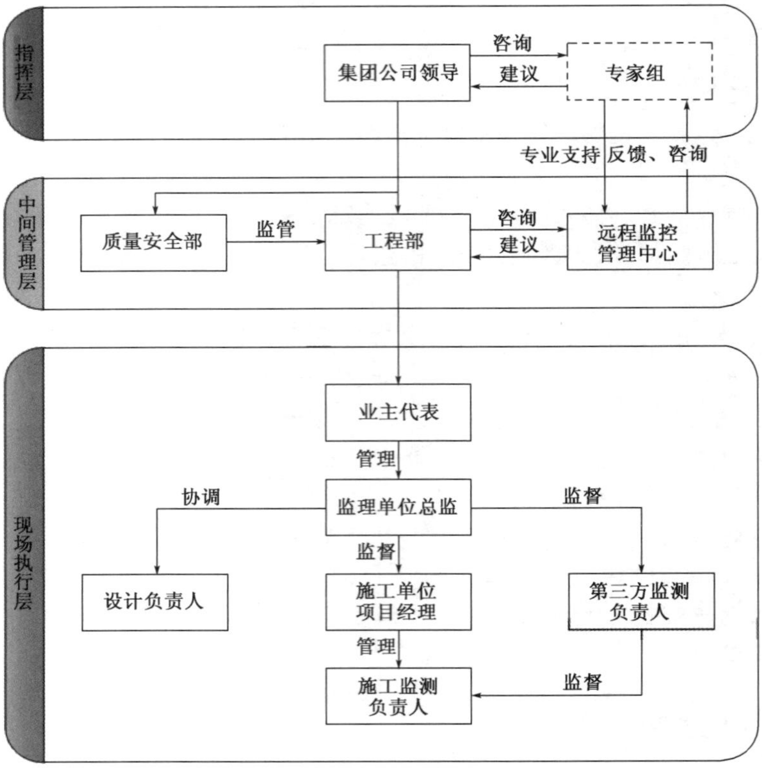

图 6-2　杭州地铁远程监控管理体系

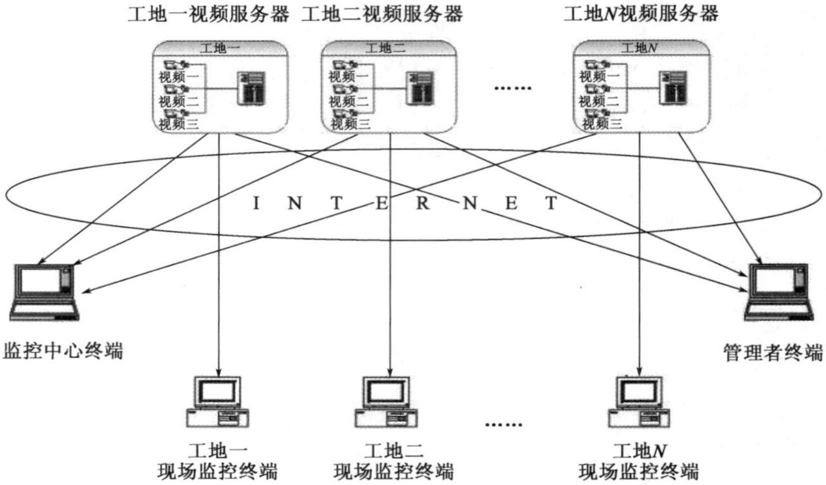

图 6-3　网络视频远程监控系统模式

5. 确保了现场数据的及时有效性

通过相关制度确保监测数据能够及时有效上传，并真实反映工地现场的实际情况；在有效监测数据及时上传的基础上，对监测方、监理方、施工方的资料及其他相关信息进行处理及综合分析判断。

图 6-4 杭州地铁远程视频监测截图

6. 及时消除了安全隐患

远程监控管理系统每天同步处理各个工地上传的上万条海量数据,及时发现异常的监测数据,在监控中心专业分析人员及后台专家的进一步分析核实后触发相应的报警流程,通过三级报警体系结合各相关责任单位及时采取有效措施,消除安全隐患。后台的专家依据多年安全管理、事故处理经验及时提出相关处理建议,辅助管理单位有效解决安全隐患,最终把安全隐患消灭在萌芽状态。

7. 强化了参建各方的安全风险意识

通过大量的管理措施及远程监控管理系统使用操作培训,有效提高了参建各方的安全意识、责任心、积极性及专业水平,提高了参建各方对安全风险的“免疫能力”,挖掘所有参与人员的潜力，持续发挥作用。

四 项目实施过程中的主要突破点及难点

远程监控项目实现了对地铁工程安全风险的有效管理，最大限度降低了事故发生概率，有效避免了地铁施工对周边环境带来的重大影响，保障了地铁工程建设的顺利进行。

1. 主要突破点

(1)引进高科技手段，实现了管理技术的突破

远程监控管理系统作为安全管理体系的载体，是在多年的科研成果和建设经验的基础上研发而成的，它通过远程视频、数据收集、专家分析等手段，实现了管理技术上的新突破。

(2)通过网络化管理，实现了管理模式的突破

管理者能通过远程监控管理系统把管理、监督、建议与控制结合起来，真正实现分散工程的集中管理，从而使地铁建设能按时、保质、保量地完成，对提高地铁建设水平具有重大意义。

(3)从安全管理的根本着手，实现了管理理念的突破

安全并不掌握在我们的手中，而是掌握在一线操作人员的手中；安全管理的关键是人，人的管理的关键是责任心、安全意识、知识水平；人的责任心不能仅依靠自律。依托安全风险管理系统，建立安全风险管理体系，可以从安全管理的根本着手，实现管理理念的突破。

2. 主要难点

(1)观念转变难

长期以来，各方都认为地铁安全问题是不可控的，是看不见摸不着的。在安全管理方面以前均采用传统的安全管理模式，主要采用以规章制度、责任制来规范人的行为，以奖惩手段来规范人的活动的管理模式。而远程监控系统，则是通过科技手段整合施工现场的各种数据并进行分析，在此基础上建立一整套安全管理体系。项目的实施需要突破观念和认识层面的障碍，转变各方的传统观念。

(2)组织协调难

远程监控管理系统的建立，涉及杭州地铁一期工程五十余个工地的施工、监理、监测、设计、咨询等多家单位，上万名工作人员，且很多工作人员有较大的流动性，给本项目的组织协调工作带来较大的困难。

(3)服务深化难

杭州地铁远程监控管理体系涉及众多单位和人员、大量视频通信数据传输以及远程监控管理平台的互动，强化了杭州市地铁集团及参建各方的联系。视频通信的图像、数据上传的及时性和全面性，远程监控管理平台的正常运行，都直接影响目标的实施效果，涉及互联网网速的优化、远程监控系统的完善以及相关设备的更新等诸多技术难题，整个目标的实现要求有较高的网络技术作保障，这对进一步深化服务提出了更高的要求。

五 项目的效益分析

对于地铁工程建设而言，安全就是生产力，确保工程安全就是社会效益、经济效益、管理效益的最大体现。

1. 社会效益

(1)有助于提升杭州地铁安全生产的良好形象

作为地铁建设者,杭州市地铁集团深刻认识到肩负的责任,并不断从建设标准、运营水平上对工作进行改进。在工作中将安全和质量作为企业生存、发展的永恒主题,始终坚持“安全第一,预防为主、综合治理”的方针,牢固树立“安全责任重于泰山”的意识,以如履薄冰、如临深渊、如坐针毡的心态狠抓安全生产,坚决落实各级责任,坚决以铁的手腕狠抓隐患排查和治理,努力攻克重点、难点问题,齐心协力、励精图治,为杭州地铁的快速发展保驾护航,为构建和谐地铁、和谐社会持续努力。

(2)有助于维护社会稳定

地铁作为城市重要的基础设施,不仅是广大市民外出首选的交通工具,而且是城市安全质量文化的重要象征,时刻受到全社会的高度关注。关注民生,确保一方平安,是地铁建设者也是决策者的工作重心,安全和质量是建设和谐地铁的根本保证,抓好地铁安全生产有助于维护社会稳定。

2. 经济效益

远程监控管理系统软件在各工点每天上传的上万条数据中通过分析、对比,筛选出各工点的异常信息,并及时生成异常事件,提醒相关各方予以关注,对各工点隐患的及时发现起到了巨大的作用。通过各方联动的管理机制,及时发现工程隐患,大大降低了工程安全质量事故的发生概率,间接对杭州地铁建设产生了巨大的经济效益。

3. 管理效益

(1)切实提高了安全管理水平

远程监控管理体系的推广使用在保证工程进度、控制工程质量和保障工程安全等方面都取得了良好的效果,提高了整条地铁线的管理水平,使杭州地铁建设的管理水平上了一个台阶。

(2)提高了管理效率和质量

通过远程监控管理体系进行集群式管理,管理者可实时掌握工程的安全状况,第一时间处置异常情况,大大提高了管理效率和质量。

自远程监控管理体系正式运行以来,实施监控管理的工点中共有城站站、艮山门站、闸弄口站、彭埠站、世纪大道站等发生了近10次预警事件。这些预警事件的启动对各级管理人员和参建各方起到了较大的提示作用,预警信息以短信方式发送到管理层手机,让管理层在第一时间得知工点的风险状况,以便做出相应决策,远程监控后台专家参与部分预警事件的处理过程,大幅提高事件处理的效率和质量。

任务三　远程监控技术实例

实例一

2009年6月23日,监控中心工作人员收到监控系统数据异常提示短信:“地铁1号线城站站发生数据异常!”于是立即登陆远程监控系统进行查看。根据现场施工监测单位上传的监测数据,CX24号测斜孔日变化速率发生突变,其中在CX24-14(即14m深度处)变化速率达到了21.8mm/d。监控中心专家组立即对数据进行综合分析,经分析确认现场存在险情后,监控中心随即启动预警，并向地铁集团相关领导及参建各方发送预警短信，现场接到预警短信后第一时间组织会议讨论处理措施，施工单位及时落实相关措施，至6月24日，CX24号测斜孔的日变化速率减小到0.8mm/d以内，基坑变形日趋正常，确保了施工的正常进行及周边环境的安全。

实例二

2008年11月19日，世纪大道站北侧基坑27~29轴完成垫层浇筑，该剖面对应基坑部位底板尚未浇筑。监控中心根据监测数据及现场巡检情况综合分析认为，该区段存在风险，监控中心立即启动了预警，通过远程监控管理平台讨论后，采取了相关技术措施，地表沉降趋于缓和，各量测项目的变化速率也恢复正常，该工点基坑围护结构及周边环境恢复稳定状态，该预警事件得以闭合。

2009年以来，杭州市地铁集团利用远程监控系统共处理工程异常事件227起，预（报）警事件7起，均得到了妥善处理。

项目小结

以在建远程监测工程为背景，介绍了远程监测基本知识及基本理论，各远程监测项目的方案设计、组织实施、数据处理与分析、监测报表与报告的编制及信息反馈等内容。

学习中，应结合附近在建项目，开展现场教学与教学做一体化学习，重点对远程监测项目的方案设计、组织实施、数据处理与分析等问题进行认真学习与训练。

远程监测项目繁多，应用中宜结合工程地质条件及周围环境等条件综合考虑，认真分析，制订切实可行的监测方案，实施中应定期做好监测仪器与监测点的校核工作，及时填报数据，及时分析与反馈。

能力训练

某工程路基沉降监测方案设计与实施

某工程位于广州市白云区，东侧为云城东路，南侧为横五路，西侧为云城西路，北侧为白云一线，A区、B区基坑与C区基坑之间为地铁2号线。A区基坑距地铁结构最近5.49m，B区基坑距地铁结构最近32.05m，C区基坑距地铁结构最近5.08m。

A区基坑支护总长592m，开挖深度4.2~5.7m；其中，*AB*、*BC*段支护，*CD*、*DE*、*EF*段采用放坡+喷锚支护，*FA*段采用放坡+喷锚+锚杆支护，整个基坑均采用单排搅拌桩止水。

B区基坑支护总长899m，开挖深度9.1~11.1m。其中，*AB*、*BC*段采用单排旋挖桩+锚杆支护，*CD*、*DE*、*EF*、*FG*、*GH*、*HI*段采用两级放坡+喷锚支护，*IJ*、*JK*、*KL*、*LM*、*MA*段采用放坡+喷锚+锚杆支护；*IJ*、*JK*、*KL*、*LM*、*MA*段采用两排搅拌桩止水，其他段均采用单排搅拌桩止水。

C区基坑支护总长592m，开挖深度4.3~4、8m。其中，*AB*、*BC*段采用单排旋挖桩支护，*CD*、*DE*、*EF*、*FA*段采用放坡+喷锚支护，整个基坑均采用单排搅拌桩止水。

因场地条件复杂，而且工地现场施工单位出土、搅拌桩施工等活动频繁，机具多，人员多，对监测点有破坏的可能。尤其测斜孔一旦破坏将无法恢复，基准点一旦破坏将可能使整个坐标或高程系统无法复原，所有相关数据都被迫中断。

请综合考虑以上问题，运用远程监控监测技术，完成以下任务：

（1）确定监测项目，并列表表示；

(2)确定监测点的布置；

(3)确定预警系统与警戒值；

(4)监测数据的处理；

(5)编制远程监测技术方案。

参 考 文 献

[1] 住房和城乡建设部. 城市轨道交通工程监测技术规范:GB 50911—2013 [S]. 北京:中国建筑工业出版社,2014.

[2] 住房和城乡建设部. 建筑变形测量规范:JGJ 8—2016[S]. 北京:中国建筑工业出版社,2016.

[3] 住房和城乡建设部. 城市测量规范:CJJ/T 8—2011[S]. 北京:中国建筑工业出版社,2012.

[4] 住房和城乡建设部. 工程测量标准:GB 50026—2020[S]. 北京:中国计划出版社,2021.

[5] 全国地理信息标准化技术委员会. 国家一、二等水准测量规范:GB 12897—2006[S]. 北京:中国标准出版社,2006.

[6] 住房和城乡建设部. 城市轨道交通工程测量规范:GB/T 50308—2017[S]. 北京:中国建筑工业出版社,2017.

[7] 住房和城乡建设部. 地下铁道工程施工质量验收标准:GB/T 50299—2018[S]. 北京:中国建筑工业出版社,2018.

[8] 住房和城乡建设部. 建筑基坑支护技术规程:JGJ 120—2012[S]. 北京:中国建筑工业出版社,2012.

[9] 中国铁路总公司. 铁路隧道监控量测技术规程:Q/CR 9218—2015[S]. 北京:中国铁道出版社,2015.

[10] 吴从师,阳军生. 隧道施工监控量测与超前地质预报[M]. 北京:人民交通出版社,2012.

[11] 王梦恕. 中国隧道及地下工程修建技术[M]. 人民交通出版社,2010.

[12] 刘招伟,赵运臣. 城市地下工程施工监测与信息反馈技术[M]. 北京:科学出版社,2006.

[13] 夏才初,潘国荣,等. 土木工程监测技术[M]. 北京:中国建筑工业出版社,2001.

[14] 张庆贺,朱合华,黄宏伟,地下工程[M]. 上海:同济大学出版社,2005.

[15] 陈馈,焦胜军,冯欢欢. 盾构法施工[M]. 北京:人民交通出版社股份有限公司,2021.

[16] 毛红梅. 地下铁道[M]. 北京:人民交通出版社,2008.

[17] 施仲衡. 地下铁道设计与施工[M]. 西安:陕西科学技术出版社,2006.

[18] 王建华,孙胜江. 桥涵工程试验检测技术[M]. 北京:人民交通出版社,2004.

[19] 高俊强,严伟标. 工程监测技术及其应用[M]. 北京:国防工业出版社,2005.

[20] 王建宇. 隧道工程监测和信息化设计原理[M]. 北京:中国铁道出版社,1990.

[21] 杨志法,齐俊修,刘大安,等. 岩土工程监测技术及监测系统问题[M]. 北京:海洋出版社,2004.

[22] 伊晓东,李保平. 变形监测技术及应用[M]. 郑州:黄河水利出版社,2007.

[23] 宋秀清. 隧道施工[M]. 3 版. 北京:人民交通出版社股份有限公司,2020.

[24] 曾义. 斑竹林隧道新奥法施工监控量测与分析研究[D]. 重庆:重庆交通大学,2008.

[25] 方明山,赛铁兵,刘保国. 砒霜坳隧道现场监控量测[J]. 西部探矿工程,2001 (03):93-95.

[26] 国家铁路局. 高速铁路设计规范:TB 10621—2014[S]. 北京:中国铁道出版社,2015.

[27] 中华人民共和国铁道部. 高速铁路路基工程施工技术指南[S]. 北京:中国铁道出版社,2011.

[28] 住房和城乡建设部.建筑基坑工程监测技术标准:GB 50497—2019[S].北京:中国计划出版社,2020.
[29] 夏才初,潘国荣.岩土与地下工程监测[M].北京:中国建筑工业出版社,2016.
[30] 毛红梅.地下铁道施工[M].北京:高等教育出版社,2021.

人民交通出版社股份有限公司　轨道与航空出版中心
高职交通运输与土建类专业系列教材

一、公共基础课

土木工程实用应用文写作(第3版)(朱　旭) ……………………………………………………………… 39.8元

二、专业基础课

1. 工程力学(上)(王建中) ……………………… 34元
2. 工程力学(下)(王建中) ……………………… 24元
3. 土木工程实用力学(第3版)(马悦茵) ……… 49元
4. 工程制图与识图(牟　明) …………………… 28元
5. 工程制图与识图习题集(牟　明) ………… 20元
6. 工程地质(任宝玲) ……………………………… 29元
7. 工程地质(彩色)(沈　艳) …………………… 39元
8. 工程测量(第3版)(冯建亚) ………………… 48元
9. 土木工程材料(第3版)(活页式教材)
   (赵丽萍　何文敏) ……………………………… 89元
10. 混凝土结构(李连生) ………………………… 35元
11. 钢筋混凝土结构(胡　娟) …………………… 39元
12. 土力学与地基基础(第3版)(靳晓燕) ……… 49元
13. 施工临时结构检算(第2版)(李连生) ……… 32元
14. 工程材料(盛海洋) …………………………… 53元

三、专业课

(一)铁道工程/高速铁道工程技术专业

1. 铁道概论(第2版)(张　立) ………………… 35元
2. 铁路线路施工与维护(第二版)(方　筠) …… 46元
3. 高速铁路路基施工与维护(第2版)
   (安　宁) ………………………………………… 65元
4. 高速铁路轨道施工与维护(第2版)
   (方　筠) ………………………………………… 55元
5. 隧道施工(第3版)(宋秀清) ………………… 55元
6. 桥梁工程(付迎春) …………………………… 46元
7. 铁路工程施工组织(吴安保) ………………… 27元
8. 铁路工程概预算(吴安保) …………………… 25元
9. 铁路工程概预算(第二版)(樊原子) ……… 42元
10. 施工内业资料整理(徐　燕) ………………… 29元
11. 无砟轨道施工测量与检测技术(赵景民) …… 29元
12. 工程材料试验与检测(夏　芳) ……………… 38元
13. 铁路机械化养路(汪　奕) …………………… 38元
14. 道路与铁道工程试验检测技术(第二版)
   (白福祥　韩仁海) ……………………………… 45元
15. 混凝土(钢)结构检算(第2版)(丁广炜) …… 38元
16. 施工企业财务管理(孔艳华) ………………… 44元

(二)城市轨道交通工程/地下与隧道工程技术专业

1. 城市轨道交通工程概论(张　立) …………… 32元
2. 城市轨道交通工程(安　宁) ………………… 38元
3. 地下铁道(毛红梅) …………………………… 35元
4. 地铁盾构施工(张　冰) ……………………… 29元
5. 隧道施工(第3版)(宋秀清) ………………… 55元
6. 盾构构造与操作维护(毛红梅) ……………… 45元
7. 地铁车站施工(战启芳) ……………………… 30元
8. 高架结构(刘　杰) …………………………… 34元
9. 工程材料试验与检测(夏　芳) ……………… 38元
10. 城市轨道交通工程施工组织与概预算
   (王立勇) ………………………………………… 86元
11. 城市轨道交通工程测量(钱治国) …………… 39元
12. 施工内业资料整理(徐　燕) ………………… 29元
13. 地下工程监控量测(第2版)(毛红梅) ……… 45元
14. 隧道施工质量检测与验收(第2版)(毛红梅) ……
   ……………………………………………………… 52元
15. 工程机械(第2版)(卜昭海) ………………… 45元
16. 混凝土(钢)结构检算(第2版)(丁广炜) …… 38元
17. 盾构法施工(陈　馈　焦胜军　冯欢欢) …… 49元
18. 隧道工程(盛海洋) …………………………… 53元

(三)道路与桥梁工程技术专业

1. 路基路面施工(叶　超　赵　东) …………… 49元
2. 路基路面施工技术(梁世栋) ………………… 42元
3. 桥梁工程(付迎春) …………………………… 46元
4. 公路工程施工组织与概预算(第二版)
   (梁世栋) ………………………………………… 41元
5. 路基路面试验与检测(张小利) ……………… 34元
6. 工程材料试验与检测(夏　芳) ……………… 38元
7. 施工内业资料整理(徐　燕) ………………… 29元
8. AutoCAD2016道桥制图(张立明) …………… 48元
9. 公路工程预算(罗建华) ……………………… 33元
10. 建设法规实务(夏　芳　齐红军) …………… 32元

(四)城市轨道交通运营管理/铁道运营管理专业

1. 城市轨道交通概论(叶华平) ………………… 35元
2. 城市轨道交通概论(翁　瑶　朱　鸣) ……… 45元
3. 城市轨道交通行车组织(费安萍) …………… 39元
4. 城市轨道交通安全管理(第3版)(李慧玲) …… 48元
5. 城市轨道交通应急处理(第3版)(李宇辉) … 49元
6. 铁路客运组织(李　亚) ……………………… 39元

了解教材信息及订购教材,可查询:天猫"人民交通出版社旗舰店"